流域水环境综合整治规划
理论方法与广东实践

余香英　张永波　罗育池　熊津晶 等　编著

中国环境出版集团·北京

图书在版编目（CIP）数据

流域水环境综合整治规划理论方法与广东实践/余香英等编著. —北京：中国环境出版集团，2022.12
ISBN 978-7-5111-5388-3

Ⅰ. ①流…　Ⅱ. ①余…　Ⅲ. ①流域环境—水污染防治—广东　Ⅳ. ①X52

中国版本图书馆 CIP 数据核字（2022）第 244193 号

出 版 人　武德凯
责任编辑　董蓓蓓
封面设计　彭　杉

出版发行　中国环境出版集团
　　　　　（100062　北京市东城区广渠门内大街 16 号）
　　　　　网　　　址：http：//www.cesp.com.cn
　　　　　电子邮箱：bjgl@cesp.com.cn
　　　　　联系电话：010-67112765（编辑管理部）
　　　　　发行热线：010-67125803，010-67113405（传真）
印　　刷　北京中献拓方科技发展有限公司
经　　销　各地新华书店
版　　次　2022 年 12 月第 1 版
印　　次　2022 年 12 月第 1 次印刷
开　　本　787×1092　1/16
印　　张　18.75
字　　数　370 千字
定　　价　110.00 元

《流域水环境综合整治规划理论方法与广东实践》

编著委员会

主 编

余香英

副主编

张永波　罗育池　熊津晶

编 委

许泽婷　卜思凡　蒋婧媛　陈 瑜

李 燕　向 男　张文博　刘晋涛

邹富桢　祝明月　薛弘涛　罗 凡

前　言

　　水污染治理一直是我国面临的一项长期、重要的任务，尤其是党的十八大以来，在习近平生态文明思想的指导下，打好水污染防治攻坚战已成为推动实现"人民对美好生活的向往""最普惠的民生福祉"，落实"还老百姓清水绿岸、鱼翔浅底"等要求的重要举措，拥有清洁的水源和安居乐业的人居环境，成为人民群众过上幸福美好生活的重要追求和期待。

　　广东作为我国改革开放的前沿，经过几十年的快速发展，社会经济各领域都取得了令世界瞩目的巨大成就，2019 年全省 GDP 首次突破 10 万亿元大关，2021 年达到 12.44 万亿元，人口达到 1.27 亿。但随着社会经济和城镇化的快速发展，资源环境压力也在持续升级。据《广东省水生态环境保护"十四五"规划》，"十三五"末，广东单位面积化学需氧量和氨氮排放量分别是全国平均水平的 3.9 倍和 4.6 倍，珠三角单位面积污染物排放量更是达到了全国的 4~7 倍，水污染形势依然严峻。而地处南方典型水网地区，水道纵横交错、河网水质"牵一发而动全身"、河流受潮汐和闸坝扰动影响剧烈等本底水资源禀赋条件更加剧了治水难度。广东当前水环境质量持续改善的影响因素多，工作复杂且难度大，任务十分艰巨。作为治水的顶层条件之一，目前流域水环境综合整治规划编制依然面临着集成、系统的方法体系比较缺乏，重要关键性环节的技术要点不够精细，针对不同典型的水体和污染问题的规划案例及关注度依然不够等问题，非常有必要开展流域水环境综合整治规划理论方法的系统研究和针对不同水体对象的实践案例研究，为开展流域水环境综合整治规划编制工作的相关管理人员和技术人员提供借鉴参考。本书正是基于以上思路和相关项目研究成果进行编写的。

全书分为3篇，共10章。第1篇为流域水环境综合整治规划理论和方法概要，包含两章内容，为全书的第1章和第2章。该篇一是简要介绍了生态系统、可持续发展、流域"自然-社会"二元水循环等流域水环境综合整治规划的基础理论，总结归纳了流域水环境综合整治规划一般遵循的基本原则；二是系统梳理了流域水环境综合整治规划编制的基本步骤，以及多级目标分解、水环境容量与水环境承载力研究、污染源解析、流域综合模型选择与应用、综合方案优化比选等规划编制关键环节中的技术方法和要点。通过该篇的介绍，读者能够对流域水环境综合整治规划理论方法有比较全面的认识和了解。第2篇为典型流域水环境综合整治规划编制实践，为全书的第3~6章。其中第3章选取了广东粤西地区一条较大的入海河流——漠阳江，系统介绍了该江全流域综合整治规划的编制实践，重点介绍了水环境现状调查与评估、水环境压力预测、规划方案设计、总体方案优选等内容；第4章选取了位于珠三角典型河网区的乐平镇水系，介绍了重污染河流整治规划的编制实践，重点介绍了整治目标分解、可达性研究等内容；第5章选取了位于广东粤东片区的汤溪水库，介绍了饮用水水源型水库水质保护规划的编制实践，重点介绍了水库污染排放预测、水库保护规划方案等内容；第6章选取了位于广东粤北片区的韶关芙蓉新区，介绍了典型城市化新区水环境综合治理规划的编制实践，重点介绍了水环境容量计算与控制、产业等专题规划方案等内容。第3篇为总结与展望，包含4章内容，为全书的第7~10章，主要基于广东省流域相关规划编制的实践应用，结合未来流域综合治理的管理需求，从空间发展战略与水环境的协调规划、水量水质联合控制、更加突出精细化管控、先进科学手段和技术的应用等方面展望了流域水环境综合整治规划的发展趋势和方向。

本书由广东省环境科学研究院的余香英主持编写，并负责统稿。广东省环境科学研究院的张永波、罗育池、熊津晶作为副主编参与了编写框架的设计、部分章节编写和统稿工作。参与本书编写工作的人员还包括广东省环境科学研究院的许泽婷、卜思凡、蒋婧媛、陈瑜、李燕、向男、张文博、刘晋涛、邹富桢、祝明月、薛弘涛、罗凡等。其中，第1章由罗育池、熊津晶执笔；第2章由余香英、许泽婷执笔；第3章由张永波、余香英、蒋婧媛执笔；第4章由熊津晶、许泽婷、张文博、刘晋涛执笔；第5章由余香英、向男、熊津晶执笔；第6章由熊津晶、蒋婧媛、陈瑜、李燕执笔；第7章、第9章由余香英、张永波执笔；第8章由余香英、许泽婷、卜思凡执笔；第10章由熊津晶、罗育池执笔；全书图件主要由卜思凡、许泽婷、邹富桢、祝明月、薛弘涛、罗凡绘制，张永波、罗育池参与了部分章节的校稿工作。广东省环境科学研究院的汪永红教授级高级工程师、王刚教授级高级工程师在本书编写过程中给予了大力支持和悉心指导。在此，向所有为本书付出努力的人员表示衷心感谢！

本书在编写过程中参考了大量的国内外研究成果和文献，引用了国内外许多专家和学者的研究成果、应用案例及图表资料，在此向有关作者表示感谢！

鉴于编者知识水平和工作经验有限，书中难免存在不足和不当之处，恳请专家、学者及广大读者批评指正！

编者

2022 年 8 月

目 录

第1篇　流域水环境综合整治规划理论和方法概要 1

　第1章　流域水环境综合整治规划理论基础 / 3

　　1.1　规划基础理论 / 3

　　1.2　规划基本原则 / 7

　第2章　流域水环境综合整治规划技术方法 / 9

　　2.1　规划基本步骤 / 9

　　2.2　规划编制方法及要点 / 13

第2篇　典型流域水环境综合整治规划编制实践 **45**

　第3章　入海河流全流域综合整治规划编制实践——以漠阳江为例 / 47

　　3.1　流域概况 / 48

　　3.2　水环境现状调查与评估 / 54

　　3.3　水环境压力预测 / 67

　　3.4　规划方案研究 / 79

　　3.5　规划总体方案优选与可行性 / 123

　第4章　珠三角典型河网区重污染河流整治规划编制实践——以乐平镇水系为例 / 130

　　4.1　区域概况 / 131

　　4.2　整治目标分解 / 138

　　4.3　存在的问题辨识 / 142

　　4.4　污染总量控制方案 / 157

4.5 规划方案 / 161

4.6 可达性研究 / 166

4.7 保障措施 / 170

第 5 章 饮用水水源型水库水质保护规划编制实践——以汤溪水库为例 / 172

5.1 区域概况 / 173

5.2 现状调查与压力预测 / 177

5.3 规划方案 / 192

第 6 章 快速城市化新区水环境治理规划编制实践——以芙蓉新区为例 / 218

6.1 区域概况 / 219

6.2 水环境质量与污染排放 / 227

6.3 水环境容量计算 / 236

6.4 规划方案 / 246

第 3 篇 总结与展望 257

第 7 章 空间发展战略与水环境的协调规划 / 259

第 8 章 水量水质的联合控制规划 / 262

第 9 章 更加突出精细化管控需求 / 266

9.1 "流域-控制区-控制单元"治理体系 / 266

9.2 河长制 / 271

第 10 章 先进科学手段和技术的应用 / 274

10.1 在线监测设备与技术 / 274

10.2 "3S"技术 / 275

10.3 流域智慧管控 / 277

参考文献 281

第1篇

流域水环境综合整治规划理论和方法概要

第1章 流域水环境综合整治规划理论基础

1.1 规划基础理论

1.1.1 生态系统理论

生态系统是指由生命体或生物群落同其生存环境相互联系、相互作用所构成的相对稳定的自然系统（王礼先等，1993）。生态系统类型众多，一般分为自然生态系统和人工生态系统。自然生态系统根据环境性质和形态特征，可分为水生生态系统和陆地生态系统。其中水生生态系统又可根据水体理化性质的不同分为淡水生态系统和海洋生态系统，淡水生态系统又分为湖泊生态系统、池塘生态系统及河流生态系统。陆地生态系统根据纬度地带和光照、水分、热量等环境因素，分为森林生态系统、草原生态系统、荒漠生态系统、冻原生态系统、农田生态系统、城市生态系统等。从流域层面来看，流域是一个包含社会、经济和自然的复合生态系统，可分为流域生态系统、经济系统和社会系统三大部分，其中包含人口、环境、资源、物资、资金、科技、政策和决策等基本要素（邓红兵等，2002）。河流及其流域是相互作用、相互制约的，河流保护问题主要就是流域保护问题（De Groot，1989）。

为了维持健康的流域生态系统，保证其各项服务功能的正常发挥，需要对流域生态系统进行管理，使其能够实现可持续发展。而生态系统管理的首要任务是要对生态系统的服务功能进行评估，生态系统服务功能评估是对生态系统所提供的和维持功能的定量表达（Turner et al.，2008），从生态系统服务功能与人类活动的密切关系角度出发，对生态系统服务功能进行分析和评价，有助于正当开发和使用生态系统（王伟等，2005；黄桂林等，2012）。

经过几十年的发展，生态系统服务功能研究取得了许多重要成果，近年来兴起的建立在相关理论基础上，以遥感数据、社会经济数据、GIS 技术等为数据和技术支持的生态系统服务功能评估模型在评价生态系统服务功能价值及其空间分布中发挥着越来越重要的作用（黄从红等，2013）。目前主要的生态系统服务功能评估模型包括 InVEST 模型、

ARIES 模型和 SolVES 模型等（荆田芬等，2016）。InVEST 模型用于评估多种生态系统服务功能，同时通过情景分析预测生态系统服务功能的变化；ARIES 模型则能通过"源治""汇治""使用者治"3 个关键要素，刻画生态系统服务流的动态；SolVES 模型则主要侧重于对美学、娱乐和休闲等生态系统服务功能社会价值的评估（图 1.1-1）（黄从红等，2013）。其中，InVEST 模型在国内外生态系统服务功能评估中得到普遍应用，余新晓等（2012）曾利用 InVEST 模型对北京山区森林的水源涵养功能进行评估，得出北京山区森林水源涵养总量为 16.2 万亿 m^3。Leh 等（2013）利用 InVEST 模型评估了 2000—2009 年非洲西部加纳和科特迪瓦两个国家的产水量、碳储量、水质净化功能、水土保持功能和生物多样性的变化。通过对流域生态系统服务功能的评估，可以从流域的水源供给、土壤保持、生境质量等角度进行综合评估，明确流域存在的问题、范围及其程度，为流域的区域发展规划、产业布局及区域生态环境整治规划提供参考。

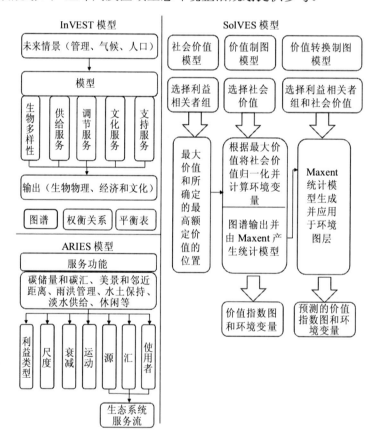

图 1.1-1　InVEST 模型、ARIES 模型和 SolVES 模型的基本结构示意（黄从红等，2013）

1.1.2　可持续发展理论

发展问题始终是人类执着追求的一个最根本、最崇高和最普遍的目标（杨朝飞，1994），多年以来，人们在对环境改造的过程中，逐渐意识到可持续发展才是一种健康的发展方式。可持续发展是指建立在生态环境承载力基础之上的社会、经济发展与资源、环境保护相协调的一种发展模式，流域可持续发展治理就是以人为本，将管理视为一种协调人、社会与资源关系的活动，从而充分合理地保护、开发和利用流域的自然资源（张忠等，1997）。可持续发展将流域当作一个整体，强调经济、社会发展与资源、环境协调统一，树立尊重自然、顺应自然、保护自然的生态文明理念，最终实现社会经济系统与资源环境和生态系统之间的平衡（Martin，1987）。在此理论框架下，流域综合治理方案的确定通常需要在流域当前和未来的人类需求和自然需求之间取得平衡，具有技术、社会与经济可行性（Said et al.，2006）。可持续发展理论为制定流域水环境综合整治规划、流域治理与保护目标设定提供了重要理论基础。

1.1.3　流域"自然-社会"二元水循环理论

自然水循环是指在没有人类活动或人类活动干扰可忽略的情况下，只在重力势能、太阳辐射等自然驱动力的作用下，各种形态的水通过蒸发作用、水汽输送、凝结降水、土壤入渗、地表径流、地下径流和湖泊海洋蓄积等环节，循环发生相态转换运动的过程，是地球上一个重要的自然过程。它将大气圈、水圈、岩石圈和生物圈相互联系起来，并在它们之间进行水分、能量和物质的交换，是自然地理环境中最主要的物质循环（王浩等，2016）。社会水循环是指人类社会开发利用水资源超过一定程度，显著影响到水分的自然循环时，在自然水循环的大格局内，形成了以"取水—输水—用水—排水—回归"5个基本环节构成的侧支水循环结构（柴增凯等，2011）。地球有了人类活动以后，水不再单纯在河道、湖泊中依靠重力势能、潮汐作用等自然驱动力流动，而是通过人为施加的外力，通过管网和沟渠等渠道，向人类需要的地方流动。随着人类活动的不断增加，社会格局逐渐形成，一元的自然水循环格局被打破，流域水循环在服务功能属性、循环结构、循环路径、驱动力、演变效应等多个方面呈现为"自然"与"社会"二元化的特征与规律（褚俊英等，2020）。随着人类活动的增强，流域"自然-社会"二元水循环逐渐失衡，不断呈现出污染物难以净化、水资源不足等问题。以粤港澳大湾区为例，有研究表明，作为区域发展核心引擎的香港、澳门、深圳（极度缺水）以及广州（重度缺水）人均水资源量过低，广州、佛山、中山、东莞、深圳水资源开发利用程度高，水资源供需压力大（吴盼等，2021）；同时，流域社会用水需求不断增加，挤占了河流、湖泊等生态系统所需的水资源，导致部分河流枯水期生态流量不足（褚俊英等，2020）；此外，人类社会发展过程中各类污染物的排放也导致部分河流水质变差，造成部分区域水质性缺水问题。因此，在"自然-社会"二元水循环理论框架下（图 1.1-2），流域综合治理要对社会活动和自然生态环境进行科学调控，最终实现社会经济和自然生态环境的平衡、协调发展。

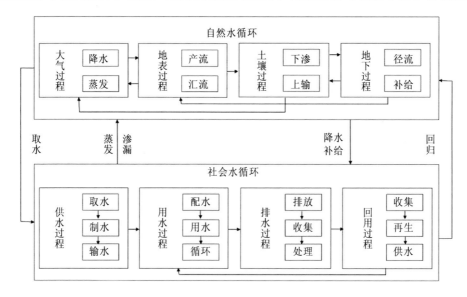

图 1.1-2   流域"自然-社会"二元水循环的耦合系统（王浩等，2020）

1.1.4   "木桶理论"

"木桶理论"又称"短板效应"，是指木桶的盛水量取决于桶壁上最短木板的长度，应不断提升木桶的各木板高度并使之均衡（王建华，2005）。水质评价常用的单指标评价法就是木桶理论应用的体现，对多个单指标进行评价，选择其中与目标差距最大的指标，将其水质类别作为最终评价结果，同时也判断出该条河流或断面的最大超标污染物。运用到流域水环境综合整治规划中，即通过对流域各个控制单元河流水质、生态流量保障、各类源污染程度及流域生态环境保护强度等情况进行全面分析，识别各控制单元的短板问题，为后续流域综合整治方案的比选与优化提供理论基石（褚俊英等，2020）。基于"木桶理论"框架，从系统保护的角度，在流域各控制单元内实施相关工程措施，健全体制机制，配套保障措施，从而使得各个控制单元不断强化最薄弱环节，补齐"短板"，通过对流域各个控制单元各个环节短板的提升，最终促进流域水环境的整体提升。对广东而言，"十三五"以来，通过全力推动科学治污、精准治污、依法治污，在问题精准、时间精准、区位精准、对象精准、措施精准等"五个精准"上下功夫，全省水环境质量取得改革开放以来最好成绩，但依然存在较明显的"短板"问题，如广东截污管网普遍效率较低，污水处理厂的减排效能未能充分发挥；暴雨天数多，雨季面源污染控制水平较低，河流水质超标压力大；生态治理水平有待提高，流动性差的河涌普遍存在突发藻类水华风险等（曾凡棠，2020），应根据流域特征短板问题开展针对性整治。

1.2　规划基本原则

流域水环境综合整治规划具有综合性、动态性、区域性和约束性的特点（王金南等，2018；郭怀成等，2009），基于一定条件（现状或预测水平）制订的流域水环境综合整治规划，随着社会经济发展方向、发展政策、发展速度以及实际水环境状况的变化，其内在要求也会相应发生变化，流域水环境综合整治规划编制的理念和原则也在不断进化，根据国内目前流域规划、环境规划、水污染防治规划的研究进展，流域水环境综合整治规划一般至少遵循以下原则。

1.2.1　流域统筹，重点突出

流域统筹是实现流域系统管理、综合整治的前提条件。流域以水循环为纽带驱动水污染、水生态等物质和能量循环，是维持生态环境系统平衡的载体，也是水问题产生和治理完整的自然地理单元，是一个由水陆生态系统共同构成的，具有明确边界的生态系统复合体（唐涛等，2004）。流域综合治理应坚持流域统筹的原则，总揽流域全局，按照全要素、全时间、全空间、全过程、全区域的流域统筹治理思路和治理目标、治理对象、治理措施的系统性治理路线（李瑞成等，2020），进行研究分析，通过对流域上下游、干支流、水域与陆域、城市与农村等多空间辨识，水安全、水资源、水环境、水生态、水景观以及水文化等多要素统筹，洪水涝水、产污积污、雨水控用、用水耗水、排水回用等多过程诊断以及源头减排、过程阻断、末端治理等多措施手段，实现流域科学安排与通盘筹划。如 2015 年，深圳市针对区域内流域水环境治理问题，采取"全流域统筹、全打包实施、全过程控制、全方位合作、全目标考核"的统筹手段，取代过去水环境治理零敲碎打的模式，流域统筹与区域共治相结合，全面厘清流域状况，达到了综合治理的目的（楼少华等，2020）。

1.2.2　单元控制，落地可行

控制单元是基于水系特征和管理需求，集水体、断面、行政区于一体的空间管理单元，在不打破自然水系的前提下，以控制断面为节点，由同一汇水范围的行政区构成控制单元，是流域综合整治落地的基础支撑（赵越等，2017）。控制单元的划分有利于促进流域综合治理方案确定的针对性和可操作性，提升流域治理的网格化、精细化程度，同时按照流域特征与水问题特点，兼顾干支流、上下游以及左右岸的关系，将复杂的流域划分成既相互独立又相互联系的基本单元，为流域综合治理措施的落实和管理提供支撑，其特点和作用主要体现在以下几个方面：一是有利于实现流域精细化管理，在流域层面以控制单元为载体，将边界精确到乡镇甚至村一级，以优先控制单元为抓手，细化水环境问题清单、水污染防治目标清单和责任清单，实施差异化的水污染防治策略，推进流域水污染防治网格化、精准化管理；二是有利于实现流域与区域管理协调统一，将流域边界与区域行政边界有机结合，综合考虑控制单元社会经济发展、水污染特征、水环境问题等，有效落实流域治污责任；三是有利于识别重点区域，通过分析流域内不同控制单元的水体、控制断面、水质目标、污染物浓度等信息，识别流域内重点攻坚区域；四是有利于促进各项措施落地，根据控制单元有关情况，针对流域主要污染因子提出科学性对策，逐一落实治污任务，明确防治措施及达标时限，加大水污染管控工作力度。

1.2.3　系统均衡，全面优化

系统均衡包括相对独立的多个控制单元之间的外部系统均衡以及控制单元与流域之间的内部系统均衡。内部系统均衡是从控制单元到流域，从水系相对封闭、产排污相对独立的空间单位（孙娟等，2013），到范围更宽广、物质交流更频繁的流域，从局部提升到整体优化的均衡状态。流域是一个开放的系统，对流域局部的干扰，可以影响流域整体，而对局部的控制，则有可能使流域的整体得到一定程度上的调节（邓红兵等，2002）。如解决重点控制单元水污染问题可促进流域水环境质量的提升，重点区域中较为先进、科学的系统管理方式、经验等通过传授，不断辐射至其他区域，以点带面，量变产生质变，进而全面优化流域状况。外部系统均衡主要指通过不同时空条件下各控制单元相互依存、相互作用和相互反馈，促进系统整体达到和谐、均衡状态（褚俊英等，2020）。由于流域各控制单元中污染负荷来源和数量、治理成本、生态系统结构等方面存在差异，可采取联防联治策略，使边际成本和边际效益保持动态均衡，促进系统整体达到最优状态。

第2章　流域水环境综合整治规划技术方法

2.1　规划基本步骤

2.1.1　流域基础调查

根据所研究流域的特点，调查流域内水环境、水资源与社会经济现状。其中，水环境现状调查主要包括自然环境调查、水环境质量调查、水污染源调查、水环境管理现状调查等；水资源现状调查包括供水量、用水量、水资源开发利用程度等的调查；社会经济现状调查包括国民经济、人口、土地利用等的调查。在全面调查流域情况的基础上，可研究构建流域水环境综合整治规划基础数据库，为规划提供数据支撑。由于流域界限与行政边界大都不重叠，因此在开展流域水环境综合整治规划时，可基于数字高程模型（DEM），运用地理信息系统，按照"主干流-支流-陆域集水区"的水陆响应关系划定子流域汇水范围，再根据行政边界进一步微调，划分出面积相对较小、行政区划相对简单的子流域，作为规划的基本单元。

2.1.2　流域水环境问题诊断与水环境压力预测

根据流域基础调查、分析与评估结果，全面分析水体面临的主要问题和成因，识别当前亟须解决的症结问题。一般可从五个方面进行分析（环境保护部办公厅，2016）：①兼顾点源和面源，从工业、城镇生活、农业农村和船舶港口等各类污染源控制措施分析系统治理力度与差距；②从产业结构和空间布局分析环境压力；③从内源、河（湖）滨岸带、湿地和涵养林等水生态空间各要素分析生态环境综合治理现状；④从自然环境条件分析水资源与水环境承载力的客观限制、节水效率和生态流量保障力度；⑤从水环境管理现状分析责任分工落实情况、环境监管能力建设情况与差距。

同时收集地方相关规划信息，结合情景分析方法，预测不同社会经济发展情景下流域的污染负荷变化，从水量、水质、水生态、水资源利用、污染源治理、水环境管理等方面识别流域将面临的主要水环境压力与挑战，为确定规划目标以及规划方案提供参考依据。

2.1.3 流域水环境综合整治规划目标与指标体系确定

规划目标是经济与水环境协调发展的综合体现，是流域水环境综合整治规划的根本出发点，要综合考虑社会、经济、环境各系统之间的协调和综合，优化社会经济、水资源开发利用、水污染治理之间的关系，提出的规划指标既要与经济发展的战略部署相协调，又要与流域目前和预期的水环境状况与区域经济实力相适应。根据国民经济和社会发展要求，同时考虑客观条件，从水质、水生态和水量 3 个方面确定水环境规划目标（郭怀成等，2009），指标体系一般涵盖水质目标、城镇集中污水收集率、工业污染处理率、农业污染物处理率以及水环境管理等。

在实际规划过程中，可以首先由规划编制人员、相关专家、公众以及政府部门共同协商，确定规划的总目标。在规划总目标确定的前提下，为指导规划方案的制定、实施并评估其效果，需提出规划指标体系，并分解得到规划具体指标和不同阶段应该达到的目标。以城市水环境规划为例，其指标体系常分为水环境保护指标、水资源开发指标、社会经济指标以及环境管理指标等。具体指标的提出需要综合考虑研究城市的水环境现状，选择具有代表性的因子，参考相关规划并在与决策部门协商的基础上确定。

2.1.4 流域水环境容量及总量控制研究

流域水环境综合整治规划方案的制定要建立在对水环境系统全面分析的基础上，因此需要在确定流域水质、水环境功能区划等目标后通过模型核定水环境容量。依照特定的水环境功能区要求，统筹流域环境经济系统，把水环境容量分配至各年度及各污染源，从而将污染物允许排放总量控制在一定的水质标准范围内。

污染物总量分配应该坚持何种原则，取决于污染物总量管理要实现的政策目标。污染物总量管理政策的制定需循序渐进，需考虑区域的环境资源异质性特征、总量减排对经济的优化作用、各地的削减现状和削减潜力，总量分配方案应紧密围绕各地区的主要污染物削减来进行设计，应坚持以下原则（蒋洪强等，2015）：①分配方案要保证各地区水环境达标，这是总量分配方案设计的前提；②分配方案要具有可操作性，总量控制分解要体现各地同等的减排努力，即体现各地排放控制的技术潜力，这是总量分配方案设计的根本；③分配方案要体现公平性，各地或者人人都有发展的权利，获得高生活水平的权利和污染物排放权利，这是总量分配方案设计的核心；④分配方案要体现各地区的异质性特征，这是总量分配方案设计的重点；⑤分配方案要适当体现效率性，要考虑各地区经济水平、减排的资金投入能力和公众生活水平的受影响程度。

2.1.5　流域水环境综合整治规划方案研究

综合流域水环境问题诊断与水环境压力预测、流域水环境规划指标目标、水环境容量及总量控制方案的分析成果，根据流域特点，一般可从饮用水水源保护、产业环境优化、污水收集与处理、面源污染控制、生态体系构建等专题开展重点研究，综合提出流域水环境综合整治规划的方案、对策、重点工程和保障措施。

在制订流域水环境综合整治规划方案时，可供考虑的具体措施包括：经济结构和工业布局调整，实施清洁生产工艺，提高水资源利用率，充分利用水体的自净能力，农业与城镇非点源污染防治，水系生态修复，增加污水处理设施等（郭怀成等，2009）。在水环境目标确定后，实现这一目标的途径、措施可能有多种方案，如何寻找费用最小的方案是流域水环境综合整治规划的重要任务。在目前的流域水环境综合整治规划措施制定中，多采用环境经济大系统的规划方法，从污染末端治理向生产全过程控制转移。从产业的结构、布局、工艺过程考虑，使环境因素介入生产过程，促进采取有利于环境的产业结构、布局、技术、装备和政策，采用节能、低耗、少污染的工艺，有利于提高能源、资源的利用率。对于进入环境中的污染物，要通过合理利用环境的自然净化能力以及生态工程措施来消纳。对水环境自净能力不能容纳的污染物，要采取无害化处理。无害化处理有多种形式，通常集中治理与分散治理相比，集中治理的投资效益高、费用低。

2.1.6　可达性分析

可达性分析包含水体达标系统分析和方案措施可行性分析。水体达标系统分析根据水环境问题诊断和识别结果，以水质目标为约束，遵循水生态系统的整体性、系统性及其内在规律，从水环境整体保护、系统修复和综合治理等方面，全面分析污染减排、结构布局、生态治理、水资源开发与利用等对水体达标的贡献。通常采用定量与定性相结合的技术方法，选择合适的分析方法需考虑多种因素，包括水体类型、可用数据、污染物、污染源类型、时空尺度，对于基础数据相对充足的地区，可采用较规范和精度高的数学模型计算分析污染负荷；对于基础数据缺乏的地区，选择定性方法或是简单的定量分析方法（环境保护部办公厅，2016）。

对于每项规划方案，需根据规划目的和要解决的问题提出备选的技术措施和可供选择的实施方案，通过费用-效益分析、方案可行性分析等对备选的实施方案进行综合评价，检验和比较各种规划方案的可行性和可操作性，为最佳规划方案的选择与决策提供科学依据，并根据方案评价的结果，对规划方案作出反馈调整。

2.1.7 规划实施与管理

规划落地后，需提出规划实施计划，并实行规划闭环管理，明确不同机构和政府部门的职责范围，建立完善流域水环境保护的体制和制度。同时，构建实施效果动态评估体系，建立规划评估制度，确定评估指标体系，建立监测计划（污染源监测、水质与陆地生态监测等），实施规划的监督与反馈机制，逐步调整落实规划政策的保障措施（图 2.1-1）。

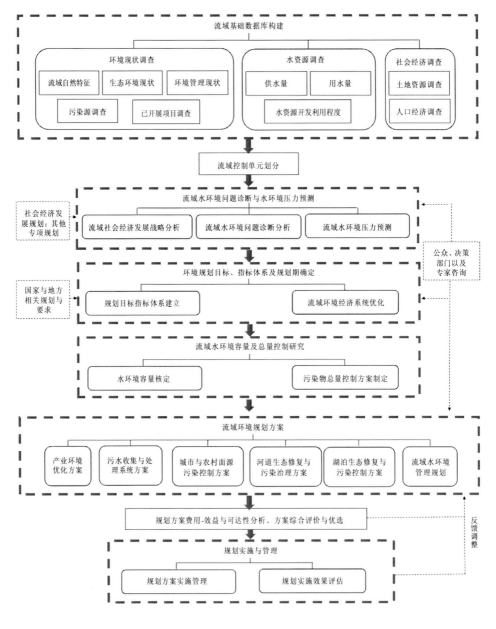

图 2.1-1 流域水环境综合整治规划基本步骤

2.2　规划编制方法及要点

2.2.1　多级目标分解

充分衔接水环境功能区划、水功能区划、《水污染防治行动计划》等已确定的断面和流域水质目标，遵循水环境质量不断提升的原则，结合区域社会经济发展、污染减排潜力以及断面近年水质变化情况，科学设置考核断面，制定考核目标。对于水环境质量不达标区，环境质量必须改善；对于水环境质量已达标区，水环境质量至少维持基本稳定，不能恶化。在目标分解时，对于现状未设置考核目标的水体，可通过构建水环境模型，推算在现有断面达标的情况下，新增水体考核断面的水质目标，一般情况下，在努力可达的基础上，其水质目标原则上与汇入干流河段/水库的水质控制断面目标要求不能相差超过一个级别。

2.2.2　水环境容量与水环境承载力研究

2.2.2.1　基本概念

根据《全国水环境容量核定技术指南》中给出的定义，水环境容量是指在给定水域和水文条件、规定排污方式和水质目标的前提下，单位时间内该水域的最大允许纳污量。容量大小与水体特征、水质目标及污染物特性有关，同时还与污染物的排放方式及排放的时空分布有密切关系（张永良等，1991）。水环境容量既反映流域的自然属性（水文特性），又反映人类对环境的需求（水质目标），水环境容量随着水资源情况的不断变化和人们对环境需求的不断提高而发生变化。水环境容量是水环境研究领域的一个基本理论问题，是水环境管理的一个重要应用技术环节，也是水污染物总量控制的依据。20 世纪 80 年代初，对水环境容量的研究多采用相对较为简单的水质模型。经过多年的研究和发展，水环境容量的研究范围从一般耗氧有机物和重金属扩展到氮、磷负荷和油污染；研究空间也从小河流扩展到大水系，从单一河流扩展到湖泊、河口、海岸及复杂的平原河网地区；模型状态也从稳态或准动态发展为动态（张永良等，1991；王浩等，2012）。

水环境承载力（water environmental carrying capacity，WECC）是承载力概念与水环境领域的自然结合（潘军峰，2005），目前学术界对水环境承载力的概念尚未达成统一，对水环境承载力的定义大致可分为广义和狭义两种（贺瑞敏，2007）。狭义的水环境承载力与水环境容量的内涵一致，广义的水环境承载力是指在某一时期和某一区域（水域）内，在水体通过自我维持、自我调节能够继续被使用并能保持良好的生态系统的前提下，所能够容纳污染物的最大限量、所能维持的人口最大数量以及对人类社会经济活动可持续发展的最大支撑能力（贾振邦，1995；侯丽敏等，2015）。在这种定义下，水环境承载力不仅包含了水体对污染物的接纳能力，还有水体对人类经济社会活动的承受能力及对水环境系统变化的容忍程度，较水环境容量有更为广泛的内涵。

2.2.2.2　水环境容量计算

水环境容量计算方法根据不同的分类标准可以划分为不同的分类体系。如根据所采用的数学方法，可以分为确定性数学方法和不确定性数学方法。确定性数学方法主要包括公式法、模型试错法和优化法，不确定性数学方法主要包括随机规划法、概率稀释模型法和未确知数学法。根据计算过程中使用的水环境模型的维数，可以分为零维、一维、二维和三维模型方法。根据预设的水体达标范围，可以分为水体总体达标法和控制断面达标法（逄勇等，2010）。根据所选取的控制断面的位置，可以分为段首控制法、段尾控制法和功能区段尾控制法（周孝德等，1999）。根据污染源的类型，可以分为点源污染计算法和非点源污染计算法（陈丁江等，2007）。国内最常用的河流水环境容量计算方法主要有 5 种，分别为公式法、模型试错法、系统最优化法（主要是线性规划法和随机规划法）、概率稀释模型法和未确知数学法（徐祖信等，2003；董飞等，2014）。

（1）公式法

公式法是从水环境容量定义出发，用直接建立的计算公式计算，是最初的水环境容量计算方法之一。水环境容量计算公式有很多，但其基本形式为：水环境容量=稀释容量+自净容量+迁移容量。随着研究的逐步深入，水环境容量计算公式逐步完善，根据不同的污染物、不同的水体建立了不同的计算公式。同时，结合水环境数学模型的发展，基于水环境容量定义及水环境数学模型推导一定条件下的水环境容量计算公式，基于水动力模型和水质模型计算水环境容量计算公式中所需各项参数，进而代入公式计算水环境容量，因此公式法也称为水环境容量模型法。公式法是水环境容量计算中最基本的方法，其他各类方法的计算也都以水环境容量计算公式为基础（图 2.2-1），常用的水环境容量计算公式见表 2.2-1。

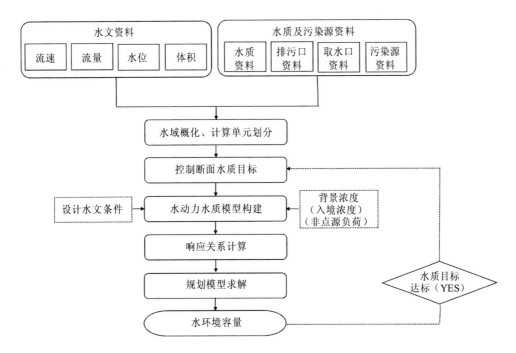

图 2.2-1　水环境容量计算步骤示意（周刚等，2014，有修改）

表 2.2-1　常用的水环境容量（W）计算公式

污染物类型	计算公式	符号含义	适用条件
可降解污染物	$W = 86.4Q_0(C_s - C_0) + 0.001kVC_s + 86.4qC_s$	Q_0 为河道上游来水流量；C_s 为污染物控制标准浓度；C_0 为污染物环境本底值；V 为区域环境体积；k 为污染物综合降解系数；q 为排污流量	零维公式，适用于均匀混合水体（河段）或资料受限、精确度要求不高的情况
可降解污染物	$W = \left(\sum_{j=1}^{m} Q_j C_s - \sum_{i=1}^{n} Q_i C_{0i}\right) + kVC_s$	Q_i 为第 i 条入湖（库）河流的流量；C_{0i} 为第 i 条河流的污染物平均浓度；Q_j 为第 j 条出湖（库）河流的流量；其余符号意义同前	零维公式，适用于均匀混合湖（库）
可降解污染物	$W = 86.4\left[(Q_0 + q)C_s \exp\left(\dfrac{kx}{86\,400u}\right) - C_0 Q_0\right]$	u 为河水平均流速；x 为河段长度；其余符号意义同前	一维公式，适用于资料较丰富的中小河流

污染物类型	计算公式	符号含义	适用条件
可降解污染物	$W = \frac{1}{2}(C_s - C_0)\left(u_x h \sqrt{\frac{4\pi D_y x^*}{u_x}}\right) \cdot$ $\exp\left(\frac{-u_x y^2}{4 D_y x^*}\right) \exp\left(\frac{-kx^*}{u_x}\right)$	u_x 为河流纵向平均流速；h 为平均水深；D_y 为横向离散系数；x^* 为给定混合区长度；y 为计算点到岸边的横向距离；其余符号意义同前	二维公式，适用于污染物在河道横断面非均匀分布，污染物恒定连续排放的大型河段
营养盐	$W = \frac{C_s h Q_a A}{(1-R)V}$	Q_a 为湖（库）年出流流量；A 为湖（库）水面面积；R 为营养盐滞留系数；其余符号意义同前	基于狄龙（Dillon）模型，适用于水流交换条件较好的湖（库）
重金属	$W = C_s Q_0 + C_{s0}(q_1 + q_2)$	C_{s0} 为底泥质量标准；q_1 为底泥推移量；q_2 为底泥表观沉积量；其余符号意义同前	适用于一般河流，考虑了水体及底泥的重金属容量
重金属	$W = C_s h \sqrt{\pi D_y x u}$	符号意义同前	适用于污染物连续排放的宽浅河流，只考虑水体的重金属容量

（2）模型试错法

模型试错法本质上同公式法类似，计算中仍需以水环境数学模型为工具，利用计算机进行求解，通过对污染排放量的多次人工调试，使规划区域的水质达到一定的要求。该方法求解水环境容量的基本思路为：在河流第一个区段的上断面投入大量的污染物，使该处水质达到水质标准的上限，则投入的污染物的量即为这一河段的环境容量；由于河水的流动和降解作用，当污染物流到下一控制断面时，污染物浓度已有所降低，在低于水质标准的某一水平（视降解程度而定）时又可以向水中投入一定的污染物，而不超出水质标准，这部分污染物的量可认为是第二个河段的环境容量；依此类推，最后将各河段容量求和即为总的环境容量（王卫平，2007）。

该方法在计算过程中需多次试算，计算效率较低（郑孝宇等，1997），最初一般只适用于单一河道或计算条件简单的其他类型水体，后期随着计算机计算能力的提高及高效数学方法的引入，也在河网等复杂水体得到应用。但相对于其他方法，模型试错法的研究及应用较少。

（3）系统最优化法

水环境容量计算中所采用的系统最优化法主要是线性规划法和随机规划法。该方法的基本思路是：①基于水动力水质模型，建立所有河段污染物排放量和控制断面水质标准浓度之间的动态响应关系；②以污染物最大允许排放量为目标函数（或者基于其他条件建立目标函数），以各河段都满足规定水质目标为约束方程（或者增加其他约束条件）；③运用最优化方法求解每一时刻各污染物水质浓度满足给定水质目标的最大污染负荷；④将所求区段内的各污染源允许排污负荷加和即得相应区段内的水环境容量（董飞等，2014）。

　　系统最优化法自动化程度高、精度高、对边界条件及设计条件的适应能力强，方法适用范围广（郑孝宇等，1997），无论是在非感潮的河流、湖（库），还是在感潮河网、河口均有广泛应用。随着计算机计算能力的提高和大型综合水环境数学模型的出现，系统最优化法得到了长足的发展，并成为计算水环境容量的主流方法之一。需要注意的是，数学模型只考虑环境效益的最大化，数学意义上的最优解不一定代表现实意义上的最优方案，在不增加约束条件的情况下，经常会出现某些排污口被"优化掉"的现象，即某些排污口的允许排放量为0，这在数学上可以取得极值，但是与客观实际不符（郭良波，2005）。且以往研究较多地将"效率优先，兼顾公平"作为分配的指导原则，容易突出整体效益而忽略了个体的合理要求（林高松等，2006）。

　　基于规划理论的模拟优化方法，将模拟方法与优化方法有机结合，方法灵活，能够大幅提高效率和精度，其通用计算过程可分为基础资料收集与调查、水域概化及计算单元划分、控制断面水质目标确定、水动力水质模型构建及响应关系计算、水环境容量规划模型构建及最优解求解等。

　　1）基础资料收集与调查

　　调查与收集流域水文资料（流速、流量、水位、体积等）和水质资料，同时收集流域内的排污口资料（废水排放量与污染物浓度）、支流资料（支流水量与污染物浓度）、取水口资料（取水量、取水方式）、污染源资料（排污量、排污去向与排放方式）等。

　　2）水域概化及计算单元划分

　　将天然水域（河流、湖泊水库）概化成计算水域，以方便利用简单的数学模型来描述水质变化规律。同时，支流、排污口、取水口等影响水环境的因素也要进行相应概化。若排污口距离较近，可把多个排污口简化成集中的排污口（图2.2-2）。

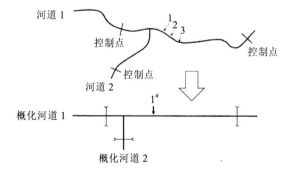

图2.2-2　水域及排污口概化示意

水环境容量计算单元的划分往往采用节点划分法，把河道划分为若干较小的计算单元进行水环境容量计算。在实际操作过程中，可以以水环境功能区上、下界面或常规监测断面为控制点，从而划分出计算单元。对于包含污染混合区的环境问题，需根据环境管理的要求确定污染混合区的控制边界。

3）控制断面水质目标确定

根据河流的空间位置和流域河流的服务功能，利用水环境功能区划、水功能区划等水质要求和排污混合区限制要求，确定河流水质目标的空间约束（达标控制断面）和时间约束（达标时间及频率）。

4）水动力水质模型构建及响应关系计算

依据河流及控制因子特点选择适用的水动力水质模型，并在模型参数率定及验证的基础上，选择适当的设计水文条件作为模型水流计算边界条件，分别模拟与分析背景浓度（入境浓度和非点源负荷）和不同可控污染源负荷（排污口单位负荷）与河流水质的响应关系。

水文水质模型是水体中污染物随空间和时间迁移转化规律的描述，可为水体中污染物排放与水环境质量提供定量关系，是水环境容量研究过程中的重要工具。

——设计水文条件：进行水环境容量测算时，水文条件采用 90%保证率最枯月平均流量或近 10 年最枯月平均流量作为设计流量。季节性河流、冰封河流宜选取不为 0 的最小月平均流量作为样本进行设计流量计算。有水利工程控制的河段，可采用最小下泄流量或河道内生态基流作为设计流量。

——综合衰减系数确定：为简化计算，在水质模型中，将污染物在水环境中的物理降解、化学降解和生物降解概化为综合衰减系数。综合衰减系数的确定可采用实验室率定法、野外同步监测率定法和分析借用法。

5）水环境容量规划模型构建及最优解求解

以污染物入河量最大为目标，以水质目标为约束，基于污染源负荷与水质的响应关系，建立水环境容量规划模型。依据规划模型的特点，选择线性优化、非线性优化或其他优化方法，计算河流各排污口的最大允许纳污量及水环境容量（荆海晓等，2018；董一博等，2016）。

根据定义，河流水环境容量问题可表述为：在选定的一组水质控制点的指标污染物浓度不超过其各自对应的环境标准值的前提下，求各排污口的污染负荷排放量之和的最大值，即

目标函数

$$\max L = \sum_{j=1}^{n} x_j \qquad (2.2\text{-}1)$$

约束条件

$$\sum_{j=1}^{n} a_{ij}x_j + C_{bi} \leq \overline{C_i} \quad (i=1, \cdots, m) \tag{2.2-2}$$

$$x_j \geq 0 \quad (j=1, \cdots, n) \tag{2.2-3}$$

式中，L 为对象水域所有排污口的总排放负荷量；x 为某个排污口的排放负荷量；i 为水质控制点编号；m 为水质控制点数目；j 为排污口编号；n 为排污口数目；a_{ij} 为第 j 个排污口的单位负荷量对第 i 个水质控制点的污染贡献度系数；C_{bi} 为第 i 个水质控制点处的污染背景浓度；$\overline{C_i}$ 为第 i 个水质控制点处的环境标准值。

式（2.2-2）左边两项之和实际上是控制点处的浓度，其中第一项表示 n 个排污口对控制点 i 的水质浓度贡献量的总和，即区域内排污引起的控制点处的浓度增值；第二项是该控制点的背景浓度，这是在没有污染源的条件下，仅仅由边界水质影响而产生的浓度。由于水质扩散方程是线性的，浓度有可迭加性，所以用线性迭加的方法来求解某一点的浓度是可行的。因此，求解河流环境容量问题可归结到求解式（2.2-1）～式（2.2-3）所表达的线性规划问题，可以用单纯型法（Simplex 法）求解。

由于式（2.2-1）～式（2.2-3）的数学模型只考虑了环境效益的最大化，数学意义上的最优解不一定代表现实意义上的最优方案。例如，环境容量过多地集中在少数排污口，而实际上这种方案并不理想，决策者可能倾向于采用可行性更高的次优解。区域的社会经济发展到一定程度就形成了较为固定的排污格局，总量控制实质是利益的分配与矛盾的协调，与排污者的切身利益直接相关，因此具有一定公平性的污染负荷分配结果，才能在实际中顺利实施。

公平区间法是依据等贡献量和平均分配的方法确定排污量的上下限、根据各排污口满意度相等的原则确定最终各个排污口容量的方法。依据等贡献量的污染负荷分配方法体现了"谁污染，谁治理"的公平观点，从平均分配的角度出发的分配方法则体现了"人人平等"的观点，两者均有公平的含义但并不完全协调。这两种方法界定的范围则为排污者允许排放量的公平区间，区间越小越接近"绝对公平"。但完全基于公平原则的分配方法忽略了经济成本，使得总的允许排污量偏小。综合考虑效益、公平与水质，可采用以下改进的容量分配求解模型：

目标函数：

$$\max L = \sum_{j=1}^{n} x_j \tag{2.2-4}$$

约束条件：

$$\sum_{j=1}^{n} a_{ij}x_j + C_{bi} \leq \overline{C_i} \quad (i=1, \cdots, m) \tag{2.2-5}$$

$$a_{ij}\widetilde{x_j^i} = a_{ij+1}\widetilde{x_{j+1}^i} \qquad \sum_{j=1}^{n} a_{ij}\widetilde{x_j^i} - (\overline{C_i} - C_{bi}) = 0 \qquad (2.2\text{-}6)$$

$$\frac{\overline{x_j^i}}{w_j} = \frac{\overline{x_{j+1}^i}}{w_{j+1}} \qquad \sum_{j=1}^{n} a_{ij}\overline{x_j^i} - (\overline{C_i} - C_{bi}) = 0 \qquad (2.2\text{-}7)$$

$$x_{jd} = \min\left[\min(\overline{x_j^i}, \widetilde{x_j^i}), \min(\overline{x_j^{i+1}}, \widetilde{x_j^{i+1}})\right] \quad (i=1, \cdots, m; \ j=1, \cdots, n) \qquad (2.2\text{-}8)$$

$$x_j \geqslant x_{jd} \qquad (2.2\text{-}9)$$

式中，L 为所有排污口的总排放负荷量；x_j 为第 j 个排污口的排放负荷量；j 为其编号，共有 n 个排污口；a_{ij} 为第 j 个排污口的单位负荷量对第 i 个水质控制点的污染贡献度系数，i 为水质控制点的编号，共有 m 个水质控制点；C_{bi} 为第 i 个水质控制点处的污染背景浓度；$\overline{C_i}$ 为第 i 个水质控制点处的环境标准值；$\widetilde{x_j^i}$ 为按排污口对第 i 个水质控制点等贡献量分配所得到的结果；w_j 为第 j 个排污口的现状排污量；$\overline{x_j^i}$ 为以第 i 个水质控制点按现状排污量等比例分配所得的允许排污量；x_{jd} 为第 j 个排污口分配所得的允许负荷量下限。

上述模型参考了公平区间法的概念，但只考虑公平区间法所得的下限值，即认为当排污口的允许排污量大于公平区间法所得下限时已具有一定的公平性，而从效益的角度出发取消上限约束，在兼顾公平性的同时尽量获得更大的总负荷量。式(2.2-4)～式(2.2-9)的分配求解模型综合考虑了公平、效益等因素，求解方法相对较简单可行，实用性较强。

贡献度系数 a_{ij} （$i=1, \cdots, m; \ j=1, \cdots, n$）的求解是以线性规划方法求解环境容量的关键，也是工作量最大的部分。根据前面对贡献度系数的定义，a_{ij} 的求解步骤为：

①在任意一个排污口 j 给 1 个单位负荷量，即 $x_j=1$，而其余排污口负荷量为 0，即 $x_k=0$（$k=1, \cdots, n, k\neq j$），并设边界水质浓度为 0，然后用经过验证的感潮河网水质模型计算出在这种情况下的浓度分布。

②从计算结果中找出位于水质控制点 i 处的浓度值，此值即为 a_{ij} （$i=1, \cdots, m$）。

③改变排污口，重复以上步骤，就可以求出关于每个排污口的 a_{ij}，得出一个 $m \times n$ 阶贡献度系数矩阵（李适宇等，1999）。

（4）概率稀释模型法

概率稀释模型法是根据来水流量、排污量、排污浓度等所具有的随机波动性，运用随机理论对河流下游控制断面不同达标率条件下的环境容量进行计算的一种不确定性方法，是目前从不确定性角度计算河流水环境容量的主要方法之一。方法的基本思路如下：①基于特定的基本假定，建立污染物与水体混合均匀后下游浓度的概率稀释模型；②利用矩量近似解法求解控制断面在一定控制浓度下的达标率；③利用数值积分求解水体在控制断面不同控制浓度、不同达标率下的水环境容量（董飞等，2014）。

与确定性计算方法相比，概率稀释模型法直接考虑了河流流量、背景浓度、排污流量、排污浓度等输入项的随机波动过程，从而使水质达标率和水环境容量等输出项也具有了随机波动过程，这无论是在理论上还是在实践中都更接近于水体的真实情况（胡炳清，1992）。此外，该方法可以避免一般单一设计水文条件下，利用稳态水环境容量计算方法得出的计算结果"过保护"问题，从而更加充分地利用水环境容量（曾维华等，1992）。概率稀释模型法的最大缺点在于数据需求量大，计算中所涉及的水文、水质数据一般均需为长系列监测数据，且只考虑了点源污染情况，未考虑非点源污染的处理。此外，该方法是基于对数正态分布建立的，存在固有缺陷，即当流量较小时会造成错误传递，这将导致流量较大时的计算值偏大（USEPA，1984）。

（5）未确知数学法

未确知数学法计算水环境容量是在将水体水环境系统参数（流量、污染物浓度、污染物降解系数等）定义为未确知参数的基础上，结合水环境容量模型，建立水环境容量计算未确知模型，然后计算水环境容量的可能值及其可信度，进而求得水环境容量（董飞等，2014）。其优点在于可以更加充分地考虑水环境系统中各类参数的不确定性；较之概率稀释模型法，无须对水环境系统参数作服从对数正态分布的假设，故计算相对简便；对少资料情况适应性较强（董飞等，2014）。该方法是新发展起来的水环境容量计算方法，研究时间相对较短，应用相对较少。

2.2.2.3 水环境承载力计算

水环境承载力是研究区域经济、社会和环境可持续发展的基础，近年来在深度与应用性上取得了较大的进展，目前国内外对水环境承载力的研究仍不够成熟，如水环境承载力仍存在概念体系不健全、指标体系不完善、与其他环境要素综合研究较少等不足，还未形成统一的方法，但根据水环境自然、社会属性和社会经济发展情况，以可持续发展为导向，借助现有理论，结合地区性质和决策者需求，应用现有和创新的方法，可以解决现今实际问题。如崔凤军（1998）分析了城市水环境承载力的概念、实质、功能及定量表达方法，并利用系统动力学方法进行实证研究，对决策因子进行预测、优化。蒋晓辉等（2001）从水环境、人口、经济发展之间的关系入手，采用多目标模型最优化方法建立区域水环境承载力大系统分解协调模型，将模型应用于陕西关中地区，得到关中地区不同方案下的水环境承载力，进一步提出提高水环境承载力的策略。潘军峰（2005）从水生态、水环境出发，以环境与经济协调发展为目标，对永定河上游水环境承载力进行研究，通过建立河流水环境承载力研究的理论基础，建立了河流水环境承载力指标体系,最后以系统动力学为手段,建立了永定河上游——桑干河流域水环境承载力量化模型,并以桑干河流域为实例研究了河流水环境承载力。刘占良（2009）在水环境承载力研究的基础上，对流域内各类污染源入河污染物进行了核算研究，确定了不同污染源对水环境的贡献率，并对比入河污染源、流域容量及使用功能，提出了削减指标及污染治理计划，通过对2015年"十二五"末经济、社会发展进行预测分析，进行各类污染源对流域的污染影响预测方法研究，结合流域使用功能调整相关区域发展定位，核算需要削减的污染物量，提出了有针对性的污染治理计划。柴莹（2009）在将水质水量综合表征方法及人口和经济规模表征方法相结合的基础上，开展基于水代谢的城市水环境承载力动态仿真研究，在水质水量约束下确定城市水环境承载力。

目前，常用的研究方法有指标体系评价法、多目标模型最优化法、系统动力学法、人工神经网络法等（杨维等，2008），各研究方法的优点及局限性见表 2.2-2。

表 2.2-2　研究方法的优点及局限性（杨维等，2008）

方法		优点	局限性
指标体系综合评价法	向量模法	简单易行，直观	深度和精度不够
	模糊综合评价法	准确性较好，可操作性较强	取大取小运算法则遗失部分有用信息
	主成分分析法	具科学性，客观性强	在评价参数分级标准的制定和对主成分、控制点的选取方面存在困难
多目标和单目标模型最优化法	单目标模型最优化法	简洁合理，所需计算量较小	深度和精度不够
	多目标模型最优化法	可采用目标函数对承载对象进行详细界定，能定量表征持续承载的约束条件，可确定实现可承载所需的条件和时间	在求解技术、优化目标选定和水-生态-社会经济内涵联系的刻画上存在一定难度
系统动力学法		能处理高阶次、非线性、多重反馈、复杂时变的系统问题，可操作性强	参变量不好掌握，有时易得出不合理的结论，只能用于中短期发展情况模拟
模拟技术与优化技术混用的系统分析法	人工神经网络法	具备自组织、自学习能力和一定容错性，能力强，设计灵活，学习样本训练中无须考虑输入因子之间的权重系数	需要大量训练样本，精度受影响，应用范围有限
	遗传算法	快捷，简便，容错性高，具可扩展性，应用范围广，全局优化	搜索速度慢，对初始种群的选择有依赖性，其并行机制潜在能力未充分发挥

（1）指标体系评价法

指标体系评价法是目前应用较为广泛的一种水环境承载力的量化模式。围绕河流水体特征，选择相关的社会经济、水体污染、流域管理等多项指标，应用统计或其他数学方法计算出综合指数，实现对水环境承载力的量化评价，反映区域水环境承载力现状和阈值（张旋，2010）。水环境承载力的指标体系评价法主要包括向量模法、模糊综合评价法、主成分分析法、层次分析法等几种方法。

1）向量模法

向量模法是将水环境承载力视为一个由 n 个指标构成的向量，假设有 m 个不同的水平年，或者假设对于同一水平年有 m 个不同的分区，这两种情况都会有 m 个水环境承载力评价值，设 m 个方案承载力为 E_j（$j=1，2，3，\cdots，m$），每个方案由 n 个指标组成，每个指标权重为 w_i（$i=1，2，3，\cdots，n$），即有 $E_{ij}=$（$E_{1j}，E_{2j}，E_{3j}，\cdots，E_{nj}$），$j=1，2，3，\cdots，m$。将指标进行归一化处理：

$$\left| E_j \right| = \sqrt{\sum_{i=1}^{n} \left(w_i E_{ij} \right)^2} \quad (j=1，2，3，\cdots，m) \tag{2.2-10}$$

2）模糊综合评价法

该方法将水环境承载力的评价视为一个模糊综合评价过程，在对影响水环境承载力的各个因素进行单因素评价的基础上，通过综合评判矩阵对其承载力作出多因素综合评价，综合考虑水环境承载力概念的模糊性和指标信息的随机不确定性，提高了水环境承载力评价的准确性和可操作性，从而可以较全面地分析出水环境承载力的状况（李如忠等，2004；2005）。其模型为：设给定两个有限论域 $U=|u_1，u_2，\cdots，u_n|$ 和 $V=|v_1，v_2，\cdots，v_n|$。其中 U 代表评价因素（评价指标）集合，V 代表评语集合，则模糊综合评价为下面的模糊变换：$B=A\cdot R$，其中 A 为模糊权向量，即各评价因素（指标）的相对重要程度，B 为 V 上的模糊子集，表示评价对象对于特定评语的总隶属度，R 为由各评价因素 u_n 对评语 V 的隶属度 V_{ij} 构成的模糊关系矩阵，其中的第 i 行第 j 列元素 r_{ij} 表示某个被评价对象从因素 u_i 来看对 v_j 等级模糊子集的隶属度。通过上面的合成运算，可得出评价对象从整体上来看对于各评语等级的隶属度。再对上面的隶属度向量 B 的元素取大或取小，就可确定评价对象的最终评语。

模糊综合评价法综合考虑了水环境承载力概念的模糊性和指标信息的随机不确定性，能较好地解决模糊的、难以量化的问题，适合各种非确定性问题的解决，较向量模法更能反映问题的实质，结果亦更具说服力。不足之处是取大取小的运算法则会使部分信息丢失，评价因素越多，遗失有用信息就越多，信息利用率就越低，对于评判区域水环境承载力有一定的缺陷，且隶属度的计算比较烦琐，限制了模糊综合评价法的应用。

3）主成分分析法（PCA）

利用数理统计的方法找出所研究系统中的主要因素及其因素之间的相互关系，将整个系统的多个指标转化为较少的几个综合指标，力求在保证数据信息丢失最小的情况下，对高维变量进行最佳综合与简化，同时也可客观地确定各指标的权重，避免主观随意性，使得分析和评价能够找出主导因素,切断相关的干扰,从而做出更为准确的估量和评价。

主成分分析法的优点在于客观性强,易于分析,简化了评价过程,在一定程度上克服了向量模法和模糊综合评价法的缺陷(Singh et al.,2004)。而水环境承载力评价的焦点正是如何科学、客观地将一个多目标问题综合成一个单指标形式,因此将主成分分析法用于水环境承载力的综合评价,有效克服了上述方法的缺陷。此方法在确定指标的权重时比较客观,适用于某一地区某一年的水环境承载力空间差异的研究,但不适于研究不同年份水环境承载力的变化情况。同时,在评价参数分级标准的制定和对主成分、控制点的选取方面也存在一定的困难。

4)层次分析法(Analytic Hierarchy Process,AHP)

该方法是美国著名运筹学家、匹兹堡大学教授萨蒂于 20 世纪 70 年代提出的一种层次权重决策分析方法(温淑瑶等,2000)。层次分析法就是将水环境承载力这一复杂系统分解成为若干个子系统,形成主从层次关系;利用某一特性比较子系统的相对重要性,并结合前人经验以及自身的决策判断确定子系统的优先级。层次分析法本质上是一种决策思维方式,它体现了人们的决策思维即"分解-判断-思维",将复杂的问题分解为各个组成因素,将这些因素按支配关系分组形成一种有序的递阶层次结构,通过两两比较的方式确定层次中诸因素的相对重要性,然后综合人的判断决策诸因素相对重要性顺序,在解决多因素、多指标的区域水环境承载力的问题中得到了广泛应用。

(2)多目标模型最优化法

多目标模型最优化法就是将水环境系统与社会经济系统作为整体来考虑,并在量化之前确定相应的约束条件和优化目标,利用数学方法确定最优解(Liu et al.,2019)。通过将研究整体分为多个模块,采用数学模型对其进行刻画,各模块模型之间通过多目标核心模型的协调关联变量相连接,选择主要影响因子建立目标函数、约束条件,建立多种发展方案,计算每种方案对应的水环境承载力,然后对各方案进行权重分析,确定最优结果。

多目标模型最优化法考虑了人类不同目标和价值取向,融入了决策者的思想,比较适合处理复杂巨系统问题(程国栋,2002),该方法适用于处理社会经济、生态资源等多目标群决策问题,难点是刻画"经济-资源-生态"的内涵联系,一旦研究区域过大、水环境承载力的影响因素过多,就会导致模型中的约束条件过多,无法给出一个最优解。

(3)系统动力学法

系统动力学是一门基于系统论,吸取反馈理论与信息论成果,并借助计算机模拟技术的交叉学科,系统动力学法主要是通过一阶微分方程组来反映系统各个模块变量之间的因果反馈关系(Moffatt et al.,2001;Duraiappah,2002),适用于进行具有高阶次、非线性、多变量、多反馈、机理复杂和时变特征的承载力研究。应用系统动力学法计算水环境承载力就是将所有因素（如人口、资源、经济、社会）看作一个整体，并制定多种不同的发展方案，通过对比不同发展方案给出的水环境承载力结果，得出一个最优的发展方案以及相应的水环境承载力。

系统动力学法应用于区域水环境承载力研究，可把资源、环境、社会、经济在内的大量复杂因子作为一个整体，综合考虑众多因子的相互关系。通过模拟不同发展战略得出人口、环境和经济发展间的动态变化趋势及其发展规模，即对一个区域的资源环境承载力进行动态计算，具有系统发展的观点，而且具有分析速度快、模型构造简单、可以使用非线性方程等优点，能够预测复杂的动态过程（赵卫等，2008）。但同时系统动力学所需要的数据量大，而且结构复杂，数学方程多，趋势变化受参数影响大，不易控制，主要用于短期预测。

（4）人工神经网络法

人工神经网络是基于模仿大脑神经网络结构和功能而建立的一种信息处理系统，因具有多项独特的优良性质而引起了学者广泛关注（Lek et al.，1996；Zhao et al.，2008）。尤其在信息不完备的情况下，在模式识别、方案决策、知识处理等方面具有很强的能力，且设计灵活，可以较为逼真地模拟真实的社会经济系统。将人工神经网络技术应用于水环境承载力评价建模时，不必了解变量之间的具体关系，只须根据实际问题确定网络结构，通过人工神经网络法即模拟人类神经网络，对水环境承载力评估所涉及的水资源容量、经济社会发展等参数进行学习，构建水环境承载力模型，并对其进行联想预测（俞锦辰等，2019；张彦，2019）。该方法具有结构简单、建模方便、自适应性和自主学习能力强、容错性高、评价结果直观等特点。

此外，2020年，生态环境部组织编制了《水环境承载力评价方法（试行）》，对水环境承载力给出了具体定义，认为水环境承载力是指在一定时期内，区域水环境系统在满足水质目标要求、保持可持续的自净能力和维持水生态健康的条件下，对区域人口、经济和社会活动的支持能力，具有客观性、区域性、阶段性、动态性及可调性等特征。同时，将水环境承载力具体计算过程分为评价指标计算、水环境承载力指数计算和承载状态判定等过程，非常适用于面向国考、省考断面达标综合整治的评估与决策方案设计。

1）评价指标计算

水环境承载力评价指标体系包括水质时间达标率和水质空间达标率两个评价指标，分别反映评价区域内水质在时间和空间尺度上的达标情况。其中水质达标情况参照《地表水环境质量标准》（GB 3838—2002）和《地表水环境质量评价办法（试行）》（环办〔2011〕22号）中的单因子评价法进行评价。参评断面（点位）水质目标以评价年水质考核目标为准，国控断面（点位）水质目标以生态环境部与各省（区、市）人民政府签订的《水污染防治目标责任书》中评价年水质考核目标为准，省控和市控断面（点位）水质目标以当地生态环境主管部门所规定的评价年考核目标为准，其他未明确规定的断面（点位）水质目标参照受其影响最近的国控、省控或市控断面（点位）水质目标执行。

①水质时间达标率（A_1）。用于评价区域内水质在时间尺度上的达标情况，是所有断面（点位）水质时间达标率的算术平均值。断面（点位）水质时间达标率指在一年内不同时期水质达标次数占总监测次数的百分比。

$$A_1 = \frac{1}{n}\sum_{i=1}^{n}C_i$$

$$C_i = \frac{\text{断面（点位）}Y\text{达标次数}}{\text{评价年监测总次数}}\times100\%$$

(2.2-11)

式中，n 为区域内断面（点位）个数；C_i 为第 i 个断面（点位）水质时间达标率；Y 为参评断面（点位）。

②水质空间达标率（A_2）。用于评价区域内水质在空间尺度上的达标情况，指区域内年度达标断面（点位）个数占断面（点位）总个数的百分比。

$$A_2 = \frac{\text{达标断面（点位）个数}}{\text{断面（点位）总个数}}\times100\%$$

(2.2-12)

式中，达标断面（点位）指一年内不同时期水质监测数据的算术平均值不超过目标值的断面（点位），否则为不达标断面（点位）。

2）水环境承载力指数计算

$$R_c = \frac{A_1 + A_2}{2}$$

(2.2-13)

式中，R_c 为水环境承载力指数，定量反映水环境承载力大小，量纲一；A_1 为水质时间达标率；A_2 为水质空间达标率。

3）承载状态判定

水环境承载力指数越大，表明区域水环境系统对社会经济系统的支持能力越强。根据评价区域水环境承载力指数大小，将评价结果划分为超载、临界超载、未超载 3 种类型。当 $R_c<70\%$ 时，判定该区域为超载状态；当 $70\%\leqslant R_c<90\%$ 时，判定该区域为临界超载状态；当 $R_c\geqslant90\%$ 时，判定该区域为未超载状态。

2.2.3 污染源解析

污染源解析是流域治理的重要基础，需要在污染源调查的基础上，掌握水体污染特征，摸清污染源的数量、类型、来源、排放量、排放去向，对流域主要污染物及其污染治理水平进行分析。污染源一般可划分为点源（工业企业、城镇生活、集约化畜禽养殖）和面源（城市径流、农业种植、畜禽散养、农村生活）等主要类型。

2.2.3.1　工业污染源的负荷估算与预测

（1）工业污染源调查

全面排查控制单元范围内的排污企业，开列排污清单，将《水污染防治行动计划》整治任务中提出的"十小"企业、"十大"重点行业作为重点。主要调查内容可包括企业名称，所在县（区），所在镇（街），经纬度，所属行业，生产规模，产值，新鲜用水量，主要污染物和超标污染物产生量、削减量、排放量，在线监测设施建设运行情况等。

调查工业集聚区排污现状，主要调查内容可包括集聚区名称、所在县（区）、所在镇（街）、经纬度、区内企业名称、产值、新鲜用水量、预处理设施建设运行情况、污染集中治理设施建设运行情况、固体废物处理处置设施建设运行情况、在线监测设施建设运行情况等，以及主要污染物和超标污染物产生量、削减量、排放量，开列工业集聚区排污清单。

（2）现状污染负荷估算

工业污染源数量繁多，生产工艺各异，污染物排放规律与排放强度也千差万别。实际操作中，可通过有限的调查与监测，获得污染物排放总量与用水量、工业产值等基础统计量之间的特征关系，并通过区域宏观统计数据对比分析，核定流域内工业污染物排放总量。一般来说，流域内工业污染源排污总量核算包括重点调查企业的统计汇总和非重点调查企业的估算两部分。工业源重点调查部分的排污总量由污染源统计数据汇总得到。工业源非重点调查部分的估算方法，主要有：

①GDP 产值估算法。通过测算非重点企业的单位 GDP 排污强度进行估算，即

$$E_{\text{工业源非重点}}=\text{GDP}_{\text{工业源非重点}} \times \text{单位 GDP 排污强度} \tag{2.2-14}$$

②排放比例估算法。以往年统计数据库等资料为基础，测算出流域内重点调查单位污染排放比例，在此基础上得到非重点调查单位排放量比例，并根据流域内企业新增和关闭情况及产业结构重大调整情况，等比例调整确定调查年流域内非重点估算比例，从而按比例折算得到非重点调查单位的排放量，即

$$E_{\text{工业源非重点}}=E_{\text{工业源重点}} \times \text{非重点调查排放量比例/重点调查排放量比例}$$

$$=E_{\text{工业源重点}} \times （100\%－\text{重点调查排放量比例}）/\text{重点调查排放量比例} \tag{2.2-15}$$

根据污染源调查结果，在污染源排放总量核定的基础上，建立流域工业污染源污染物排放清单。对比排放清单中企业数量、工业产值、新鲜用水量与社会经济统计数据，水利、城建等部门区域宏观统计数据的差异，分析污染源调查的有效性和合理性。以行政区、控制单元等为单位，汇总统计工业污染排放量数据，分析行业排放占比情况、区域污染源集中情况等。

（3）污染负荷预测

工业污染负荷可采用以下公式进行预测：

$$Q_t = \sum_i \sum_j V_{tij} d_i (1 - P_t) \times 10^{-4} \qquad （2.2\text{-}16）$$

$$V = V_0 (1 + \delta)^n \qquad （2.2\text{-}17）$$

式中，Q_t 为年工业废水排放量，万 t/a；V_{tij} 为 t 年 j 地区 i 行业的工业产值，万元/a；d_i 为基准年 i 行业的排污系数，t/万元；P_t 为 t 年工业用水重复率（%）的增量；j 为预测区域的地区数；i 为预测的行业数；V_0 为基准年工业产值；δ 为工业产值年增长率；n 为规划年和基准年的年数差值。

2.2.3.2 城镇生活污染源的负荷估算与预测

（1）城镇生活污染源污水排放量核算

城镇生活污染源污水排放量是计算城镇生活污染源污染物产生量的基础，也是匹配区域污水处理设施处理能力的前提。城镇生活污染源污水排放量的核算方法如下：

$$Q = N_c \times q \times r / 1\,000 \qquad （2.2\text{-}18）$$

式中，Q 为城镇生活污染源污水排放量，万 t/d；N_c 为城镇常住人口，万人，主要指非农业人口数量，对于流动人口较大的城市需要对流动人口加以考虑；q 为人均综合生活用水量，L/（人·d），为居民生活用水量及公共设施用水量的总和，可参考各地的《水资源公报》《城市建设统计年报》进行估算，表 2.2-3 为城市给水工程规划中所普遍采用的人均综合生活用水量指标，可据此对城市综合生活用水总量进行校核；r 为综合生活污水排放系数，量纲一，可参考《城市排水工程规划规范》（GB 50318）等技术规范确定。

表 2.2-3　城市居民人均综合生活用水量指标　　　　　　单位：L/（人·d）

区域	城市规模			
	特大城市	大城市	中等城市	小城市
一区	300～540	290～530	280～520	240～450
二区	230～400	210～380	190～360	190～350
三区	190～330	180～320	170～310	170～300

注：1.特大城市、大城市、中等城市和小城市分别是指市区和近郊区非农业人口在100万以上、50万～100万、20万～50万和20万以下的城市；2.一区包括贵州、四川、湖北、湖南、江西、浙江、福建、广东、广西、海南、上海、云南、江苏、安徽、重庆；二区包括黑龙江、吉林、辽宁、北京、天津、河北、山西、河南、山东、宁夏、山西、内蒙古河套以东和甘肃黄河以东的地区；三区包括新疆、青海、西藏、内蒙古河套以西和甘肃黄河以西的地区。

（2）城镇生活污染源污染物产生量核算

城镇生活污染源污染物产生量可用人均产污系数法或综合污水平均浓度法进行计算。人均产污系数法计算如下：

$$P=365\times N_c\times F/100 \tag{2.2-19}$$

式中，P 为城镇生活污染源污染物产生量，t/a；N_c 为城镇常住人口，万人，对于流动人口较大的城市需要对流动人口加以考虑；F 为城镇生活污染源水污染物产生系数，g/（人·d），可参考《生活源产排污系数及使用说明（修订版 2011）》，根据地区实际情况进行校核。

综合污水平均浓度法通过城镇生活污染源污水排放量与综合污水平均浓度等特征值来估算，计算方法如下：

$$P=3.65\times cQ \tag{2.2-20}$$

式中，P 为城镇生活污染源污染物产生量，t/a；Q 为城镇生活污染源污水排放量，万 t/d；c 为城镇综合污水平均质量浓度，mg/L，可参考市政排污口、排污干管监测数据或其他相关的监测、研究成果，对于汇集大量工业废水的情况，应注意工业废水进入市政管网后的影响。

污水管网体系如图 2.2-3 所示。

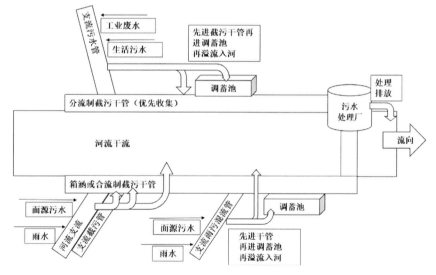

图 2.2-3　污水管网体系示意（王浩等，2020）

调查生活污水处理设施的设计规模、服务范围、工艺路线、出水标准、主要污染物以及超标污染物产生量、削减量和排放量等数据，计算生活污染源污染物削减量和排放量。以行政区、控制单元等为单位，汇总统计城镇生活污染总体排放情况及空间分布特征，识别重点区域。

（3）城镇生活污染源污染物排放量预测

城镇生活污染源污染物排放量预测的主要影响因素是人口。一般预测年份人口数可采用地方人口规划量。无地方人口规划量时，可采用年增长率模型进行预测。

$$P_t = Q \times a_t \times 0.01 \qquad (2.2\text{-}21)$$

$$Q = 0.365 A_t \times F \qquad (2.2\text{-}22)$$

$$A_t = A_0 (1+p)^n \qquad (2.2\text{-}23)$$

式中，P_t 为 t 年城镇生活污染源污染物排放量，t/a；Q 为城镇生活污染源污水排放量，万 m^3/a；a_t 为 t 年人均生活污染物排放质量浓度，一般取值：COD_{Cr} 为 100～300 mg/L，BOD_5 为 100～150 mg/L；A_t 为 t 年人口数，万人；F 为人均生活污水排放量，L/（d·人）；p 为人口增长率；n 为规划年和基准年的年数差值。

2.2.3.3　农业污染源的负荷估算与预测

（1）畜禽养殖污染源

参照《畜禽养殖业污染物排放标准》（GB 18596—2001）及《广东省畜禽养殖粪污处理与资源化利用技术指南（试行）》，畜禽养殖场的规模定义如下：

散养户：生猪年出栏量＜50 头，奶牛存栏量＜5 头，肉牛年出栏量＜10 头，蛋鸡存栏量＜500 只，肉鸡年出栏量＜2 000 只，肉羊年出栏量＜50 头；

养殖专业户：50 头≤生猪年出栏量＜500 头，5 头≤奶牛存栏量＜100 头，10 头≤肉牛年出栏量＜100 头，500 只≤蛋鸡存栏量＜10 000 只，2 000 只≤肉鸡年出栏量＜40 000 只，50 头≤肉羊年出栏量＜500 头；

规模养殖场：生猪年出栏量≥500 头，奶牛存栏量≥100 头，肉牛年出栏量≥100 头，蛋鸡存栏量≥10 000 只，肉鸡年出栏量≥40 000 只，肉羊年出栏量≥500 头。

对具有不同畜禽种类的养殖场和养殖区，其规模可将鸡、鸭、牛等畜禽种类的养殖量换算成猪当量后进行统计，换算比例为：30 只蛋鸡、30 只鸭、15 只鹅、60 只肉鸡、3 只羊分别折算成 1 头猪，1 头奶牛折算成 10 头猪，1 头肉牛折算成 5 头猪。

调查收集畜禽养殖场（含规模化和分散养殖场）名称、位置（经纬度、建制村）、养殖种类、养殖数量、粪污清理方式等，开列畜禽养殖清单。

畜禽养殖污染负荷（$W_{畜禽}$）可采用排泄系数法计算：

$$W_{畜禽} = (\delta_1 \times t \times N_{畜禽} \times \alpha_4 + \delta_2 \times t \times N_{畜禽} \times \alpha_5) \times \beta \qquad (2.2\text{-}24)$$

式中，δ_1 为畜禽个体日产粪量；t 为饲养期；$N_{畜禽}$ 为饲养数；α_4 为畜禽粪中污染物平均含量；δ_2 为畜禽个体日产尿量；α_5 为畜禽尿中污染物平均含量；β 为污染物流失系数，对畜禽废渣以回收等方式进行处理的污染源，流失系数取 0.12，未经处理直排的污染源，流失系数取 1。相关系数取值见表 2.2-4 和表 2.2-5。

表 2.2-4　畜禽粪尿排泄系数

项目	单位	牛	猪	鸡	鸭
粪	kg/d	20.0	2.0	0.1	0.1
	kg/a	7 300	300	6	6
尿	kg/d	10.0	3.3	—	—
	kg/a	3 650	495	—	—
饲养周期	d	365	150	60	60

表 2.2-5　畜禽粪便中污染物平均含量　　　　　　　　单位：kg/t

项目	COD_{Cr}	BOD	氨氮	总磷	总氮
牛粪	31.0	24.5	1.7	1.2	4.4
牛尿	6.0	4.0	3.5	0.4	8.0
猪粪	52.0	57.0	3.1	3.4	5.9
猪尿	9.0	5.0	1.4	0.5	3.3
鸡粪	45.0	47.9	4.8	5.4	9.8

（2）水产养殖污染源

水产养殖业调查内容可包括养殖场名称、位置、养殖种类、养殖投放量、养殖产量等。水产养殖污染排放量可按如下公式估算：

$$W = A \times C \times 10^{-3} \tag{2.2-25}$$

式中，W 为养殖排入水体污染物量，t/a；A 为水产养殖面积，hm^2；C 为水产养殖排污系数，kg/（$hm^2 \cdot a$）。排放系数取值可参考表 2.2-6。

表 2.2-6　池塘水产养殖排污系数取值

参数名称	COD	氨氮	总氮	总磷
排污系数/［kg/（$hm^2 \cdot a$）］	74.5	5.54	18	2.85
入河系数	0.3			

（3）农业种植污染源

农业面源污染负荷估算可采用《全国水环境容量核定技术指南》推荐的标准农田法。标准农田是平原、种植作物为小麦、土壤类型为壤土、化肥施用量 25～35 kg/（亩[①]·a）、

---

① 1 亩=1/15 hm^2。

多年平均降水量 400~800 mm 的农田。标准农田源强系数 COD 取 10 kg/（亩·a），氨氮取 2 kg/（亩·a），总氮取 4 kg/（亩·a），总磷取 0.33 kg/（亩·a），对于其他农田本研究按表 2.2-7 进行修正。

表 2.2-7   非标准农田源强修正系数

主要因素	修正类别	修正系数
坡度	<25°	1.0
	>25°	1.2~1.5
农作物类型	旱地	1.0
	水田	1.5
	其他	0.7
土壤类型	砂土	0.8~1.0
	壤土	1.0
	黏土	0.6~0.8
化肥施用量	<25 kg	0.8~1.0
	25~35 kg	1.0~1.2
	>35 kg	1.2~1.5
多年平均降水量	<400 mm	0.6~1.0
	400~800 mm	1.0~1.2
	>800 mm	1.2~1.5

（4）农村生活污染源

农村生活污染源污染排放主要指镇村的生活污染物排放。农村生活污染源调查主要包括建制村人口、污水处理设施运营情况等。农村生活污染源的负荷估算可采用产污系数法，产污系数可通过污水实验确定，若无调查数据，可参考已有的研究成果（表 2.2-8）。也可参考《全国水环境容量核定技术指南》，人均 COD 产生量为 40 g/d、氨氮产生量为 4 g/d，或者按人均用水量取值，COD 为 300~400 mg/L、氨氮为 35~45 mg/L、总氮为 40~60 mg/L、总磷为 4~7 mg/L，人均用水较少的区域取值趋近上限，人均用水较多的区域取值趋近下限。

表 2.2-8   农村生活居民排放当量系数   单位：g/（人·d）

流域名称	COD$_{Cr}$	氨氮	TP	TN
太湖流域	52.9	11.8	1.3	—
黄浦江流域	90	5.2	—	—
珠三角流域	16.4	4	0.44	5

2.2.3.4　城市径流的负荷估算与预测

城市径流污染负荷可采用 SCS 模型与雨水干管典型监测相结合的方法进行估算。SCS 模型是美国农业部水土保持局（Soil Conservation Service，SCS）于 1954 年开发研制的流域水文模型，在流域水土保持及防洪、城市水文、土地房屋的洪水保险等诸多方面得到应用（Ponce et al.，1996；Mishra et al.，2002）。在城市径流面源模拟中，SCS 模型主要用于估算径流量，需先收集城市土地利用情况和年内逐日降雨资料，采用 SCS 模型计算不同用地方式的单次降水径流深度，通过全年累加获得每种用地方式的年径流深度，然后汇总各类土地类型的用地面积计算出流域内城市径流总量。

雨水干管典型监测法主要用于估算径流污染物浓度。针对多次不同强度的降水过程，实测城市雨水干管中雨水流量和污染物浓度随时间变化的关系曲线，通过积分获得雨水径流总量和污染负荷总量（合流制管网则需扣除降雨前污水和污染物的入河总量），从而获得单次降水径流中污染物的平均浓度。将多次降水径流污染物平均浓度与降水强度进行相关分析，并根据年内平均降水强度确定径流污染物浓度。

根据 SCS 模型模拟的径流总量和实测的径流污染物浓度，估算出流域内城市径流污染负荷总量。然后根据城市雨水管网系统和地面坡度划分径流汇水区域，将污染负荷分摊到各入河排污口。

2.2.4　流域综合模型构建

随着流域基础资料的逐渐完备和研究方法的逐步深入，流域尺度模型被越来越多地应用到水环境综合整治规划研究编制中。流域尺度的水环境模型总体上包括污染负荷模型和受纳水体水质模型，流域尺度的水环境模型经常要将这两种模型系统耦合应用；对于有多重土地和水体功能的流域，如土地、河流、运河、水库、河口，污染物和受纳水体的表征通常需要多类或多个模型进行联合使用来描述整个流域系统。集成化模拟系统主要是整合和串联若干种模型以便增强模拟功能，形成一个计算机应用系统。BASINS 模型是美国国家环境保护局最常用的模型系统，该系统为模型与模型之间的数据调用、协同工作提供了绝好的平台，AUQL2E、HSPF、SWAT、PLOAD 等模型组块能够较好地兼容和使用。

2.2.4.1　污染负荷模型

污染负荷模型用来描述和估算各类污染源产生的污染负荷量，计算出进入河道的污染负荷量，作为水质模型的污染源边界输入条件，并为水质管理和水环境规划提供必要的信息，为河道纳污量和污染物削减量的计算奠定基础。非点源负荷计算模型又分为城市非点源模型、农业非点源模型和流域非点源模型，城市非点源模型（表 2.2-9）常用的有 SWMM、HSPF、STORM、DR3M-QUAL 等（董欣等，2008；薛亦峰等，2009；冯民权等，2009），相较而言，SWMM 模型因考虑因素较多、需求数据量相对少，是 4 个模型中较完善的一个。

表 2.2-9　主要城市非点源模型

模型	特征	基本结构	数据需求
SWMM	在暴雨及城市排水系统中模拟水量水质的模型之一	对雨水管道、合流制管道、自然排放系统都可以进行水量水质的模拟，包括径流、输送、扩充输送、贮水处理、受纳水体五大计算模块以及执行、联合、绘图、统计、运行等服务模块，各个模块之间相对独立	不仅数据输入时间间隔可以是任意的、输出的结果也可以是任意的整数步长（但是扩充输送模块的步长受到条件的限制），而且对于计算区域的面积大小也没有限制，所以是一个通用性的模型
HSPF	可以模拟流域的水量和水质变化，预测径流、地表水、地下水中的污染物浓度	是一个综合模拟水文、水力和水质的软件，能计算常规和有毒的污染物浓度、模拟复杂非点源污染输送过程	模型需要大量的数据，并且对数据的输入要求较高，以降雨、温度、日照强度、土地利用类型、土壤特性和农业耕作的方式为基本输入资料
STORM	能预测市区的降雨、径流、水质变化过程，并能绘制径流中简单的水量图和污染图（浓度-时间）	对市区连续暴雨进行模拟，利用单位径流系数计算每小时径流深度，并恢复每次暴雨之间的贮存能力	仅仅是对水量和水质的简单模拟，所以与其他模型相比，需要的数据少。径流系数可以根据标准手册或者教材来估计
DR3M-QUAL	能预测市区的降雨、径流、水质变化过程，并能绘制径流和地面水中的水量图和污染图（浓度-时间）	采用运动波强算地面径流；计算中包括利用随机参数作为指数建立的方程和水力方程	模型输入数据时要求有一定程度的图表，水量参数对于蓄水包括面积、非渗透性、长度、坡度、粗糙系数和渗透系数；对于沟渠包括形状、尺寸、水力学参数；对于贮存池包括贮存面积、贮存-排放关系

农业非点源污染是指在农业生产和加工过程中，土壤泥沙颗粒，氮磷等营养物质，农药等有害物质，秸秆、农膜等固体废物通过地表径流、土壤侵蚀、农田排水、地下淋溶等形式进入水环境所造成的污染。目前应用比较广泛的农业非点源模型主要有 GREAMS、EPIC、GWLF、ANSWERS、WEPP 等（Wang et al.，2010）。

流域非点源模型（表 2.2-10）是指在流域模拟系统中考虑不同土地利用类型的分布的模型，典型代表有 AGNPS、AnnAGNPS、ANSWERS、HSPF、MIKE SHE、SWAT、SPARROW、GWLF 等（张雪刚等，2010）。

表 2.2-10　主要流域非点源模型

模型	模型组成/能力	时间尺度	流域表达	最佳流域管理措施（BMP）评估	数据需求
AGNPS	单事件模型，用于评价流域内非点源污染的影响	长期；日或日以下步长	均一化的地表（单元）、河段和积水	农业管理	流域划分、单位流域边界、坡度、坡向和其他相关信息；日降水量；管理信息等
AnnAGNPS	用于评价流域内非点源污染长期影响	长期；日或日以下步长	均一化的地表（单元）、河段和积水	农业管理	流域划分、单位流域边界、坡度、坡向和其他相关信息；日降水量；管理信息等
ANSWERS	农业典型小流域中次降雨条件下的地表径流和土壤侵蚀量以及污染物流失量	长期，双重时间步长：晴天日步长，有降水时 30 s 步长	具有统一水文特征的方栅格，有的具有河道元素；一维模拟	流域管理措施对径流和泥沙损失的影响	日水平衡、渗透、径流和地表水演算、排水、河流演算、泥沙分离、泥沙运输等数据
HSPF	可以模拟流域的水量和水质变化，预测径流、地表水、地下水中的污染物浓度	长期；可变的常量步长（小时）	透水和不透水的地表、河道和混合水库；一维模拟	营养物和杀虫剂管理	流域的数字高程模型、土壤数据、气象数据、监测数据、社会经济数据、农业管理措施和水库及湖泊位置等
MIKE SHE	用于模拟整个陆地水文循环	长期和暴雨事件；可变的步长，依赖于数值稳定性	二维矩形/正方形地面栅格，一维河道，一维不饱和流层和三维饱和流层	农业管理、土地利用和气候变化的影响等	降水（雨或者雪）、蒸发量，坡度地表流、渠道流、不饱和的次表层流动等数据
SWAT	可以很好地评估农业管理措施变化所引起的水质变化	长期，日步长	根据气候、水文响应单元、水塘、地下水和主河道对子流域进行分组	农业管理；耕地、灌溉、施肥、杀虫剂应用和放牧	土地用途、土壤类型、点源资料、气候资料、作物管理数据库等
SPARROW	可用于模拟营养盐污染源和地表水中营养盐的长期去除速率，同时也被应用在营养盐的长距离传输的定量化方面	输入数据为年均值，一般要求监测数据是每月监测数据	根据气候、水文、高程、土地利用对子流域进行分组	营养物、气候变化的影响	河网数据、污染源数据、监测数据、流域空间属性数据
GWLF	可用于模拟流域内的径流量、土壤侵蚀以及由其产生的氮、磷营养盐负荷	长期，日步长	模型的结构可以从水文过程和污染负荷两个部分来理解	农业管理、土地利用等的影响	气象数据、输移参数和营养物参数

各模型适用条件见表 2.2-11，HSPF 模型研究精度高、计算效率高，机理过程相对全面，也便于二次开发，缺点是数据需求量大，精度要求也高；GWLF 模型能较好地模拟氮、磷污染负荷，缺点是还不能模拟 COD 污染负荷；相较而言，SPARROW 模型的复杂程度介于传统的统计学模型与机理模型之间，将流域水环境质量与监测点位的空间属性紧密联系起来，能够反映流域中长期水质状况以及主要影响因子，适合大中尺度流域模拟。

表 2.2-11　主要非点源模型适用条件

模型名称	应用尺度	参数形式	次暴雨/连续模拟	主要研究对象
DR3M-QUAC	城市	分布式	次暴雨	固态氮、磷、COD 等
STORM	城市	分布式	次暴雨	总氮、总磷、BOD 和大肠杆菌等
SWMM	城市	分布式	次暴雨	总氮、总磷、BOD 和 COD 等
GREAMS	农田小区	集总	长期连续	氮、磷和农药等
EPIC	农田小区	分布式	长期连续	氮、磷和农药等
ANSWERS	流域	分布式	长期连续	氮、磷
AGNPS	流域	分布式	次暴雨	农药、氮、磷和 COD 等
AnnAGNPS	流域	分布式	长期连续	农药、氮、磷和 COD 等
HSPF	流域	分布式	长期连续	农药、氮、磷、COD 和 BOD 等
SWAT	流域	分布式	长期连续	氮、磷和农药等
PLOAD	流域	分布式	长期连续	总氮、总磷、BOD 和 COD 等
GWLF	流域	半分布半经验式	长期连续	氮、磷营养负荷

2.2.4.2　受纳水体水质模型

受纳水体水质模型一般用来模拟沉积物或污染物在河流、湖泊、水库、河口、沿海等水体中的衰减转化过程，根据模拟对象的不同，可以分为湖泊水质模型、河流水质模型、水库水质模型等。受纳水体水质模型适用条件见表 2.2-12。

表 2.2-12　受纳水体水质模型适用条件

模型	适用水域	空间尺度	模型特征	数据需求
BATHTUB	湖泊	—	分析和预测由于自然和人为污染造成的水体富营养化状况，可以模拟湖泊和水库等（准）稳态水体内营养物的平流和扩散传输	地形数据、水文数据、大气负荷数据、支流负荷数据、水库水质数据、底质数据

模型	适用水域	空间尺度	模型特征	数据需求
CE-QUAL-W2	湖泊	二维	用于模拟湖泊和水库，也适用于一些具有湖泊特性的河流。能模拟的水质过程很多，所有重要的富营养化和藻类动态变化过程都能够模拟	初始条件数据、边界条件和时间的关系、水库地理形状、物理参数、生化反应速率、时间和水文气象条件的关系
EFDC	湖泊	三维	根据多个数学模型集成开发研制的综合模型，集水动力模块、泥沙输运模块、污染物运移模块和水质预测模块于一体，可以用于河流、湖泊、水库、湿地和近岸海域一维、二维和三维物理、化学过程的模拟	该模型对输入数据的要求非常高，要求有一些非常规监测的负荷数据、详尽的气象数据和深入的湖泊物理学数据
QUAL 2E	河流	一维	一种全面的多用河流水质模型，可模拟多达 15 种水质组分，适用于充分混合的树枝状河流	河流系统量，即几何数据，包括河段数、河段名称、各河段长度、计算单元长度等；全局变量，即水力数据，包括各河段上、下游流量，点源排放量，流速与流量的关系，水深与流量的关系等；强制函数，即水质数据，包括纵向弥散系数、纵向平面流速等
QUAL 2K	河流	一维	预测多种污染物在河流中的污染变化，适用于符合一维稳态状态河流的模拟	地理特征、气候特征、水力学特征、水体的理化及生物特征参数、点源源和汇水质、非点源源和汇水质等
WASP	河流	三维	可用来模拟常规污染物（包括溶解氧、生化需氧量）和有毒污染物（包括有机化学物质、金属和沉积物）在水中的迁移和转化规律，是分析池塘、湖泊、水库、河流、河口和沿海水域水质问题的动态多箱模型	污染源信息、水流路径、垂直混合系数、开放边界条件、生物和化学反应速率
BASINS	河流	三维	可以对多种尺度下流域的各种污染物的点源和非点源进行综合分析，是一个基于 GIS 的流域管理工具	基本图形数据（行政区域边界、子流域边界）、环境背景数据（土壤类型特征、土地利用、数字高程及河流气象站）、污染源数据（排放规模、年均污染负荷）等

河流水质模型主要有 QUAL 2E、QUAL 2K、WASP、BASINS 等，可模拟预测多种污染物在河流中的迁移、转化规律（Brown et al.，1987；史铁锤等，2010）。QUAL 2E 模型的水质过程模拟比较简单，可以用来模拟树枝状河流中的多种水质组分；QUAL 2K 模

型不仅适用于完全混合的树枝状河流，而且允许多个排污口、取水口的存在以及支流汇入和流出；WASP 模型是一个综合性水质模拟模型，可模拟河流、水库及湖泊的水质变化，可研究点源和非点源问题；BASINS 模型适合对多种尺度下流域的各种污染物的点源和非点源进行综合分析，缺点是数据需求较高。

2.2.5 综合方案优化

规划方案初步确定后，需对方案进行综合优化，检验方案的可行性和可操作性，为最佳规划方案的选择与决策提供科学依据，并根据方案评价的结果，对规划方案作出反馈调整。常用的综合方案优化方法有层次分析法和费用-效益分析法等。

2.2.5.1 层次分析法

层次分析法因运算方便、思路简单，能够与人们的价值判断推理相结合，在综合方案优化中得到了迅速广泛的应用。层次分析法能帮助决策者找出主要问题，锁定主要方向，如在北河小流域的规划中，崔文秀（1989）通过构建层次分析模型，识别出农、林、牧、副业占地比例是影响流域水土流失的主要因素。运用层次分析法解决实际问题，大体上可按以下四个步骤进行（许树柏，1986；Saaty，1980；邓雪等，2012）。

（1）建立递阶层次结构模型

应用层次分析法分析决策问题时，首先要把问题条理化、层次化，构造出一个有层次的结构模型。在这个模型下，复杂问题被分解为元素的组成部分，这些元素又按其属性及关系形成若干层次，上一层次的元素作为准则对下一层次的有关元素起支配作用。这些层次可以分为三类：最高层（目标层），只有一个元素，一般是分析问题的预定目标或理想结果；中间层（准则层），包括为实现目标所涉及的中间环节，它可以由若干个层次组成，包括所需要考虑的准则、子准则；最底层（方案层），包括为实现目标可供选择的各种措施、决策方案等。

递阶层次结构的层次数与问题的复杂程度及需要分析的详尽程度有关，一般地，层次数不受限制，每一层次中各元素所支配的元素一般不超过 9 个，这是因为支配的元素过多会给两两比较带来困难。一个好的层次结构对于解决问题是极为重要的，如果在层次划分和确定层次元素间的支配关系上举棋不定，那么应该重新分析问题，弄清元素间相互关系，以确保建立一个合理的层次结构。递阶层次结构是层次分析法中最简单也是最实用的层次结构形式。当一个复杂问题用递阶层次结构难以表示时，可以采用更复杂的扩展形式，如内部依存的递阶层次结构、反馈层次结构等。

（2）构造判断矩阵

在建立递阶层次结构后，上下层元素间的隶属关系就被确定了，下一步要确定各层次元素的权重。对于大多数社会经济问题，特别是比较复杂的问题，元素的权重不容易直接获得，这时就需要通过适当的方法导出它们的权重，层次分析法利用决策者给出判断矩阵的方法导出权重。记准则层元素 C 所支配的下一层次的元素为 U_1，U_2，$\cdots$，U_n；针对准则 C，决策者比较两个元素 U_i 和 U_j 哪一个更重要，重要程度如何，并按表 2.2-13 定义的比例标度对重要性程度赋值，形成判断矩阵 $A=(a_{ij})_{n\times n}$，其中 a_{ij} 就是元素 U_i 和 U_j 相对于准则 C 的重要性比例标度。

表 2.2-13　判断矩阵标度定义

比例标度	含义
1	两个元素相比，具有相同的重要性
3	两个元素相比，前者比后者稍重要
5	两个元素相比，前者比后者明显重要
7	两个元素相比，前者比后者强烈重要
9	两个元素相比，前者比后者极端重要
2，4，6，8	表示上述相邻判断的中间值

判断矩阵 A 具有如下性质：

①$a_{ij}>0$；

②$A_{ji}=1/a_{ij}$；

③$A_{ii}=1$，称为正互反判断矩阵。

根据判断矩阵的互反性，对于一个由 n 个元素构成的判断矩阵只需给出其上（或下）三角的 $n(n-1)/2$ 个判断即可。

（3）确定权重向量和一致性指标

通过两两比较得到的判断矩阵 A 不一定满足判断矩阵的互反性条件，层次分析法采用一个数量标准来衡量 A 的不一致程度。

设 $w=(w_1，w_2，\cdots，w_n)$ 是 n 阶判断矩阵的排序权重向量，当 A 为一致性判断矩阵时，有：

$$A=\begin{bmatrix} 1 & \dfrac{w_1}{w_2} & \cdots & \dfrac{w_1}{w_n} \\ \dfrac{w_2}{w_1} & 1 & \cdots & \dfrac{w_2}{w_n} \\ \vdots & \vdots & \vdots & \vdots \\ \dfrac{w_n}{w_1} & \dfrac{w_n}{w_2} & \cdots & 1 \end{bmatrix}=\begin{bmatrix} w_1 \\ w_2 \\ \vdots \\ w_n \end{bmatrix}\begin{bmatrix} \dfrac{1}{w_1} & \dfrac{1}{w_2} & \cdots & \dfrac{1}{w_n} \end{bmatrix} \qquad (2.2\text{-}26)$$

用 $w=(w_1,\ w_2,\ \cdots,\ w_n)^\mathrm{T}$ 右乘上式，得到 $Aw=nw$，表明 w 为 A 的特征向量，且特征根为 n。即对于一致的判断矩阵，排序向量 w 就是 A 的特征向量。如果 A 是一致的互反矩阵，则有以下性质：

$$a_{ij} \cdot a_{jk}=a_{ik} \qquad (2.2\text{-}27)$$

另外，一致的正互反矩阵 A 还具有下述性质：

①A 的转置 A^T 也是一致的；

②A 的每一行均为任意指定一行的正数倍数，从而 $R(A)=1$；

③A 的最大特征根 $\lambda_{\max}=n$，其余特征根全为 0；

④记 A 的 $\lambda_{\max}$ 对应的特征向量 $w=(w_1,\ w_2,\ \cdots,\ w_n)^\mathrm{T}$，则 $a_{ij}=w_i/w_j$。

由上述性质可知，当 A 具有一致性时，$\lambda_{\max}=n$，将 $\lambda_{\max}$ 对应的特征向量归一化后，记为 $w=(w_1,\ w_2,\ \cdots,\ w_n)^\mathrm{T}$，$w$ 称为权重向量，它表示 U_1，U_2，$\cdots$，U_n 在 C 中的权重。

关于正互反矩阵 A，根据矩阵论的 Perron-Frobenius 定理，有如下结论：

设 n 阶方阵 $A>0$，$\lambda_{\max}$ 是 A 的模的最大的特征根，则：

①$\lambda_{\max}$ 必为正的特征根，且其对应的特征向量是正向量；

②A 的任何其他特征根恒有$|\lambda|<\lambda_{\max}$；

③$\lambda_{\max}$ 为 A 的单特征根，因而它所对应的特征向量除了相差一个常数因子外是唯一的。

如果判断矩阵不具有一致性，则 $\lambda_{\max}>n$，此时的特征向量 w 就不能真实地反映 U_1，U_2，$\cdots$，U_n 在目标中所占比重，定义衡量不一致程度的数量指标

$$\mathrm{CI}=\frac{\lambda_{\max}-n}{n-1} \qquad (2.2\text{-}28)$$

对于具有一致性的正互反判断矩阵来说，CI=0。由于客观事物的复杂性和人们认识的多样性，以及认识可能产生的片面性与问题的因素多少、规模大小有关，仅依靠 CI 值作为 A 是否具有满意一致性的标准是不够的。为此，引进了平均随机一致性指标 RI，对于 $n=1\sim11$，平均随机一致性指标 RI 的取值如表 2.2-14 所示。

表 2.2-14　平均随机一致性指标

n	1	2	3	4	5	6	7	8	9	10	11
RI	0	0	0.58	0.90	1.12	1.24	1.32	1.41	1.45	1.49	1.51

定义 CR 为一致性比例，CR=CI/RI，当 CR≤0.1 时，称判断矩阵具有满意的一致性，否则就不具有满意的一致性。

（4）综合权重排序

计算同一层次所有因素对于最高层（目标层）相对重要性的排序权值，称为综合权

重排序，这一过程是由高层次到低层次逐层进行的。最底层（方案层）得到的层次总排序，就是 n 个被评价方案的总排序。若上一层次 A 包含 m 个因素 A_1，A_2，$\cdots$，A_m，其层次总排序权值分别为 a_1，a_2，$\cdots$，a_m，下一层次 B 包含 n 个因素 B_1，B_2，$\cdots$，B_n，它们对于因素 A_j 的层次单排序的权值分别为 b_{1j}，b_{2j}，$\cdots$，b_{nj}（当 B_k 与 A 无关时，取 b_{kj} 为 0），此时 B 层次的总排序权值由表 2.2-15 给出。

表 2.2-15　综合权重排序

	A_1	A_2	$\cdots$	A_m	B 层次总排序值
	a_1	a_2	$\cdots$	a_m	
B_1	b_{11}	b_{12}	$\cdots$	b_{1m}	$\sum\limits_{j=1}^{m} a_j b_{1j}$
$\cdots$	$\cdots$	$\cdots$	$\cdots$	$\cdots$	$\cdots$
B_n	b_{n1}	b_{n2}	$\cdots$	b_{nm}	$\sum\limits_{j=1}^{m} a_j b_{nj}$

如果 B 层次某些因素对于 A_j 的一致性指标为 CI_j，相应地平均随机一致性指标为 RI_j，则 B 层次总排序一致性比例为

$$CR = \frac{\sum\limits_{j=1}^{m} a_j CI_j}{\sum\limits_{j=1}^{m} a_j RI_j} \tag{2.2-29}$$

层次分析法最终得到方案层各决策方案相对于总目标的权重，并给出这一组合权重所依据整个递阶层次结构所有判断的总一致性指标，据此，决策者可以做出决策。

2.2.5.2　费用-效益分析法

费用-效益分析是评估政策绩效的常用方法，在国内也得到了逐步广泛运用（周颖，2004；李红祥等，2017）。在流域水环境规划中，费用即污染减排费用，主要包括城市污水处理厂等城市环境基础设施建设投入、工业污染源治理投入、污染治理设施运行费用、污染源监管能力建设等污染减排管理方面的支出。效益指由于实施污染减排政策减少污染排放而降低的"环境污染损失"，即"污染减排效益"。环境污染损失的计算采用"环境污染损失成本法"，用该方法计算的环境污染损失被称为环境退化成本。环境退化成本是指在目前的治理水平下，生产和消费过程中所排放的污染物对环境功能、人体健康、作物产量等造成的实际损害，这些损害需采用一定的定价技术，如人力资本法、直接市场价值法、替代费用法等环境价值评价方法来进行评估，计算得出相应的环境退化价值。运用费用-效益分析法解决实际问题，大体上可按如下步骤进行（李国斌等，2002；郭怀成等，2009）。

（1）明确问题

费用-效益分析的任务，是评价解决某一环境问题各方案的费用和效益。然后通过比较，从中选出净效益最大的方案提供决策。在费用-效益分析中，首先必须弄清楚方案的目标、分析环境问题所涉及的地域范围、列出解决问题的各个对策方案、明确各个对策方案跨越的时间范围。

（2）环境质量与受纳体影响关系确定

环境问题特别是环境污染问题，其直接影响表现为环境质量的恶化，进而导致对受纳体（人体、动植物、资源等）的影响和损害。环境资源的功能是多方面的，为了核算环境问题带来的经济损失，首先要弄清楚被研究对象的功能是什么，并对这些功能进行定量评价。在环境功能分析确定的基础上，进一步的工作是对环境质量与环境受纳体的关系，即对剂量-反应关系进行识别确定，这是环境费用-效益分析的关键，也是环境费用-效益分析成功的科学基础。通常可以用科学实验或统计对比调查（与未被污染的地方或本地污染前进行比较）求得。

（3）备选方案的环境影响分析

对策方案改善环境功能的效益取决于对策方案改善环境的程度。显然，不同的规划方案对应着不同的环境效益或环境损失，伴随着规划方案的改变，相应的环境损失（效益）也会随之变化。因此，针对不同的规划方案进行改善环境质量的定量化影响估计是环境效益或损失计算的前提。

（4）备选方案的费用-效益计算

根据方案可以改善环境和由此带来的环境功能改善的效果，即受纳体的反应，来计算各种方案环境改善的效益。除此之外，还要计算各种方案可以获得的直接经济效益。为了使规划方案的影响效果具有可比性，费用-效益分析方法采取了将规划方案的定量化损失（效益）统一为货币形式的表达方式。

（5）备选方案的费用-效益评价

当完成备选方案的费用-效益货币化计算后，就可通过适当的评价准则进行不同方案的比较，完成最佳方案的筛选，通常采用环境净效益现值进行比较。

$$PVNB=PVDB + PVEB - PVC - PVEC \qquad (2.2\text{-}30)$$

式中，PVNB 为环境保护设施净效益的现值；PVDB 为环境保护设施直接经济效益的现值；PVEB 为环境保护设施使环境改善效益的现值；PVC 为环境保护设施费用的现值；PVEC 为环境保护设施带来新的污染损失的现值。

比较各方案的净效益现值，以其中净效益现值最大者为最佳方案。

根据李红祥等（2013）的研究成果，污染减排效益的计算可定量转化为 COD 的减排效益计算，见式（2.2-31），主要水污染物的污染当量值如表 2.2-16 所示。

$$B_{\text{COD}} = \frac{\text{EC}_1}{\sum\limits_{i=1}^{n}(V_i \times \frac{K_{\text{COD}}}{K_i})} \times R_{\text{COD}} \tag{2.2-31}$$

式中，B_{COD} 为 COD 的减排效益，万元；EC_1 为水污染环境退化成本，万元；n 为污染物种类；V_i 为第 i 种污染物的排放量，万 t；K_{COD} 为 COD 的污染当量值，kg；K_i 为第 i 种污染物的污染当量值，kg；R_{COD} 为 COD 的去除量，万 t。

表 2.2-16　主要水污染物的污染当量值

单位：kg

汞	镉	六价铬	铅	砷	挥发酚	氰化物	COD	石油类	氨氮
0.000 5	0.005	0.02	0.025	0.02	0.08	0.05	1	0.1	0.8

2.2.5.3　水环境-经济学耦合模型的应用

目前，越来越多的学者将水环境模型与经济学模型进行耦合，开展基于费用-效益的污染控制策略优化。如 Lacroix 等（2010）将流域水环境模型与经济学模型进行耦合，研究环境成本最小化问题，旨在基于最小的污染控制成本，实现最大化的污染控制效果。Maringanti 等（2011）将流域模型和 BMP Tool 进行耦合，并使用基于遗传算法的多目标优化工具，将每种类型 BMP 下的平均污染物去除量作为初始条件输入优化模型中，最终求出最优解（蒋洪强等，2015）。在接下来的研究中，也应更加关注模型模拟的不确定性问题、环境政策和管理措施发生作用的效率在方案综合优化中的影响。

第 2 篇

典型流域水环境综合整治规划编制实践

第3章 入海河流全流域综合整治规划编制实践
——以漠阳江为例

漠阳江位于广东省西南部，发源于云浮市云雾山脉，贯穿阳江市阳春、阳东、江城 3 个县（市、区），流域总面积 6 091 km²，河长 199 km，是阳江市的"母亲河"，也是流域内城乡工农业生产的最重要水源。随着近年来阳江市产业发展和城市化进程的加快，漠阳江水质安全受到了严重威胁，为加强漠阳江流域的水环境保护工作，有必要系统、科学、有计划、有步骤地推进各项整治工作，推动流域环境持续改善。本章以阳江市漠阳江流域为例，介绍典型入海河流全流域综合整治规划编制实践，规划于 2012 年年初编制完成，规划年限为 2012—2020 年，数据基准年为 2011 年。

规划采用本书第 1 篇中的相关理论方法，在编制过程中，努力将流域水环境综合整治放在全阳江市经济社会发展大局中进行谋划，在社会经济环境协调发展方面，规划坚持优化布局、绿色发展，呼应广东省委、省政府关于促进粤东西北地区振兴发展的指导意见，推动阳江实现跨越式发展和幸福追赶，注重强化以资源环境承载力为基础，合理引导产业空间布局，提升区域产业集聚化建设水平，以环境保护优化经济增长。在全面系统考量上，规划坚持预防为主、防治结合，强化以点源、面源的源头控制和生态系统服务功能恢复与增强的预防性措施为主，以污染物末端治理为辅，同时通过规范流域国土开发模式、产业结构调整和布局优化等综合治理解决漠阳江水环境与水生态问题。在实施步骤路线方面，规划坚持统筹协调、重点突破，明确漠阳江综合整治和保护的重点区域、重点问题，选准抓手，同时根据流域特点，因地制宜提出符合当地客观情况的环境目标要求和治理方案及保护措施，强化流域水环境污染治理工作任务的分解落实，明确各主要责任单位和责任人的相关职责，对项目进行年度滚动实施并及时评估和考核，强化方案的落实和可操可控。在具体内容研究上，与其他专题相比，该规划在水污染物总量模型与控制研究、面源模型开发及其污染规律的揭示、流域生态安全格局的构建、规划总体方案优选评估等方面开展了较多创新性的探索，取得了比较丰硕的研究成果。基于这些研究成果，规划提出了"以分区控制为基本策略，构建生态安全格局，维护流域环境安全""以保护区划为基本单元，严格保护饮用水水源，保障流域饮水安全""以改善质量为基本核心，加强水污染总量控制，保持水质整体良好""以绿色发展为基本导向，加强产业环境调控，促进经济发展方式转变""以先急后缓为基本时序，加快推进污水处理设施建设，提高水污染治理水平""以分类指导为基本特征，强化流域面源污染控制，逐步构建面源污染治理长效机制""以生态优先为基本理念，加大生态保护力度，推进生态文明建设""以机制创新为基本方针，加强流域水环境监管，全面提升环保监控能力"等 8 大条 29 小条主要任务措施，并围绕实现规划提出的目标和任务，提出了饮用水水源保护、重点污染河段综合整治、小流域河道整治、小流域排山洪沟清理疏通综合治理、湖库污染综合整治、污水处理设施及配套管网建设、重点污染行业综合整治、生态建设、面源污染防治、水环境监管能力建设等 10 大类、总投资约 30 亿元重点工程。

自 2014 年正式印发实施后，规划成为阳江市推进漠阳江水质保护和水环境综合整治的重要政府决策文件，有力地推动了阳江市漠阳江水质保护和污染治理工作。规划已实施 7 年，推动阳江市搭建起以漠阳江水环境质量改善为核心，以污染减排与环境扩容为抓手，坚持护好水与治差水两手齐抓、转型升级与截污纳管互动并进、工业企业与城镇生活协同减排、目标考核与河长治水同向发力的良好工作模式，水污染防治工作成效显著。2020 年，阳江市流域内所有集中式饮用水水源 100%的水质稳定达标，所有 5 个地表水考核断面水质优良率达 100%，全市 13 条建成区黑臭水体全部完成成效评估，5 个入海河流国考断面水质优良率达 100%，水环境质量明显改善。

3.1 流域概况

3.1.1 自然概况

漠阳江发源于广东省云浮市西南大云雾山南侧，初向西南行，流经阳春市马南山后，转 90°折向东南，在阳江市的北津注入南海，在阳江市境内自北向南流经阳春市、阳东区、江城区，干流全长 199 km，流域总面积 6 091 km²，其中阳江市境内流域面积为 5 604.4 km²，占总流域面积的 93.1%；境内流域面积占阳江市总面积的 71.7%。

3.1.1.1 地形地貌

漠阳江流域内地形复杂，四周山峦起伏，高山环抱，地势北高南低，向海倾斜。天露山脉和云雾山脉呈东北—西南走向，其中鹅凰嶂（海拔 1 337.6 m）为市域最高山峰，漠阳江自北向南贯穿阳江市全境。流域内岩浆岩分布较为广泛，并经多次岩浆入侵和喷发活动，形成许多岩体，覆盖大片地区，其中以燕山期花岗岩出露面积最大，流域内山地丘陵、平原河谷、海岛滩涂等各种地貌兼备。

3.1.1.2　气象

　　漠阳江流域地处南亚热带南缘，气候属南亚热带季风气候。多年平均气温 23.4℃，极端最低气温 7℃，极端最高气温 36.8℃。多年平均日照 1 866.5 h，年最多日照 2 299.0 h，年最少日照 1 607.3 h。漠阳江流域雨量充沛，多年年均降水量为 2 195 mm，降水年内分配不均，年际变化较大。年内分配具有干湿季分明、雨量集中于汛期的特点。前汛期 4—6 月多为锋面雨，多年月平均降水量达到 330 mm，占汛期降水量的 44%；后汛期 7—9 月多为台风雨，多年月平均降水量 290 mm，占汛期降水量的 39%。汛期降水量约占全年降水量的 85%，且多以洪水形式出现，非汛期（10 月—次年 3 月）降水只占全年降水量的 15%。漠阳江流域多年平均径流量 88.2 亿 m³，径流主要来源于降水补给。漠阳江流域多年平均蒸发量为 937～1 144 mm，最大年蒸发量为 1 332 mm，最小年蒸发量为 792 mm，月均值为 153.3 mm；2 月蒸发量最小，均值为 63.7 mm；一年中连续最大 4 个月（7—10 月）蒸发量约占全年总蒸发量的 43%，多年平均年陆地蒸发量 858.6 mm，约占多年平均年降水量的 37.8%。

3.1.1.3　水文

　　漠阳江水系干流从阳东区的新塘断面以下为感潮河段，流域内河流密布，除干流外，集水面积超过 100 km² 的一级支流有 11 条（表 3.1-1），包括云霖河、那乌河、平中河、西山河、蟠龙河、罂煲河、潭水河、轮水河、那龙河、大八河和车田河，其中潭水河、西山河和那龙河集水面积较大；二级支流 6 条；三级支流 1 条（图 3.1-1）。

表 3.1-1　阳江市主要河流特征

河流名称	河流等级	集水面积/km²	起点	终点	长度/km	平均坡降/‰	多年平均径流量/亿 m³
漠阳江	干流	6 091	阳春云廉洒西	阳江北津港	199	0.49	88.20
云霖河	一级	288	交明朝先桥项	春湾镇朗尾	33	3.12	3.13
那乌河	一级	123	合水镇瓦盘	那星朗角	28	5.31	1.55
平中河	一级	113	合水镇平东	高牙头合水平西	23	10.00	1.51
西山河	一级	989	阳春三甲顶	合水	108	2.03	13.95
蟠龙河	一级	120	鄱龙牛围岭	春城镇新屋寨	33	5.85	1.78
罂煲河	一级	118	潭水镇席草塘	马水镇渡头坡	31	5.05	1.81
潭水河	一级	1 421	双滘鸡笼顶	阳春岗美潭梅	107	1.56	22.80
轮水河	一级	109	春城镇扶明	阳东区双捷圩	28	3.86	5.36
大八河	一级	278	大八岭	大朗峒	41	1.11	3.89
那龙河	一级	945	恩平鸭仔岭	阳东尖山	67	0.43	11.43
车田河	一级	148	恩平市狗头岭	阳东新安村	27	3.45	—

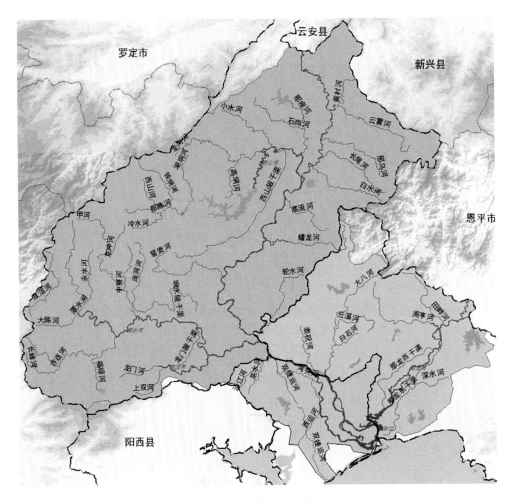

图 3.1-1　漠阳江水系

　　漠阳江流域内湖库较多，较大的有漠地洞水库、东湖水库、马岗水库、沙湾水库、上水水库、江河水库、合水水库、大河水库、张公龙水库、仙家垌水库和北河水库等。

　　阳江市海域（含潮间带、内海、领海）总面积 12 300 km²，其中内海面积 7 174 km²，潮间带面积 131 km²，领海面积 2 925 km²，其他海域面积 2 070 km²。阳江市沿海海区总体上呈不正规的半日潮，即每一太阳日有两次涨潮和两次落潮。每月两次大潮，一次较大一次较小。最高潮位为 4.23 m（1972 年闸坡站记录），最低潮位为 0.31 m（1960 年闸坡站记录），平均高潮位 2.49 m，平均低潮位 0.94 m，最大潮差 3.92 m，平均潮差 1.56 m。

3.1.2　社会经济状况

3.1.2.1　经济发展概况

（1）生产总值

漠阳江流域生产总值由 1993 年的 39.65 亿元增加到 2011 年的 596.5 亿元（图 3.1-2），占全阳江市生产总值比重也在不断提高（尤其是 2005 年之后），1993 年漠阳江流域占阳江市生产总值比重为 64.9%，2011 年提高到 77.8%。

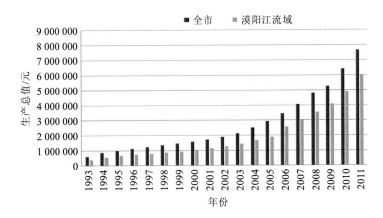

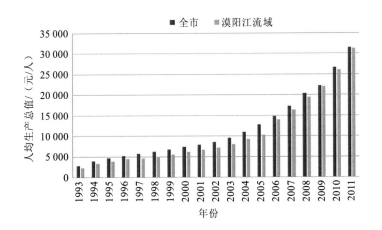

图 3.1-2　漠阳江流域生产总值变化情况

（2）人均生产总值

漠阳江流域人均生产总值增长迅猛，1993 年流域内人均生产总值仅为 2 312 元，2011 年增长到 31 338 元，翻了 12 倍多（图 3.1-2）。地域上，江城区和阳东区人均生产总值更高。

（3）产业结构

2011 年漠阳江流域生产总值为 596.5 亿元，其中第一产业生产总值为 108.19 亿元，第二产业生产总值为 288.4 亿元，第三产业生产总值为 199.94 亿元，三产结构比为 18：48：34。与阳江市 2011 年三产结构 21：44：35 相比，漠阳江流域二产比重比全市高 4 个百分点，一产和三产分别低 3 个百分点和 1 个百分点，工业化程度比整个阳江市高。区域三产结构上，高新区二产比例明显高于其他区域，二产次高的为阳东区。

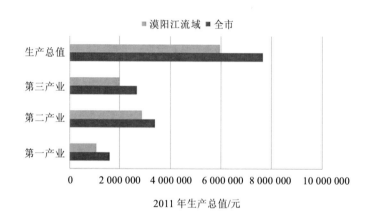

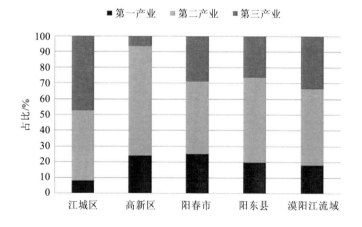

图 3.1-3　漠阳江流域产业结构比较

3.1.2.2　人口分布

根据阳江市统计年鉴，2012 年阳江市常住人口为 244.5 万人，比 1990 年（217.9 万人）增加了 26.6 万人，增加了 12.2%，其中漠阳江流域人口为 191.1 万人，占全市人口总数的 78.2%，比 1990 年（178.8 万人）增加了 12.3 万人，增加了 6.9%。

3.1.3　土地利用现状

3.1.3.1　土地利用结构

阳江市现状土地利用结构呈现"七山一水两分田"的特征。"七山"：山地丘陵占全市土地总面积约 70%，其中丘陵面积占 25.57%，山地面积占 41.97%，土地类型以林地为主，占土地总面积的 50.76%。"一水"：全市水域面积以河流水面为主。"两田"：耕地面积占土地总面积的 24.53%，耕地以灌溉水田为主，占耕地面积的 67.34%。

根据阳江市土地利用总体规划（2006—2020 年），到 2020 年，阳江市农用地面积 670 800 hm²，占全市土地总面积的 84.21%；建设用地面积 68 600 hm²，占土地总面积的 8.61%；其他土地面积 57 147 hm²，占土地总面积的 7.18%。其中中心城区建设用地总规模控制在 6 700 hm² 以内，城乡用地总规模控制在 5 256 hm² 以内，城镇工矿用地总规模控制在 4 666 hm² 以内，人均城镇工矿用地控制在 104 m² 以内。

3.1.3.2　土地类型分布

漠阳江流域总体围绕市域东西两面呈"人"字形。耕地集中在漠阳江两岸河谷地区及南部滨海平原丘陵一带，在阳春市中部的漠阳江两岸河谷地区以及江城区、阳东区、阳西县的滨海平原丘陵区分布较多，以灌溉水田为主，质量较高；林地结合全市东西地形布局，形成天然的生态屏障，主要分布于阳春市西北部、东部以及阳东区北部、阳西县西部的山地丘陵区；园地主要分布于阳东区中北部和东部。

建设用地呈块状分布，集中于市域中部和沿海一带，随着漠阳江流域从阳春市的北部一直延伸至阳江港。受地形影响，建设用地在市域北部的布局比较分散，主要以农村居民点为主。成片的建设用地主要集中于中心城区及各县（市、区）所在地。

其他土地布局以"点"状布局为主。其中成片的荒草地主要集中在西部龙高山片区和北部三茂铁路西侧。滩涂集中于漠阳江干流出海口、大型支流两岸及南部各县海岸。

3.2　水环境现状调查与评估

3.2.1　水资源利用

3.2.1.1　供水量

2011 年阳江市供水总量为 13.850 亿 m³，较常年增加 0.474 亿 m³，漠阳江流域供水量为 9.805 亿 m³，占全市的 70.8%，流域地表水源供水量占总量的 93.6%（表 3.2-1）。

表 3.2-1　2011 年漠阳江流域供水量　　　　单位：亿 m³

		全市	江城区	阳东区	阳春市	漠阳江流域
地表水源供水量	蓄水	7.121	0.908	1.628	2.620	4.518
	引水	2.840	0.514	0.357	1.528	2.262
	提水	3.149	0.503	1.083	1.271	2.396
地下水源供水量		0.740	0.225	0.099	0.341	0.629
供水总量		13.850	2.150	3.167	5.760	9.805

注：漠阳江流域水量包含阳江市漠阳江流域、粤西地区和珠三角地区利用的水量，下同。

3.2.1.2　用水量

2011 年阳江全市用水量与供水量持平。其中工业用水 0.650 亿 m³、城镇公共用水 0.360 亿 m³、农村居民生活用水 0.690 亿 m³、城镇居民生活用水 0.840 亿 m³、农村生态用水 0 亿 m³、城镇环境用水 0.020 亿 m³（表 3.2-2）。

表 3.2-2　2011 年漠阳江流域用水量　　　　单位：亿 m³

	类型	全市	江城区	阳东区	阳春市	漠阳江流域
生产	农田灌溉	9.000	1.219	1.915	3.926	6.272
	林牧渔畜	2.290	0.173	0.749	0.971	1.594
	工业	0.650	0.147	0.189	0.220	0.486
	城镇公共	0.360	0.136	0.049	0.108	0.275
生活	农村居民	0.690	0.105	0.150	0.305	0.505
	城镇居民	0.840	0.360	0.115	0.220	0.653
生态	农村生态	0	0	0	0	0
	城镇环境	0.020	0.010	0	0.010	0.020
用水总量		13.850	2.150	3.167	5.760	9.805

用水结构分析：行政分区中江城区灌溉用水、工业用水和林牧渔畜用水合计占用水总量的 71.6%，其他个行政分区的农田灌溉用水、工业用水和林牧渔畜用水占用水总量的88%左右，农田灌溉用水占用水总量的 56.7%～70%。

3.2.1.3 用水消耗量

2011 年阳江市综合耗水率为 46.2%。在耗水总量中，农田灌溉耗水占 56.1%、林牧渔畜耗水占 27.7%、工业（含火核电）耗水占 2.6%、城镇公共耗水占 2.2%、居民生活耗水占 11.3%、生态环境耗水占 0.1%。因用水户需水特性和用水方式不同，耗水率差别也较大，其中农田灌溉为 39.8%，林牧渔畜为 77.4%，工业为 25.8%，城镇公共为 38.6%，居民生活为 47.1%，生态环境为 40.0%（表 3.2-3）。

表 3.2-3　2011 年漠阳江流域耗水量　　　　　　　　　单位：亿 m³

类型	全市	江城区	阳东区	阳春市	漠阳江流域
农田灌溉	3.585	0.470	0.747	1.587	2.497
林牧渔畜	1.772	0.134	0.579	0.752	1.234
工　业	0.168	0.035	0.045	0.053	0.117
城镇公共	0.139	0.040	0.021	0.053	0.107
居民生活	0.720	0.156	0.143	0.288	0.535
生态环境	0.008	0.004	0	0.004	0.008
总计	6.392	0.839	1.535	2.737	4.498

3.2.1.4 用水指标

2011 年阳江市人均综合用水为 569 m³，人均综合用水量最多的为阳东区（704 m³），最少的为阳江市区（316 m³）；全市万元 GDP 用水量为 179 m³；城镇居民生活人均用水量为 202 L/d，农村居民生活人均用水量为 146 L/d（表 3.2-4）。

表 3.2-4　2011 年漠阳江流域主要用水指标

	人均综合用水量/m³	万元 GDP 用水量/m³	万元工业增加值用水量/m³	农田实灌亩均用水量/m³	居民生活人均用水量/（L/d）	
					城镇	农村
全市	569	179	21	752	202	146
市区	316	83	17	733	199	155
阳东区	704	190	22	792	178	150
阳春市	674	242	21	720	206	149
漠阳江流域	543	163	20	734	199	153

3.2.1.5　水资源开发利用程度

2011 年本地水资源总量为 83.590 亿 m³，全市用水总量 13.850 亿 m³，用水总量全部来源于本地水资源，其中漠阳江流域本地平均水资源利用率 16.2%。各分区水资源利用情况有较大差别，本地水资源利用率最高的为江城区（37.1%），最低的为阳春市（13.5%）（表 3.2-5）。

表 3.2-5　2011 年漠阳江流域水资源利用情况

	全市	江城区	阳东区	阳春市	漠阳江流域
降水总量/亿 m³	140.490	9.750	33.748	71.783	101.926
水资源总量/亿 m³	83.590	5.801	20.080	42.710	60.645
用水总量/亿 m³	13.850	2.150	3.167	5.760	9.805
水资源利用率/%	16.6	37.1	15.8	13.5	16.2

3.2.2　水污染源

3.2.2.1　工业污染物排放

经测算，2012 年漠阳江流域工业废水排放总量为 1 193 万 t，其中江城区工业废水排放量为 444 万 t、阳春市工业废水排放量为 650 万 t、阳东区工业废水排放量为 99 万 t。工业 COD 排放总量为 6 248 t，其中阳春市所占比例最大，为 44.46%；工业氨氮排放总量为 527 t，江城区所占比例最大，为 38.90%（表 3.2-6）。

表 3.2-6　2012 年漠阳江流域工业废水和污染物排放情况

行政区	工业废水排放量/万 t	COD 排放量/t	氨氮排放量/t
江城区	444	1 733	205
阳春市	650	2 778	158
阳东区	99	1 737	164
流域合计	1 193	6 248	527

3.2.2.2　生活污染物排放

经测算，2012 年漠阳江流域生活污水排放量为 11 857.0 万 t。其中，城镇生活污水排放量为 7 569.0 万 t，占整个漠阳江流域生活污水排放量的 63.84%。漠阳江流域生活污水 COD 排放总量为 22 486.4 t，氨氮排放总量为 2 761.8 t（表 3.2-7）。

表 3.2-7　2012 年漠阳江流域生活污水和污染物排放情况

区域	污水排放量/万 t		COD 排放量/t		氨氮排放量/t	
	城镇	农村	城镇	农村	城镇	农村
江城区	4 279.0	0	12 372.4	0	1 466.9	0
阳春市	1 972.0	3 140.0	6 311.7	1 120.4	798.7	112.0
阳东区	1 319.0	1 148.0	2 284.2	397.7	344.4	39.77
流域合计	7 569.0	4 288.0	20 968.3	1 518.1	2 610.0	151.8

3.2.2.3　农业污染物排放

经测算，2012 年漠阳江流域农业源化学需氧量排放量为 128 065 t，氨氮排放量为 5 508 t。漠阳江流域农业源污染物排放情况见表 3.2-8。

表 3.2-8　2012 年漠阳江流域农业污染物排放情况　　　　　　　单位：t

区域	畜禽养殖		种植业	
	COD	氨氮	COD	氨氮
江城区	2 914	242	10 480	110
阳春市	23 660	2 000	61 522	1 698
阳东区	12 043	1 042	17 446	416
流域合计	38 617	3 284	89 448	2 224

3.2.3　水环境监测与评价

收集阳江市 2005—2012 年漠阳江流域水质的常规监测资料，并对 9 条支流（云霖河、那乌河、平中河、那座河、蟠龙河、罂煲河、轮水河、大八河、青冲河）和 4 座大中型饮用水水源水库（连环水库、阳东区东湖水库、江河水库、漠地洞水库）进行了补充监测。支流监测断面设置在下游汇入漠阳江干流之前，水库监测点设置在水库取水口附近。监测的指标包括 SS、DO、BOD_5、COD_{Cr}、氨氮、总氮、总磷。监测的频率为干旱期、雨后期各 1 次。本研究采用综合污染指数法评价水质，即用水体各监测项目的监测结果与其评价标准之比作为该项目的污染分指数，然后通过算术平均法将各项目的分指数综合得到该水体的污染指数，作为水质评定尺度（图 3.2-1）。

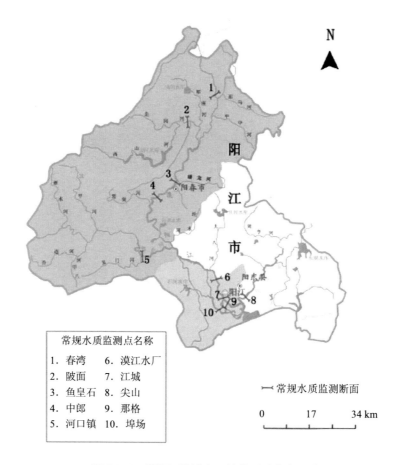

常规水质监测点名称

1. 春湾	6. 漠江水厂
2. 陂面	7. 江城
3. 鱼皇石	8. 尖山
4. 中郎	9. 那格
5. 河口镇	10. 埠场

⊢ 常规水质监测断面

0   17   34 km

图 3.2-1　漠阳江流域水环境监测分布点示意

3.2.4　流域水质时空变化特征

3.2.4.1　饮用水水源水质

从年际变化来看，3 个饮用水水源地水质均未超标，阳江市、阳春市和阳东区饮用水水源地 2005—2011 年水质综合污染指数整体呈现上升趋势，变化范围为 0.24～0.39，尤其阳东区水质综合污染指数呈显著上升趋势，水质变化较大。地区的城市化发展，使 3 个水源地水质不断受到周边地区生活、工业、农业等点源和面源污染的影响，原本较为清洁的水体受到影响（表 3.2-9）。多年来，阳东区饮用水水源综合污染指数最高，其次是阳春市。

表 3.2-9　2005—2011 年漠阳江城市饮用水水源水质综合污染指数变化趋势

年份	阳江市（漠江水厂）	阳春市（鱼皇石）	阳东区（北惯桥）
2005	0.24	0.28	0.25
2006	0.27	0.28	0.34
2007	0.34	0.38	0.35
2008	0.31	0.31	0.34
2009	0.27	0.32	0.34
2010	0.35	0.34	0.39
2011	0.33	0.34	0.36
rs（秩相关系数）	0.631	0.618	0.778
趋势	上升	上升	显著上升

从典型水期来看，2011 年 3 个饮用水水源地生化需氧量、氨氮和总磷在枯水期和丰水期的污染指数变化如图 3.2-2 所示。

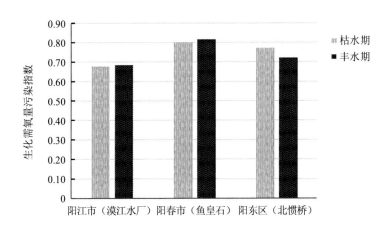

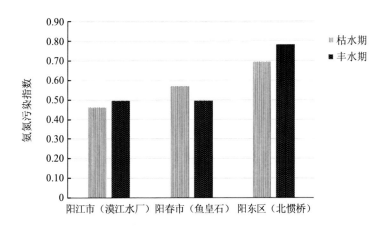

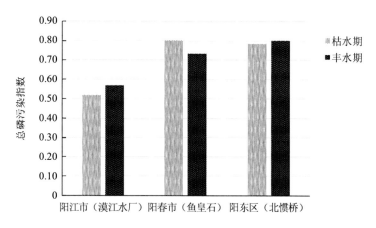

图 3.2-2 2011 年枯水期、丰水期污染指数变化

2011 年 3 个饮用水水源地监测断面 BOD 污染指数变化范围为 0.65～0.85。漠江水厂和北惯桥断面丰水期氨氮和总磷的污染指数均高于枯水期，漠江水厂和鱼皇石断面丰水期综合污染指数较枯水期稍高。

3.2.4.2 干流水质

对春湾、鱼皇石、中朗、漠江水厂和江城 5 个漠阳江干流常规监测断面 2005—2012 年水质进行评价。从年际变化来看，2005—2012 年，漠阳江 5 个监测点的综合污染指数整体均呈上升趋势，变化范围为 0.3～0.6，其中春湾断面呈显著上升趋势。对比来看，中朗断面水质综合污染指数较高，江城断面次之。

2012 年漠阳江干流 5 个监测断面化学需氧量、氨氮和总磷在枯水期和丰水期的污染指数沿程变化如图 3.2-3 所示。中朗、春湾、鱼皇石断面丰水期 COD 综合污染指数高于枯水期，其余监测点丰水期和枯水期污染指数差异较小。

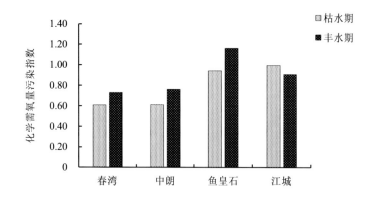

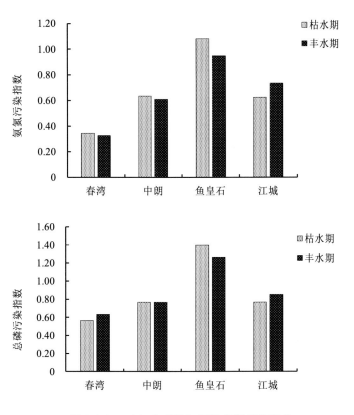

图 3.2-3　2012 年漠阳江污染指数沿程变化

3.2.4.3　支流水质

分析 2012 年云霖河、那乌河、平中河、那座河、蟠龙河、罂煲河、轮水河、大八河、清冲河 9 条支流补充监测及陂面（西山河）、河口镇（潭水河）2 个漠阳江干流常规监测断面监测数据，除清冲河、蟠龙河、轮水河、西山河外，其他支流雨季 COD 和氨氮浓度总体均高于旱季（表 3.2-10）。

表 3.2-10　2012 年漠阳江支流常规及补充水质监测结果　　　　单位：mg/L

序号	监测断面	旱季		雨季	
		COD	氨氮	COD	氨氮
1	大八河	8.32	0.289	13.8	0.375
2	清冲河	14.1	0.465	14.1	0.417
3	云霖河	15.8	0.502	17.6	0.575
4	那乌河	11.5	0.568	13.6	0.932
5	平中河	26.2	0.516	28.7	0.753

序号	监测断面	旱季		雨季	
		COD	氨氮	COD	氨氮
6	那座河	13.4	0.343	14.1	0.425
7	蟠龙河	43.5	0.72	27.5	0.583
8	罂煲河	18.4	0.832	28.2	0.724
9	轮水河	18.4	0.537	16.7	0.486
10	西山河	8.9	0.193	8.6	0.190
11	潭水河	8.9	0.163	8.9	0.184

阳春市 COD 浓度均高于其他地区，其中流经阳春市的蟠龙河的 COD 浓度在旱季远高于其他支流（图 3.2-4）。而在雨季，平中河的 COD 浓度最高，蟠龙河也相对较高。位于阳东区的大八河的 COD 浓度低于其他支流。旱季罂煲河的氨氮浓度高于其他支流（图 3.2-5），雨季那乌河氨氮浓度最高。从常规监测数据来看，西山河与潭水河的 COD、氨氮浓度均相对较低。图中多数支流雨季 COD、氨氮浓度都高于旱季，说明雨季有更多的污染物被冲刷入河，面源污染对漠阳江流域绝大多数支流是有影响的。

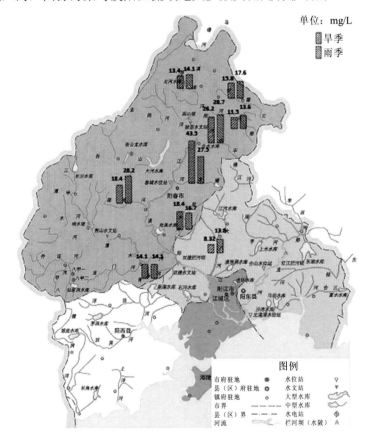

图 3.2-4　2012 年漠阳江支流 COD 浓度空间分布

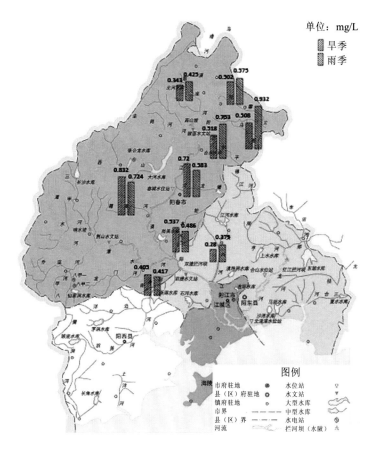

图 3.2-5　2012 年漠阳江支流氨氮浓度空间分布

3.2.4.4　水库水质

2012 年阳江市区连环水库、阳东区东湖水库、江河水库、漠地洞水库水质情况显示，连环水库、东湖水库的主要污染指标为总磷、总氮；江河水库的主要污染指标为总磷。2012 年连环水库的综合污染指数最高，东湖水库次之（表 3.2-11）。

表 3.2-11　2012 年漠阳江流域主要水库水质污染物的污染指数

湖库名称	溶解氧	高锰酸盐指数	总磷	总氮	综合污染指数
漠地垌水库	0.58	0.61	0.67	0.86	0.68
连环水库	0.66	0.78	2.90	2.14	1.62
东湖水库	0.65	0.69	1.10	1.28	0.93
江河水库	0.64	0.56	1.20	0.88	0.82

此外，广东省水文局江门水文分局对阳江市 77 个水库进行了水质监测，根据评价结果，位于漠阳江流域的 49 个湖库中为 II 类水质的有 12 个，III 类水质的有 9 个，IV 类水质的有 11 个，V 类水质的有 5 个，劣 V 类水质的有 12 个，水质在 IV 类及更差水平的湖泊占调查湖泊的 57.1%（表 3.2-12）。

表 3.2-12 2011 年漠阳江流域主要水库水质状况

序号	地区	水库名称	水质现状	序号	地区	水库名称	水质现状
1	江城区	放鸡水库	III 类	26	阳春市	西洋冲水库	V 类
2	江城区	草朗水库	劣 V 类	27	阳春市	箭竹角水库	II 类
3	江城区	银田水库	IV 类	28	阳春市	挞石坑水库	III 类
4	阳春市	围河水库	IV 类	29	阳春市	牛山水库	劣 V 类
5	阳春市	谭必塘水库	劣 V 类	30	阳春市	河表水库	III 类
6	阳春市	那梭水库	III 类	31	阳春市	砂底坑水库	IV 类
7	阳春市	冼塘水库	劣 V 类	32	阳春市	三圩水库	IV 类
8	阳春市	塘坎水库	劣 V 类	33	阳春市	沙表南水库	II 类
9	阳春市	黎迫坑水库	劣 V 类	34	阳春市	沙表北水库	II 类
10	阳春市	马安山水库	劣 V 类	35	阳春市	沙桐水库	II 类
11	阳春市	那旦水库	V 类	36	阳春市	枕头坑水库	IV 类
12	阳春市	爱国水库	劣 V 类	37	阳春市	下茅坪水库	III 类
13	阳春市	东湖下库	II 类	38	阳春市	木薯坑水库	IV 类
14	阳春市	东湖上库	II 类	39	阳春市	瑶田水库	II 类
15	阳春市	万祥水库	劣 V 类	40	阳春市	牛屎峡水库	劣 V 类
16	阳春市	蒲壳塘水库	V 类	41	阳春市	长沙水库	III 类
17	阳春市	必冲水库	IV 类	42	阳东区	清湾仔水库	II 类
18	阳春市	羊笪水库	II 类	43	阳东区	大水田水库	II 类
19	阳春市	青山寺水库	劣 V 类	44	阳东区	赤黎岭水库	IV 类
20	阳春市	麻辣水库	IV 类	45	阳东区	哈沟水库	II 类
21	阳春市	罗脚坑水库	IV 类	46	阳东区	獭山水库	V 类
22	阳春市	龙颈水库	III 类	47	阳东区	马含水库	IV 类
23	阳春市	牛山咀水库	III 类	48	阳东区	狗尾水库	V 类
24	阳春市	石仔岭水库	III 类	49	阳东区	长令水库	II 类
25	阳春市	石龙岭水库	劣 V 类				

3.2.5　综合整治成效与存在的问题

3.2.5.1　整治成效

漠阳江是阳江市最主要也是最重要的饮用水水源，阳江市委、市政府高度重视漠阳江饮用水水源保护和污染治理工作，陆续在阳江市开展了一系列环境保护和水污染综合整治工程，取得了积极成效，尤其是"十一五"以来，不断加强流域生活污水、垃圾、工业污染、河道整修等工作，逐步形成了系统的集规划编制、工程带动、考核追责于一体的流域整治机制。

（1）规划先行，统筹流域水环境保护

自 21 世纪以来，阳江市陆续编制出台了一系列水环境保护相关规划，包括《漠阳江水质保护规划》《阳江市环境保护和生态建设"十一五"规划》《阳江市环境保护和生态建设"十二五"规划》《阳江市环境保护规划（2006—2020 年）》《粤西主要河流水质保护规划》等。其中《漠阳江水质保护规划》是第一部系统性针对漠阳江污染而编制出台的规划，于 2002 年编制完成并印发实施。上述规划均对各自规划期内流域整治目标、主要任务等予以了明确，对漠阳江流域的整治均具有重要指导意义。

（2）工程带动，深入推进流域污染治理

一是严格实施饮用水水源保护工程建设。严格执行《广东省地表水环境功能区划》，结合区域实际及发展需求，对流域内部分饮用水水源保护区及河段水功能区划进行了优化调整。严格控制污染型项目在饮用水水源保护区、漠阳江上游、居民住宅区等环境敏感区域上马，全面整治漠阳江上游的涉水企业特别是钢铁、造纸等行业，淘汰了一批小造纸、小钢铁、小漂染、小电镀等落后生产能力，基本完成二级保护区所有直接排污口的取缔工作，确保饮水安全，2012 年，流域内集中饮用水水源水质保持达标率为 100%。二是积极推进漠阳江城区段综合整治工程建设。持续开展漠阳江春城段和江城段（市区）综合整治工程，围绕漠阳江饮用水质保护，通过截污、绿化、亮化和美化等措施，陆续开展了河道清障、截污、治污、疏浚、堤防建设等工程，逐步提高污染河段水质和景观服务功能。三是全面推进城市污水处理厂及配套管网工程建设。流域内先后建成了 5 座城市生活污水处理厂，日处理能力达 14.5 万 t，建成 4 座工业园区配套工业废水处理厂，日处理能力达 3.5 万 t。大力推进城镇生活污水管网建设，实施管网雨污分流和管网改造，有效改善和保护了区域水环境质量。

（3）机制创新，联防联治流域水污染

一是建立饮用水水源应对协商机制，大力加强饮用水水源地环境监管及应急能力建设，强化江河湖库水资源管理，切实做好阳春市、江城区和阳东区跨县（区）界环境污染事件的预防与应急处置工程，建立共同应对环境污染的工作机制。二是开展水情、水质动态监测与预警，强化污染联防基础。改变定点定时的固定监测模式，根据漠阳江蓄水、水质及水闸开启泄流情况，实施动态和追踪监测，及时向下游地区通报信息，发布水质预警预报。三是实施污染物限排，强化污染联防成效保障。针对漠阳江枯水期河道径流量小、水体稀释自净能力弱的情况，制定限排方案，通过限制排污，减少入河废水排放量，大力减轻漠阳江及支流水污染程度。四是加强水闸调度，发挥水利工程调控作用。充分利用流域水闸，结合水量情况，合理调控，增强水体流动性，提升水体自净能力。

3.2.5.2 存在的问题

（1）水资源时空分布不均，利用率不高

近年来，漠阳江流域社会经济快速发展，对水资源的需求呈明显递增趋势。而漠阳江流域径流主要来源于降水补给，但流域内降水年内分配不均，年际变化较大。空间上，阳东区水资源量相对较少，随着地区社会经济的跨越式发展，时空上可能存在水资源短缺现象。流域单位 GDP 水耗高达 232 m³/万元，是广东省平均水耗 103 m³/万元的 2 倍多，是深圳市万元 GDP 耗水量（31 m³/万元）的 8 倍，农业用水浪费严重，农田实灌亩均用水量超 800 m³，水资源利用效率较低。

（2）水质整体保持良好，部分河段水质有所下降

漠阳江水质整体保持良好，干流及主要支流水质状况整体优良。随着阳江市社会经济的快速发展，大量未经处理的生活污水、工业废水及面源污染物排入河道，漠阳江水质有所下降，流经阳春市区和江城市区河段污染物超标率和超标倍数有所上升，其中阳东区饮用水水源水质综合污染指数呈显著上升趋势，部分支流的水质也存在超标现象。

（3）流域工业结构性污染问题突出，产业布局尚存在不合理现象

流域内 COD 排放量前 10 个行业排放了流域 83%的负荷和 91%的氨氮，结构性污染问题突出，造纸、炼钢及淀粉相关制品制造及稀土金属冶炼、造纸及刀剪用具制造等污染物排放量大的行业缺乏相应针对性污染治理措施；布局方面，严格保护区内仍存在部分建设项目；个别企业存在偷排漏排、擅自扩建现象；流域内产业集聚化发展程度不高，部分企业没有按要求入园（基地）。

（4）面源污染问题突出

漠阳江流域有 600 多个养殖场，主要分布在阳春市和阳东区，畜禽养殖污染问题严重。流域土地利用以农用地为主，农用地面积占全流域土地面积的 80%以上，而农用地中以农耕地为主，流域内现有耕地面积 1.51 万 hm²，占阳江市耕地面积的 79.7%，流域内种植业面源污染问题凸显，种植面源的 COD 和氨氮负荷分别占全流域污染物排放量的 60%和 30%左右。此外，流域内较多湖库周边畜禽养殖及农业种植污染均直排进入水库，

大多数水库水质处于Ⅲ类以下，氮、磷为主要超标指标。

（5）污水处理设施建设滞后，部分河涌水质较差

生活污水处理设施建设明显滞后，流域内仅有 5 座城镇生活污水处理厂，生活污水处理率仅约 64.7%。配套管网建设远远滞后，仅阳江市区和阳春市区、阳东城区有污水处理设施，其他周边城镇均未有投入运营的污水处理厂，这些城镇的生活污水基本上不经处理直接排入河道，导致高排渠、三江河、那味河、情人河等河涌水质长期处于较差水平。

（6）生态破坏和农村污染问题逐步显现

流域生态环境遭到破坏，生态系统较为脆弱。局部地区水土流失等问题依然严重，"越地保护"引起的水土流失现象开始凸显。森林资源质量不高，结构简单，红树林等湿地面积减少，功能不断退化。城市森林生态系统建设滞后。农村环境卫生条件普遍较差，缺乏完善的人畜粪尿收集和处理系统，生活垃圾随意堆放，造成河道淤积和水体污染，威胁阳江市饮用水水源安全。

（7）水环境监管能力不足

水环境监管能力不足，基层尤其是区、镇级水环境管理能力薄弱，环境监测、监察等机构标准化建设水平低，与国家标准化要求尚有较大差距，仪器设备种类、数量配备不全，缺乏必需的应急监测监控设备，环境监测预警及环境应急监测能力不足，无法开展饮用水水源水质全分析，不能适应环境监测需求。企业偷排、漏排现象屡禁不止，环境监管有待加强。

3.3　水环境压力预测

3.3.1　社会经济发展与工业污染预测

3.3.1.1　经济发展

（1）国内生产总值

2012 年阳江市 GDP 为 887 亿元，根据《阳江市国民经济和社会发展"十二五"规划纲要》，"十二五"期间（2013—2015 年）阳江市 GDP 增长率取 15%。预测"十三五"阳江市经济增长将相对放缓，2016—2020 年阳江市 GDP 增长率取 11%。根据测算结果，2015 年和 2020 年阳江市 GDP 将分别达到 1 349 亿元和 2 271 亿元。

（2）工业增加值

"十二五"期间各行业分年度工业增加值测算如下：

$$V_{i,\text{行业}} = V_{2012,\text{行业}} \times (1 + r_{\text{行业}})^i \tag{3.3-1}$$

式中，$V_{i,行业}$为第 i 年该行业工业增加值，亿元；$V_{2012,行业}$为 2012 年该行业工业增加值，亿元；i 为第 i 年，$i=1\sim8$，分别代表 2013—2020 年；$r_{行业}$为"十二五"期间该行业工业增加值年均增长率，%，具体增长率随年份而变化。

阳江市全市 2012 年工业增加值为 295 亿元，根据《阳江市国民经济和社会发展"十二五"规划纲要》，"十二五"期间工业增加值年均增长率取 25%。"十三五"期间年均增长率取 18%。预测 2015 年和 2020 年阳江市工业增加值分别为 576 亿元和 1 317 亿元。2012 年全市重点行业工业增加值为 43 亿元，预测 2015 年和 2020 年阳江市重点行业工业增加值分别为 84 亿元和 192 亿元。

3.3.1.2　工业污染排放

（1）工业废水排放量预测

根据漠阳江流域 2012 年工业废水排放量，采用单位 GDP 排放量法测算 2013—2020 年漠阳江流域工业废水排放量。在现有单位 GDP 废水排放量不变的情况下，利用 2012 年阳江市工业废水排放量和漠阳江流域各企业的工业废水排放量，预测 2015 年和 2020 年漠阳江流域废水排放量分别为 1 815 万 t 和 3 650 万 t（表 3.3-1）。

表 3.3-1　2012—2020 年漠阳江流域工业废水排放情况　　　　　　单位：万 t

行政区	2012 年	2015 年	2020 年
江城区	444	676	1 359
阳春市	650	989	1 989
阳东区	99	150	301
流域合计	1 193	1 815	3 650

（2）工业 COD 排放量预测

工业 COD 新增量为 2013—2020 年分年度工业 COD 新增量之和。采用单位 GDP 排放量法测算 2015 年、2020 年漠阳江流域工业 COD 排放量。预测 2015 年和 2020 年的工业 COD 排放量分别为 8 430 t 和 13 888 t。

表 3.3-2　漠阳江流域工业 COD 排放量　　　　　　单位：t

行政区	2012 年	2015 年	2020 年
江城区	1 733	2 338	3 852
阳春市	2 778	3 748	6 175
阳东区	1 737	2 344	3 861
流域合计	6 248	8 430	13 888

（3）工业氨氮排放量预测

工业氨氮新增量为 2013—2020 年排放氨氮的重点行业分年度氨氮新增量之和。采用分行业单位工业增加值排放量法计算工业氨氮新增量。其他行业采用剩余行业的上年度工业增加值污染物平均排放强度和当年的工业增加值进行测算，见表 3.3-3。

表 3.3-3　漠阳江流域工业氨氮排放量预测　　　　　　　　　　　　　　　　　　　单位：t

行政区	2012 年	2015 年	2020 年
江城区	205	400	1 222
阳春市	158	309	942
阳东区	164	320	978
流域合计	527	1 029	3 141

3.3.2　人口增长与生活污染预测

3.3.2.1　人口增长

本规划对流域人口预测采用指数公式法，测算公式如下：

$$P_{i\text{人口}} = P_{2012\text{人口}} \times (1 + r_{\text{人口}})^i \qquad (3.3\text{-}2)$$

式中，$P_{i\text{人口}}$ 为第 i 年年末户籍总人口，万人；$P_{2012\text{人口}}$ 为 2012 年年末户籍人口，万人；i 为第 i 年，$i=1\sim8$，分别代表 2013—2020 年；$r_{\text{人口}}$ 为流域年末户籍人口年均增长率。

根据 2009—2012 年漠阳江流域各行政区的总人口数量，可得出其年均增长率。预测漠阳江流域 2015 年和 2020 年年末户籍人口数量分别为 235.89 万和 255.14 万（表 3.3-4）。根据《阳江市总体规划》提供的 2010—2030 年漠阳江流域各行政区的城镇化程度，2015 年江城区、阳春市和阳东区的城镇化率分别为 100%、41% 和 47%；2020 年江城区、阳春市和阳东区的城镇化率分别为 100%、51% 和 55%。分别对漠阳江流域的各行政区的城镇和农村年末户籍人口进行测算（表 3.3-4）。

表 3.3-4　漠阳江流域城乡年末户籍人口变化情况预测　　　　　　　　　　　　单位：万人

行政区	2012 年		2015 年		2020 年	
	城镇人口	农村人口	城镇人口	农村人口	城镇人口	农村人口
江城区	59.93	0	62.71	0	66.94	0
阳春市	40.76	75.7	50.23	72.28	67.97	65.3
阳东区	21.43	26.87	24.52	26.16	30.96	23.97
流域合计	122.12	102.58	137.46	98.43	165.87	89.27

3.3.2.2 生活污染

（1）生活污水排放量预测

根据 2013—2020 年漠阳江流域的总人口预测结果，可以预测生活污水排放量。测算公式为

$$生活污水排放量=生活污水排放系数×人口数量 \qquad (3.3-3)$$

根据阳江市统计资料，江城区、阳春市和阳东区城镇生活污水排放系数分别为 71.39 m^3/（人·a）、48.37 m^3/（人·a）和 61.54 m^3/（人·a），农村生活污水排放系数为 117 L/d。2015 年、2020 年漠阳江流域生活污水排放量见表 3.3-5。

表 3.3-5　漠阳江流域生活污水排放量　　　　　　　　单位：万吨

行政区	2012 年		2015 年		2020 年	
	城镇	农村	城镇	农村	城镇	农村
江城区	4 279	0	4 477	0	4 829	0
阳春市	1 972	3 140	2 429	2 999	3 288	2 789
阳东区	1 319	1 148	1 509	1 117	1 905	1 023
流域合计	7 569	4 288	8 415	4 116	10 022	3 812

（2）生活 COD 产生量预测

根据阳江市统计资料，江城区、阳春市和阳东区的城镇生活 COD 产生系数分别为 22.54 kg/（人·a）、19.22 kg/（人·a）和 22.16 kg/（人·a），农村生活 COD 产生系数为 14.8 kg/（人·a）。预测 2015 年漠阳江流域生活 COD 产生量为 45 669 t，2020 年达到 50 411 t。农村生活 COD 入河系数取 0.1。

表 3.3-6　漠阳江流域生活 COD 产生量　　　　　　　　单位：t

行政区	2012 年		2015 年		2020 年	
	城镇	农村	城镇	农村	城镇	农村
江城区	14 704	0	16 012	0	17 272	0
阳春市	7 836	11 204	9 655	10 697	13 066	9 665
阳东区	4 748	3 977	5 433	3 871	6 861	3 547
流域合计	27 889	15 181	31 101	14 568	37 199	13 212

（3）生活氨氮产生量预测

根据阳江市统计资料，江城区、阳春市和阳东区的城镇生活氨氮产生系数分别为 3.02 kg/（人·a）、2.24 kg/（人·a）和 2.85 kg/（人·a），农村生活氨氮产生系数为 1.48 kg/（人·a）。预测 2015 年生活氨氮产生量为 5 175 t，2020 年达到 5 769 t。农村生活污水氨氮的入河系数取 0.1。

表 3.3-7　漠阳江流域生活氨氮产生量　　　　　　　　　　　单位：t

行政区	2012 年		2015 年		2020 年	
	城镇	农村	城镇	农村	城镇	农村
江城区	1 812	0	1 895	0	2 045	0
阳春市	1 161	1 120	1 124	1 070	1 521	966
阳东区	611	398	699	387	882	355
流域合计	3 584	1 518	3 718	1 457	4 448	1 321

3.3.3　面源污染预测

3.3.3.1　畜禽养殖污染

对流域内生猪、鸡和肉牛等主要畜禽的产污情况进行预测。根据相关地市规划，每头生猪在生产期 COD 和氨氮产生量分别取 0.33 kg/d 和 0.02 kg/d；每头肉牛 COD 和氨氮产生量分别取值 2.3 kg/d 和 0.04 kg/d。生猪和肉牛 COD、氨氮入河系数分别取值 0.3 和 0.2。每只家禽在饲养期内每天产生 20 gCOD 和 0.7 g 氨氮，COD 入河率取值 20.16%，氨氮入河率取值 20%。畜禽的生长周期不同，按每头生猪的生长期为 150 d，肉牛的生长期为 360 d，家禽的生长期为 50 d 计，测算漠阳江流域 2012 年、2015 年及 2020 年畜禽养殖 COD、氨氮排放量见表 3.3-8～表 3.3-9。阳春市的畜禽养殖 COD、氨氮排放量均高于江城区和阳东区，江城区畜禽排污量相对较少。

表 3.3-8　2012 年、2015 年及 2020 年各行政区畜禽养殖业 COD 排放量　　　单位：t

行政区	2012 年	2015 年	2020 年
江城区	2 914	3 043	3 273
阳春市	23 660	24 686	26 509
阳东区	12 043	12 547	13 440
流域合计	38 617	40 276	43 222

表3.3-9 2012年、2015年及2020年各行政区畜禽养殖业氨氮排放量 单位：t

行政区	2012 年	2015 年	2020 年
江城区	102	106	113
阳春市	841	875	935
阳东区	437	454	485
流域合计	1 379	1 435	1 533

3.3.3.2 种植和城镇面源

全市土地利用类型以种植业和城镇用地为主，本次规划采用 HSPF 模型估算了 2010 年漠阳江流域种植业和城镇面源污染负荷量及空间分布。2010 年漠阳江种植业和城镇面源总量及其各种污染物在阳春市、阳东区以及江城区的分布情况见表 3.3-10。此外，根据各种用地的面积和实测的面源污染排放特征，测算漠阳江流域现状面源污染的来源主要是旱地。土地利用类型短期不会发生较大变化，假设规划期内，土地利用类型不变，即到 2015 年、2020 年，流域种植业和城镇面源污染负荷保持不变。

表3.3-10 流域 2010 年种植业和城镇面源污染负荷 单位：t

行政区	COD	氨氮
江城区	10 480	110
阳春市	61 522	1 698
阳东区	17 446	416
流域合计	89 448	2 224

3.3.4 流域水环境压力特征分析

根据上述计算结果，得到漠阳江流域 2012 年、2015 年、2020 年污染负荷分布情况（表 3.3-11、表 3.3-12），从水环境压力增长趋势来看，2012—2020 年，全流域 COD 排放量增长了 8.8%，氨氮排放量增长了 45.8%，未来需要重点关注氨氮负荷的控制。从水环境压力分布来看，2020 年，阳春市 COD 和氨氮污染负荷有所下降，但仍占比最大，为 60.3% 和 47.4%，而阳东区和江城区污染负荷逐步增长，需重点关注。从水环境压力种类来看，到 2020 年，流域 COD 污染负荷主要来源于种植业和城镇面源，其次为畜禽养殖；氨氮污染负荷主要来源于工业源和城镇生活源。

表 3.3-11　流域 2012 年、2015 年、2020 年 COD 负荷分布情况

年份	行政区	总负荷/t	工业占比/%	城镇生活占比/%	农村生活占比/%	种植业和城镇面源占比/%	畜禽养殖占比/%
2012	江城区	27 500	6.3	45.0	0.0	38.1	10.6
	阳春市	95 392	2.9	6.6	1.2	64.5	24.8
	阳东区	33 908	5.1	6.7	1.2	51.5	35.5
	流域合计	156 800	4.0	13.4	1.0	57.0	24.6
2015	江城区	26 334	8.9	39.8	0.0	39.8	11.6
	阳春市	96 637	3.9	5.8	1.1	63.7	25.5
	阳东区	34 814	6.7	6.0	1.1	50.1	36.0
	流域合计	157 784	5.3	11.5	0.9	56.7	25.5
2020	江城区	29 626	13.0	40.6	0.0	35.4	11.0
	阳春市	102 765	6.0	7.4	0.9	59.9	25.8
	阳东区	38 146	10.1	8.0	0.9	45.7	35.2
	流域合计	170 537	8.1	13.3	0.8	52.5	25.3

表 3.3-12　流域 2012 年、2015 年、2020 年氨氮负荷分布情况

年份	行政区	总负荷/t	工业占比/%	城镇生活占比/%	农村生活占比/%	种植业和城镇面源占比/%	畜禽养殖占比/%
2012	江城区	1 884	10.9	77.9	0.0	5.8	5.4
	阳春市	3 607	4.4	22.1	3.1	47.1	23.3
	阳东区	1 401	11.7	24.6	2.8	29.7	31.2
	流域合计	6 892	7.6	37.9	2.2	32.3	20.0
2015	江城区	1 887	21.2	67.4	0.0	5.8	5.6
	阳春市	3 818	8.1	21.7	2.8	44.5	22.9
	阳东区	1 572	20.4	21.8	2.5	26.5	28.9
	流域合计	7 277	14.1	33.6	2.0	30.6	19.7
2020	江城区	2 867	42.6	49.6	0.0	3.8	4.0
	阳春市	4 794	19.6	23.4	2.0	35.4	19.5
	阳东区	2 385	41.0	19.7	1.5	17.4	20.3
	流域合计	10 046	31.3	30.0	1.3	22.1	15.3

3.3.5　水文水质数学模型构建

规划基于 QUAL 2K 模型原理研究构建漠阳江水系水质模型，包括流量平衡、水质平衡两个模块。

3.3.5.1　流量平衡方程

稳态的流量平衡方程适用于每个模拟河段，来自源头的总流量可以表示为

$$Q_{\text{in},i} = \sum_{j=1}^{\text{ps}i} Q_{\text{ps},i,j} + \sum_{j=1}^{\text{nps}i} Q_{\text{nps},i,j} \qquad (3.3\text{-}4)$$

式中，$Q_{\text{ps},i,j}$ 为第 j 个点源流进河段 i 的流量；$\text{ps}i$ 为河段 i 的所有点源数量；$Q_{\text{nps},i,j}$ 为第 j 个非点源流进河段 i 的流量；$\text{nps}i$ 为 i 河段的所有非点源数量。

出水口的所有出流可以表示为

$$Q_{\text{out},i} = \sum_{j=1}^{\text{pa}i} Q_{\text{pa},i,j} + \sum_{j=1}^{\text{npa}i} Q_{\text{npa},i,j} \qquad (3.3\text{-}5)$$

式中，$Q_{\text{pa},i,j}$ 为 i 河段第 j 个点出水口的出水量；$\text{pa}i$ 为 i 河段的所有点出水口的数量；$Q_{\text{npa},i,j}$ 为 i 河段第 j 个非点出水口的出水量；$\text{npa}i$ 为 i 河段所有非点出水口的数量。

3.3.5.2　水质平衡方程

$$\frac{\partial C}{\partial t} = \frac{\partial\left(A_x D_l \dfrac{\partial c}{\partial x}\right)}{A_x \partial_x} - \frac{\partial(A_x u c)}{A_x \partial_x} + \frac{\mathrm{d}c}{\mathrm{d}t} + \frac{s}{V} \qquad (3.3\text{-}6)$$

式中，C 为组分浓度；X 为距离；T 为时间；A_x 为距离 x 处的河流断面面积；D_l 为纵向弥散系数；u 为平均流速；s 为源汇项；V 为计算单元的体积，m^3。

3.3.6　水质变化预测

3.3.6.1　河段选择

根据流域情况，选取漠阳江干流及 11 条主要支流进行水质模拟。根据水文监测和 HSPF 模型估算的结果，2010 年干流及主要支流基本情况如表 3.3-13 所示。将干流及主要支流划分为 27 个河段共 81 个计算单元，对漠阳江干流沿线水质情况进行模拟。

表 3.3-13　水质模拟干流及主要支流

序号	河流	长度/km	水质目标	径流量/（m³/s）
1	云霖河	33	Ⅱ类	15.07
2	那乌河	28	Ⅱ类	7.91
3	平中河	23	Ⅱ类	4.79
4	蟠龙河	33	Ⅱ类	8.57
5	西山河上游	46	Ⅱ类	16.20
6	西山河下游	62	Ⅱ类	47.98
7	那座河	39	Ⅱ类	11.14
8	罂煲河	31	Ⅱ类	5.47
9	潭水河上游	53	Ⅱ类	19.48
10	潭水河下游	54	Ⅱ类	82.88
11	轮水河	28	Ⅱ类	6.75
12	大八河	41	Ⅱ类	24.00
13	那龙河	67	Ⅱ类	37.27
14	漠阳江上游	79	Ⅱ类	36.04
15	漠阳江中游	49	Ⅱ类	134.99
16	漠阳江下游	71	Ⅲ类	345.21

3.3.6.2　模型验证

采用 QUAL 2K 模型，选择 COD 和氨氮进行模拟。选取漠阳江干流春湾等 5 个水质监测点 2010 年的监测数据对模型进行验证，结果如表 3.3-14 所示。

表 3.3-14　流域水质模拟验证结果

监测点	COD			氨氮		
	模拟值/（mg/L）	实测值/（mg/L）	误差/%	模拟值/（mg/L）	实测值/（mg/L）	误差/%
春湾	10.17	9.06	12.3	0.21	0.22	−2.9
鱼皇石	11.74	10.53	11.5	0.34	0.30	12.0
中朗	17.32	16.37	5.8	0.43	0.52	−17.4
漠江水厂	11.39	11.93	−4.5	0.30	0.26	17.1
江城	12.91	14.49	−10.9	0.33	0.34	−3.7

将下游入海口作为距离基准，为 0 km，上游发源地为 199 km，从春湾监测点附近开始模拟，得到验证结果如图 3.3-1 所示。由验证结果可以看出，除部分点外，模拟值与实测值相对误差均在 10%左右，且变化趋势基本相同，说明模拟结果基本符合漠阳江干流的水质变化情况，模型可以用来预测流域未来沿程水质变化。

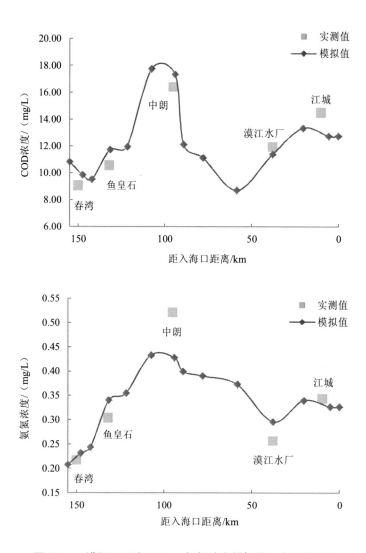

图 3.3-1 漠阳江干流 COD、氨氮浓度模拟值和实测值比较

3.3.6.3 规划期流域水质变化

根据构建的模型，得到 2015 年、2020 年漠阳江干流沿程水质变化情况如表 3.3-15，图 3.3-2 和图 3.3-3 所示。到 2015 年、2020 年，流域水质都有变差的趋势。COD 浓度在阳春、漠江水厂附近、江城区附近有明显的升高，氨氮浓度在阳春市达到峰值，需要重点对这些区域的污染物排放加以控制。

表 3.3-15　2015 年、2020 年干流水质沿程变化

距入海口距离/ km	2015 年浓度/（mg/L）		2020 年浓度/（mg/L）	
	COD	氨氮	COD	氨氮
155.0	11.85	0.22	12.37	0.22
147.5	10.80	0.24	11.28	0.25
142.0	10.45	0.26	10.91	0.26
131.5	12.65	0.35	13.11	0.36
121.5	12.95	0.37	13.44	0.38
107.5	19.20	0.46	19.93	0.47
94.0	18.79	0.45	19.53	0.46
89.0	13.17	0.42	13.71	0.43
78.0	12.08	0.41	12.55	0.42
58.5	9.31	0.39	9.62	0.40
38.0	12.42	0.32	12.94	0.33
20.5	14.24	0.35	14.69	0.36
5.5	13.23	0.34	13.48	0.35
0	13.23	0.34	13.48	0.35

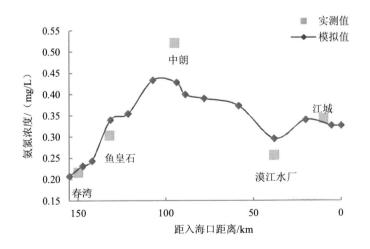

图 3.3-2　干流 COD 变化预测

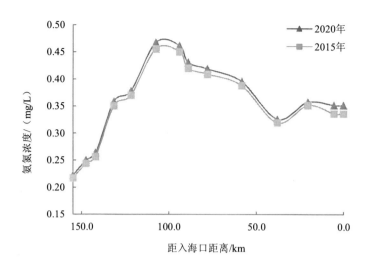

图 3.3-3   干流氨氮变化预测

3.3.7   整体水环境压力

3.3.7.1   城镇化和工业化进程对水环境冲击加剧

随着流域城镇化和工业化进程的加快推进，城镇生活源和工业源水污染物新增排放量明显增加。根据预测，到 2020 年，流域城镇人口将增加 6.9%，点源 COD 和氨氮排放量分别增加 34.3% 和 96.3%。其中，江城区的点源污染尤其明显，到 2020 年，点源 COD 和氨氮产生量将分别占到总量的 53.6% 和 92.2%，开发强度的增加、人口的大规模聚集和城市建设面积的扩张将对水生态环境带来冲击，造成环境污染产生及排放负荷升高、水生态破碎化加剧等突出问题，加剧环境保护工作压力。

3.3.7.2   农业面源污染占比较大，需要重点控制

农业面源污染占比大，是未来流域水环境压力的主要贡献者。到 2020 年，流域农业面源产生的 COD 将达到 13.4 万 t，氨氮达到 0.39 万 t。其中，阳春市和阳东区尤其严重，农业面源产生的 COD 分别占总污染负荷的 86.6% 和 81.9%，农业面源产生的氨氮分别占总污染负荷的 56.9% 和 39.3%。对于种植业，流域农业用地面积大，需要降低单位面积污染物产生量；对于畜禽养殖，流域畜禽养殖量大，需要控制养殖量，同时推广生态养殖技术，着力削减畜禽养殖污染。

3.3.7.3　水环境治理任务更加繁重，保障水环境安全的压力增大

未来流域污染物产生量增长明显，到 2020 年，流域 COD 和氨氮排放量将较 2012 年分别增长 8.8% 和 45.8%，氨氮增长幅度尤其明显，需要重点控制。随着城镇化速度的加快，城镇人口不断增加，工业企业不断增多，废水产生量不断增加，对区域内饮用水水源安全带来潜在威胁，发生环境污染事故的风险增大，未来水环境治理任务将更加繁重。

3.4　规划方案研究

3.4.1　水污染物总量控制方案

3.4.1.1　水环境容量核算方法

考虑漠阳江流域所在地区的具体治理能力及有关水环境保护要求，同时考虑到稳态模型发展的成熟性，规划采用一维稳态模型进行水环境容量计算。根据漠阳江流域的实际情况，以 COD 和氨氮为代表对水环境容量计算方法进行研究。为了简化计算，本规划假定各排污口连续、均匀排污。

规划采用段首控制，段首控制中的段是指沿河任何两个排污口断面之间的河段，而段首则是指各段的上游第一个排污口断面。段首控制就是控制上游断面（段首）的水质达到功能区段的要求，那么由于有机物的降解，则在该段内的下游水质处处达到或优于功能区段的控制指标。在功能区段的段首，由于来水中污染物的浓度和功能区段水质要求的差别，为来水提供了稀释容量：

$$E_0 = Q_0 \left(C_s - C_0 \right) \tag{3.4-1}$$

式中，E_0 为功能区段段首的稀释容量，t/d；C_s 为功能区段水质标准，mg/L；Q_0 为来水流量，m^3/s；C_0 为来水浓度，mg/L。

由于控制各段段首为水质标准，那么经过一段距离的降解后，到达段末时的降解量即为该断面处的环境容量。

第 i 个断面处的环境容量为

$$E_i = \left(Q_i + q_i \right) C_s - Q_i C_s \left(x \right) \tag{3.4-2}$$

式中，E_i 为第 i 个断面处的环境容量，t/d；q_i 为第 i 个断面处的排污流量，m^3/s；Q_i 为混合后干流流量，m^3/s；x 为降解距离，m；其余各符号意义同上。

则功能区段内所具有的总环境容量为

$$E = E_0 + \sum E_i = Q_0(C_s - C_0) + \sum_1^n [(Q_i + q_i)C_s - Q_i C_s(x)] \qquad (3.4\text{-}3)$$

推导得到：

$$E = Q_0(C_s - C_0) + \sum_1^n C_s[Q_i(1 - C_s) + q_i] \qquad (3.4\text{-}4)$$

漠阳江流域各支流的水文监测资料比较缺乏，但流域的降雨数据比较齐全。本研究基于漠阳江流域近 30 年（1983—2012 年）的降雨数据，利用已建立并验证的漠阳江流域水文模型，分析得到流域 90%保证率最枯月各条支流的径流量（表 3.4-1）。

表 3.4-1　90%保证率漠阳江干流及各支流年最枯月径流量　　单位：m³/s

序号	河流名称	90%保证率最枯月径流量	行政区
1	云霖河	1.63	阳春市
2	那乌河	0.86	阳春市
3	长尾河	0.28	阳春市
4	平中河	0.51	阳春市
5	高流河	0.54	阳春市
6	蟠龙河	0.87	阳春市、阳东区
7	西山河上游	1.78	阳春市
8	西山河下游	2.13	阳春市
9	张公龙水库	3.54	阳春市
10	圭岗河	0.70	阳春市
11	大河水库	0.39	阳春市
12	北河水库	1.21	阳春市
13	那座河	0.57	阳春市
14	罂煲河	1.44	阳春市
15	三甲河	4.43	阳春市
16	潭水河上游	2.07	阳春市
17	潭水河下游	0.73	阳春市
18	乔连河	0.72	阳春市
19	龙门河	0.79	阳春市
20	轮水河	2.60	阳春市
21	江河水库	0.86	阳东区
22	大八河	0.10	阳东区
23	周亨河	0.50	阳东区
24	上水水库	0.58	阳东区
25	田畔河	4.44	阳东区

序号	河流名称	90%保证率最枯月径流量	行政区
26	东湖水库	0.40	阳东区
27	那龙河	4.98	阳东区
28	两个水库*	8.98	阳东区
29	漠阳江上游	3.82	阳春市
30	漠阳江中游	14.21	阳春市
31	漠阳江下游	37.25	江城区

注：＊ 两个水库是指沙湾水库和马江水库。

从表 3.4-1 中可以看出，90%保证率下，各条支流以及干流的径流量整体偏小，径流量是平水年（2010 年）的 1/10 左右。

3.4.1.2　水环境容量特征

（1）最枯月径流条件下的水环境容量

基于水环境模型，计算得到 90%保证率最枯月条件下 COD 与氨氮的水环境容量，如表 3.4-2 所示。

表 3.4-2　90%保证率最枯月条件下流域水环境容量　　　　　　　单位：t/a

地区	水环境容量	
	COD	氨氮
江城区	13 659.84	1 494.24
阳春市	45 841.32	2 196.48
阳东区	23 802.84	1 033.44
流域合计	83 304	4 724.64

（2）平水年的水环境容量

对模拟出的漠阳江流域 2010 年全流域的逐月环境容量进行统计，如图 3.4-1 所示。

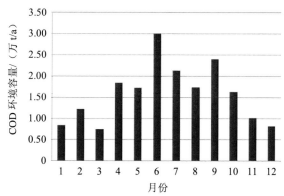

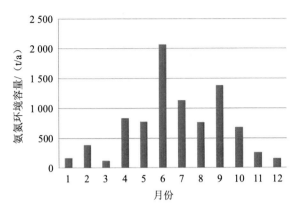

图 3.4-1　2010 年漠阳江流域 COD、氨氮环境容量逐月变化

　　根据上述模型和数据，计算得到漠阳江干流及各支流的水环境容量如表 3.4-3 所示。漠阳江流域水量充足，环境容量较大，其中雨季容量较丰沛，旱季容量相对较少，季节性明显。

表 3.4-3　漠阳江干流及各支流水环境容量

序号	河流名称	水质目标	旱季环境容量/（t/a）		雨季环境容量/（t/a）		年环境容量/（t/a）	
			COD	氨氮	COD	氨氮	COD	氨氮
1	云霖河	II类	871	45	2 220	128	3 091	173
2	那乌河	II类	521	26	1 300	69	1 821	94
3	长尾河	II类	382	16	823	27	1 206	43
4	平中河	II类	317	16	792	42	1 108	57
5	高流河	II类	498	22	1 151	46	1 649	68
6	蟠龙河	II类	679	31	1 651	77	2 330	109
7	西山河上游	II类	1 447	65	3 425	149	4 873	214
8	西山河下游	II类	3 499	166	8 614	426	12 112	592
9	张公龙水库	II类	1 565	73	3 788	177	5 353	250
10	圭岗河	II类	1 317	78	3 529	268	4 846	346
11	大河水库	II类	1 929	72	3 614	91	5 542	163
12	北河水库	II类	659	26	1 316	38	1 975	63
13	那座河	II类	972	44	2 313	102	3 285	146
14	罂煲河	II类	517	23	1 215	51	1 733	74
15	三甲河	II类	1 381	60	3 166	125	4 547	185
16	潭水河上游	II类	1 928	84	4 480	183	6 409	268
17	潭水河下游	II类	3 741	212	9 814	678	13 556	890

序号	河流名称	水质目标	旱季环境容量/（t/a）		雨季环境容量/（t/a）		年环境容量/（t/a）	
			COD	氨氮	COD	氨氮	COD	氨氮
18	乔连河	II类	1 811	104	4 794	339	6 605	443
19	龙门河	II类	741	32	1 685	65	2 425	97
20	轮水河	II类	485	23	1 196	60	1 681	83
21	江河水库	II类	890	37	1 964	70	2 854	107
22	大八河	II类	1 447	73	3 666	206	5 113	279
23	周亨河	II类	278	10	487	11	765	21
24	上水水库	II类	548	27	1 360	70	1 908	96
25	田畔河	II类	399	18	963	44	1 363	62
26	东湖水库	II类	2 899	78	4 648	71	7 547	149
27	那龙河	II类	2 875	76	4 046	53	6 921	129
28	两个水库	II类	4 987	169	11 884	393	16 871	561
29	漠阳江上游	II类	4 558	189	10 057	356	14 614	546
30	漠阳江中游	II类	4 221	282	11 540	1 054	15 760	1 335
31	漠阳江下游	III类	14 531	1 176	39 043	4 289	53 574	5 465
合计			62 892	3 351	150 545	9 759	213 437	13 110

流域水环境容量行政区分布如表 3.4-4 所示。阳春市 COD、氨氮年水环境容量最大，其次为江城区。

表 3.4-4　流域行政区水环境容量

地区	旱季水环境容量/（t/a）		雨季水环境容量/（t/a）		水环境年容量/（t/a）	
	COD	氨氮	COD	氨氮	COD	氨氮
江城区	14 531	1 176	39 043	4 289	53 574	5 465
阳春市	33 359	1 655	80 832	4 475	114 191	6 130
阳东区	15 002	519	30 669	995	45 672	1 514
流域合计	62 892	3 351	150 545	9 759	213 437	13 110

3.4.1.3　剩余水环境容量

以 2012 年为基准年，流域剩余水环境容量的计算考虑两种情况：一种是 90%保证率下最枯月的环境容量，另一种是平水年水文条件下全年、雨季、旱季的环境容量。

（1）最枯月径流条件下的剩余容量

90%保证率最枯月一般出现在旱季无雨期，面源污染对水环境的影响可以忽略，此时只需考虑流域的点源污染负荷。流域及行政区剩余环境容量如表 3.4-5 和表 3.4-6 所示。

表 3.4-5　90%保证率最枯月条件下流域及行政区剩余 COD 容量　　单位：t/a

地区	容量	工业污染负荷	城镇生活污染负荷	农村生活污染负荷	畜禽养殖污染负荷	总污染负荷	剩余容量
江城区	13 660	1 733	12 372	0	2 914	17 019	0
阳春市	45 841	2 778	6 312	1 120	23 660	33 870	11 971
阳东区	23 803	1 737	2 284	398	12 043	16 462	7 341
合计	83 304	6 248	20 968	1 518	38 617	67 351	19 312

表 3.4-6　90%保证率最枯月条件下流域及行政区剩余氨氮容量　　单位：t/a

地区	容量	工业污染	城镇生活	农村生活	畜禽养殖	总污染	剩余容量
江城区	1 494	205	1 467	0	102	1 774	0
阳春市	2 196	158	799	112	841	1 910	286
阳东区	1 033	164	344	40	437	985	48
合计	4 724	527	2 610	152	1 379	4 668	334

由表 3.4-5 和表 3.4-6 可以看出，最枯月径流条件下阳春市与阳东区的 COD、氨氮均有一定剩余容量，阳春市剩余容量较大，阳东区较小，而江城区 COD 和氨氮排放量已经超出了自身的环境容量。

（2）平水年径流条件下的剩余容量

基于平水年 2010 年以及旱季、雨季的数据，综合考虑所有的污染源，计算流域行政区全年剩余的水环境容量。平水年径流条件和旱季径流条件下各个行政区 COD 与氨氮均有一定剩余容量，雨季径流条件下江城区剩余容量最大，阳东区其次，阳春市较少；江城区与阳春市的氨氮有一定剩余容量，而阳东区的氨氮排放量已超出了自身的环境容量，需要加强该区控制力度。

3.4.1.4　总量控制方案

基于阳江市经济的快速发展和较大的环境容量，根据前面 COD、氨氮的预测排放量以及对纳污水体的影响（不会改变受纳水体水质），建议漠阳江流域近期（2015 年）重点区域安全容量预留 15%以上，远期（2020 年）重点区域安全容量预留 10%以上。

（1）近期

全流域 COD 总量控制在 15 万 t/a，占全流域环境容量的 70.3%，氨氮总量控制在 0.62 万 t/a，占流域环境容量的 47.3%。江城区、阳春市和阳东区 COD 总量控制分别为

2.5 万 t/a、9.5 万 t/a 和 3 万 t/a，分别占各自行政区环境容量的 46.7%、83.2% 和 65.7%。氨氮总量控制分别为 0.15 万 t/a、0.35 万 t/a 和 0.12 万 t/a，分别占各自行政区环境容量的 27.4%、57.1% 和 79.3%。旱季全流域 COD 总量控制在 4.5 万 t/a，占全流域旱季环境容量的 71.6%，氨氮总量控制在 0.2 万 t/a，占全流域环境容量的 60.6%。江城区、阳春市和阳东区 COD 旱季总量控制分别为 0.7 万 t/a、2.8 万 t/a 和 1 万 t/a，分别占各自行政区环境容量的 48.2%、83.9% 和 66.7%。氨氮总量控制分别为 0.06 万 t/a、0.1 万 t/a 和 0.04 万 t/a，分别占各自行政区环境容量的 51%、60.4% 和 82.8%。雨季全流域 COD 总量控制在 10.5 万 t/a，占全流域雨季环境容量的 69.7%，氨氮总量控制在 0.42 万 t/a，占流域环境容量的 42.7%。江城区、阳春市和阳东区 COD 雨季总量控制分别为 1.8 万 t/a、6.7 万 t/a 和 2 万 t/a，分别占各自行政区环境容量的 46.1%、82.9% 和 65.2%。氨氮总量控制分别为 0.09 万 t/a、0.25 万 t/a 和 0.08 万 t/a，分别占各自行政区环境容量的 21%、55.9% 和 77.4%。

（2）远期

全流域 COD 总量控制在 16.2 万 t/a，占全流域环境容量的 75.9%，氨氮总量控制在 0.82 万 t/a，占流域环境容量的 62.5%。江城区、阳春市和阳东区 COD 总量控制分别为 2.7 万 t/a、10 万 t/a 和 3.5 万 t/a，分别占各自行政区环境容量的 50.4%、87.6% 和 76.6%。氨氮总量控制分别为 0.25 万 t/a、0.45 万 t/a 和 0.12 万 t/a，分别占各自行政区环境容量的 45.7%、73.4% 和 79.3%。旱季全流域 COD 总量控制在 5.1 万 t/a，占全流域旱季环境容量的 81.1%，氨氮总量控制在 0.25 万 t/a，占流域环境容量的 75.5%。江城区、阳春市和阳东区 COD 旱季总量控制分别为 0.8 万 t/a、3 万 t/a 和 1.3 万 t/a，分别占各自行政区环境容量的 55.1%、89.9% 和 86.7%。氨氮总量控制分别为 0.08 万 t/a、0.13 万 t/a 和 0.04 万 t/a，分别占各自行政区环境容量的 68%、78.5% 和 82.8%。雨季全流域 COD 总量控制在 11.1 万 t/a，占全流域雨季环境容量的 73.7%，氨氮总量控制在 0.57 万 t/a，占流域环境容量的 58.1%。江城区、阳春市和阳东区 COD 雨季总量控制分别为 1.9 万 t/a、7 万 t/a 和 2.2 万 t/a，分别占各自行政区环境容量的 48.7%、86.6% 和 71.7%。氨氮总量控制分别为 0.17 万 t/a、0.32 万 t/a 和 0.08 万 t/a，分别占各自行政区环境容量的 39.6%、71.5% 和 77.4%。

3.4.2　饮用水水源地保护方案

3.4.2.1　饮用水水源地现状

漠阳江流域内共有饮用水水源地 23 个（不含农村），其中城市饮用水水源地 3 个，乡镇级饮用水水源地 20 个（水库型水源地 3 个，河流型水源地 17 个）。根据粤府函〔1999〕7 号文关于阳江市生活饮用水地表水源保护区划分方案的批复文件，阳江市目前已划定尤鱼头桥、九头坡和北惯吸水点等 3 个城市集中式饮用水水源保护区。根据《阳江市乡镇集中式饮用水水源保护区划分可行性研究报告（2014）》，流域范围内的 20 个乡镇饮用水水源地中阳春市 14 个、江城区 1 个、阳东区 5 个，乡镇饮用水水源地区划尚未获正式批复。另外，根据水源地供水现状，市区漠江水厂及分厂两座水厂的供水量（26 万 m³/d）已趋于饱和，为满足未来阳江市用水量需求，还需新建水厂，并按照相关技术规范划定水源保护区予以保护。

城市饮用水水源地水质每月监测 1 次，乡镇级水源地选择取水量比较大、服务人口比较多的典型水源地调查其水质状况，每季度监测 1 次，个别每月 1 次。特别地，对于未开展过常规监测的乡镇级饮用水水源地，考虑采用离取水口最近的常规断面水质监测数据进行背景评价。

参照《地表水环境质量评价办法（试行）》，饮用水水源地水质评价采用单因子评价法，24 项监测指标中总氮、总磷、粪大肠菌群不参与单因子评价，湖泊（水库）富营养化评价采用综合营养状态指数法，选择总氮、总磷、透明度和 COD_{Mn} 作为评价参数。

采用《地表水环境质量标准》（GB 3838—2002）作为评价标准。2011 年监测数据显示，漠阳江流域饮用水水源地水质状况良好，尤鱼头桥、北惯吸水点、九头坡 3 个水源地水质均达到 II 类，个别乡镇级饮用水水源地（如春湾水源地）甚至达到 I 类水质。城镇级水源地和乡镇级水源地水质达标率均为 100%。

表 3.4-7　漠阳江流域城镇级饮用水水源地水质状况

序号	水源地名称	所在县级市	水质类别	水质达标率/%	监测点个数/个	监测断面名称
1	尤鱼头桥水源地	江城区	II 类	100	4	漠江水厂
2	北惯吸水点水源地	阳东区	II 类	100	1	北惯桥
3	九头坡水源地	阳春市	II 类	100	1	鱼皇石

3.4.2.2　风险源分析

对流域内城镇饮用水水源地周边风险源开展调查。根据调查结果，漠阳江流域 3 个城市集中式饮用水水源保护区内，还有少量农村人口居住，也有部分农田；乡镇水源地保护区内耕地较多。值得注意的是，尤鱼头桥饮用水水源地位于阳江城区，取水点位于漠阳江干流，各支流水质也将影响干流水质，随着城市的快速发展，漠阳江水质保护和饮用水水源地保护将面临更大的压力。

3.4.2.3　水源地保护方案

（1）严格保护城镇水源保护区

严格落实《中华人民共和国水污染防治法》等法律法规要求，切实保护饮用水水源一级保护区，严禁开发建设与水源保护无关的项目，现有与水源保护无关的建设项目限期拆除。在二级水源保护区内，禁止新建、扩建对水源有污染的项目，新建千人以上的居住区，必须配套截污工程，建立污水处理系统。严禁向水源保护区排污。

（2）大力推进水源保护区划分与调整

加快推进区、镇、村级集中式饮用水水源地保护区划定工作，加快阳江市乡镇集中式饮用水水源保护区划分可行性研究报告报批进度，有条件地逐步开展农村人口密集村、地下水饮用水水源所在村等集中式农村饮用水水源地调查和保护区划定工作。按城市级水源保护区标准严格保护镇、村级水源，规范设立保护区标志牌，在人为影响较大的一级水源保护区设置隔离防护设施。严格执行相关法律法规，严格监控水源周边开发建设活动影响，加强饮用水水源保护区环境综合整治，强化水源水质监测和水源地环境应急能力建设，建立饮用水水源影响后评价制度和强制性水源保护制度。地方政府可根据饮用水水源开采年限、水质状况或者因供水规划、保护方案重新调整，可以提出调整饮用水水源保护区范围的方案，按饮用水水源保护区划定程序报批。

（3）积极推进备用水源保护

目前漠阳江城市集中式饮用水水源取水水源均为漠阳江，还需要加快推进备用水源建设，远期规划增加大河水库作为主要水源之一，以东湖水库、漠地洞水库、江河水库等为储备水源。加快东湖水库、漠地洞水库、江河水库等重点储备水源前期工作，加强单一供水水源的阳春市、阳东区第二供水水源和储备水源建设，落实单一供水水源的乡镇储备水源建设，积极推进"多库串联、水系联网、优化配置水资源"的供水方式。不在水厂服务范围内、主要靠乡镇饮用水水源供水的流域内其他城镇可就近选择水源充沛的河流水或地下水作为储备水源。阳东区北惯水厂取水点设在那龙河，鼓励阳东城区与江城区实现水源共享、"合网供水"，阳东区其他各镇相距较远，联合供水成本过高，仍然采取各镇独立供水，并就近选择水源充沛的河流水或水库作为储备水源。加强供水应急能力建设，2015 年年底前编制完成应急水源供水方案，明显提升应对突发水源污染事件的能力，切实保障供水安全。

（4）加快水源地污染整治

大力开展饮用水水源环境执法专项行动，全面排查饮用水水源一级、二级和准保护区污染源情况，加大执法力度，加强巡查频次，严厉查处水源保护区内企业违法排污行为，依法关闭水源区内违法排污口，及时清理水源区内暴露垃圾，严控违法养殖回潮，减轻面源污染。加快改造水厂落后的制水生产工艺及设备、设施，严格执行饮用水水源保护制度，加强城市水源、水厂和用水点水质卫生监督监测，建立部门联动机制，加强日常巡查。严格饮用水水源保护区环境监管，建立健全饮用水水质通报制度，加强环境保护监测机构监测能力建设，着重提高饮用水水源水质监控监测能力。

3.4.3　产业优化方案

3.4.3.1　产业发展现状

伴随着近十年来漠阳江流域内工业快速扩张和不断发展，规划区域内已形成了以五金、纺织、食品、水泥四大传统产业为支柱，制造业实力不断增强的工业结构。漠阳江流域所处区域与大部分阳江市区划重合，仅阳西县、阳东区东南部分、高新区部分区域及海陵岛不属于漠阳江流域，上述区域工业产业相对较少，阳江市大部分工业产业均分布在漠阳江流域。

（1）国内生产总值快速增长，经济增速全省第二

阳江市国内生产总值自 2007 年至今一直保持增长态势，尤其是 2010 年以来，阳江市第二产业发展迅速，经济增长从主要由第一、第二产业带动转变为主要由第二、第三产业带动，至 2012 年国内生产总值达 887 亿元，同比增长 13.0%。三次产业总体趋势与生产总值一致，而从它们增长曲线的对比来看，增速从高到低依次为第二产业、第三产业、第一产业。2012 年，第二产业地区总产值最高，为 409 亿元，同比增长 18.5%，其次是第三产业，为 302 亿元，同比增长 10.9%，第一产业最少，为 176 亿元，同比增长 3.8%，阳江市已形成以第二产业、第三产业为主的产业结构（图 3.4-2）。

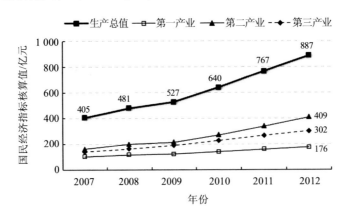

图 3.4-2　2007—2012 年阳江市国民经济指标核算值

（2）三次产业结构持续优化，持续改善空间可观

阳江市产业调整成效非常显著，三次产业比例 2003 年为 34.0∶31.8∶34.2，2012 年三次产业比例调整为 19.8∶46.1∶34.1（图 3.4-3）。与广东省相比，阳江市第一产业占比仍然偏高，第二产业占比相比全省略低，第三产业占比相比全省低 11.3 个百分点，说明阳江市第一产业比重较大，产业结构仍有较大调整空间。

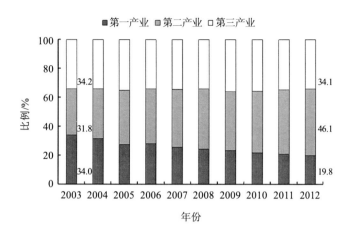

图 3.4-3 近 10 年来阳江市三次产业比例变化情况

（3）工业增加值增幅全省第三，区域分布差异明显

阳江市 2012 年规模以上企业完成工业增加值 295 亿元，同比增长 24.6%，增幅在全省排名第三，保持良好增长态势。从空间分布来看，工业增加值贡献最多的 3 个地区为阳东区、阳春市、江城区，占全市总额的 82%，而高新区、阳西县及海陵区所占比例较小，分别为 9%、8% 及 1%（图 3.4-4）。对 2012 年阳江市大中型企业工业增加值进行统计，阳江市工业增加值主要由中小型企业贡献，两者占到全市工业增加值的 89%（图 3.4-5）

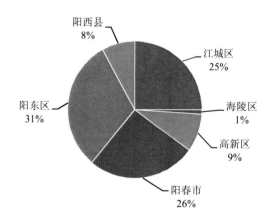

图 3.4-4 2012 年阳江各行政区工业增加值完成情况

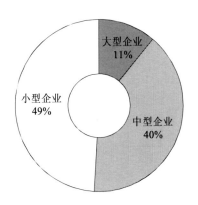

图 3.4-5　2012 年阳江大中小型企业增加值比例

（4）形成四大传统优势产业，工业呈适度重型化

阳江市工业已形成五金刀剪、纺织服装、食品加工、水泥建材四大传统优势产业，其工业产值占总产值比重超过 50%，另外，机电装备、电力能源为主导的先进制造业、南药加工发展迅速，工业呈现出适度重型化及高级化特征。

对 2012 年阳江市工业增加值超过 10 亿元的行业进行统计（表 3.4-8），金属制品业及农副食品加工业作为阳江市传统产业，不仅是工业增加值最多的两个行业，也是企业数量最多的两个行业，其工业增加值占全市的比重达 38.83%。

表 3.4-8　2012 年阳江市工业增加值超 10 亿元行业情况

行业名称	工业增加值/亿元	增速/%	所占比重/%	企业数量/家
金属制品业（五金刀剪业）	79.58	20.30	28.12	229
农副食品加工业	30.30	9.20	10.71	29
黑色金属冶炼和压延加工业	29.38	21.90	10.38	20
电力、热力生产和供应业	16.90	6.20	5.97	12
有色金属冶炼和压延加工业	14.49	2 964.70	5.12	6
非金属矿物制品业	12.51	15.80	4.42	25
废弃资源综合利用业	11.43	43.30	4.04	18
木材加工和木、竹、藤、棕、草制品业	11.38	26.20	4.02	29
纺织服装、服饰业	11.29	42.10	3.99	15

3.4.3.2　污染排放现状

从企业分布来看，工业企业主要分布在漠阳江下游，阳东区工业企业数量最多，占比 53.8%，其次为江城区，为 30%。流域内 COD、氨氮排放量最大的 10 个行业，如表 3.4-9 所示。COD 排放量占比为 83%，氨氮排放占比为 91%。

表 3.4-9　漠阳江流域企业分布状况

COD			氨氮		
行业	排放量/t	累计百分比/%	行业	排放量/t	累计百分比/%
机制纸及纸板制造	2 620	35	稀土金属冶炼	350	57
炼钢	789	46	机制纸及纸板制造	68	68
淀粉及淀粉制品的制造	679	55	刀剪及类似日用金属工具制造	40	74
水产品加工	529	62	畜禽屠宰	23	78
畜禽屠宰	492	69	炼钢	21	82
刀剪及类似日用金属工具制造	337	73	水产品加工	17	84
中成药制造	204	76	纺织服装制造	11	86
其他未列明的食品制造	191	79	淀粉及淀粉制品的制造	11	88
纺织服装制造	184	81	其他未列明的食品制造	11	90
皮革鞣制加工	135	83	皮革鞣制加工	8	91
其他行业	1 251	100	其他行业	55	100
总计	7 412		总计	615	

3.4.3.3　存在的问题

（1）江城区、阳东区企业密集

从排污企业分布情况来看，江城区、阳东区内大部分企业集中在岗列、东城及其周边区域，企业集中意味着污染密集排放，虽然目前漠阳江下游水质尚处于达标状态，但漠阳江下游周边工业园密集，该区域内污染排放将持续升高，水污染防治压力非常大。

（2）产业结构落后

从各行业发展统计结果来看，流域内工业产业结构落后，传统产业及制造业仍是流域工业支柱产业，而流域内先进制造业发展较慢，战略性新兴产业尚处于起步阶段，在未来发展新兴产业时，若不设置相应准入机制，将加重各区域工业污染削减的负担。

（3）工业污水处理率不高

2012 年阳江市工业废水排放量为 2 058.8 万 t，排入污水厂的废水量为 442.9 万 t，处理率仅 21.5%，其余废水均直接排入环境。

（4）部分行业经济贡献小但排污量大

结合行业总产值和污染物排放量，从 COD 排放量情况来看，机制纸及纸板制造属于典型的贡献小、排污多行业，而从氨氮排放量情况来看，稀土金属冶炼也属于此类企业，需要重点关注。

3.4.3.4 流域产业优化方案

通过工业企业入园管理，加强工业园区配套建设，优化产业空间布局，形成产业集中管理、资源集约利用、污染统一处理的空间格局；通过淘汰高污染行业、扶持改造传统产业、大力发展先进制造业、积极引进战略性新兴产业，逐步调整优化产业结构，形成低能耗、低污染、高附加值的产业体系。

（1）优化空间布局

①分区控制引导产业发展。实行区别化控制政策，严格限制"两高一资"项目在严格控制区建设，限制排污项目在有限开发区建设，引导漠阳江流域产业布局优化调整。自然保护区、集中式饮用水水源地等严格控制区内，原则上禁止所有开发建设活动，同时逐步清理区域内现有污染源；重要水土保持区、水源涵养区及生态功能保育区等有限开发区内，允许进行适度开发利用，严格限制可能损害主导生态服务功能的产业发展；在农业开发区及城镇开发区等集约利用区内，积极探索资源节约、环境友好的发展方式，大力提升传统优势产业，加快引进高新技术产业，形成产业环境协调的发展格局。

②积极推进工业企业入园进区。以《阳江市城镇体系规划》等为指引，推进流域主导产业入园进区，形成产业集中管理、资源集约利用、污染统一处理的空间格局。大力支持广州（阳江）产业转移工业园、佛山禅城（阳东万象）产业转移工业园、东莞长安（阳春）产业转移工业园等省级产业园区建成绿色、高效、循环经济示范园区，鼓励江城区白沙工业区、广东阳东经济开发区、阳春市站港工业开发区等老牌工业园区绿色升级改造，积极引导五金、食品制造及纺织等流域主导产业就近入驻工业园区，形成以各大园区为核心的流域产业发展格局。

③提升重污染行业绿色集聚化发展水平。对电子电路、皮革、电镀、造纸等重污染行业实行"统一规划、统一定点"。加快阳江市环保工业园建设，阳春市、阳东区等流域上游地区要站在全流域环境保护的责任高度，严格限制扩大电子电路、皮革、电镀、印染、造纸、制浆等重污染行业规模和发展时序，侧重发展资源开发利用型、观光休闲型农业、绿色旅游等产业，省、市、区级财政及流域下游地区要给予上游地区为保护流域水质做出的贡献和经济损失一定的补偿。加快江城区漠阳江西河沿岸造纸业定点基地选址，实现造纸业集中发展。新建（扩建、改建、迁建）的重污染企业全部要求进入统一定点基地或工业园区建设，并按审批权限及程序办理环评审批手续，对已建电子电路、皮革、电镀、造纸等企业根据不同情况实行保留、搬迁入基地或淘汰。

（2）加快产业结构调整

严格执行国家和广东省产业结构调整目录及广东省落后产能淘汰名录，加快造纸、稀土冶炼、农副食品加工、饮料制造、皮革等行业落后产能淘汰。重点推进造纸业、稀土冶炼业落后产能淘汰，阳春市年产 3.4 万 t 以下草浆生产装置、年产 1.7 万 t 以下化学制浆生产线，以废纸为原料、年产 1 万 t 以下的造纸生产线一律淘汰，禁止采用石灰法地池制浆（宣纸除外），限制新上项目采用元素氯漂白工艺（现有企业逐步淘汰），禁止进口国外落后的二手制浆造纸设备。对经限期治理仍不能达标的企业或生产线依法整顿或关停；更新淘汰稀土金属冶炼业氨氮排放量大的工艺，对重点污染企业强制实行清洁生产审核。提高行业准入门槛，以国家和省《产业结构调整指导目录》为指导，编制流域行业准入名单，优先引入生物制药、太阳能光伏、新材料等高附加值、低污染行业，支持发展集约化程度高的先进制造业、现代服务业、海洋特色产业、现代生态农业和战略性新兴产业，推动五金刀剪、食品加工等本地传统优势行业转型升级，限制印染、电镀等高污染行业发展。鼓励充分利用环境资源优势，有序承接产业转移，禁止新建产业结构调整指导目录中的限制类和淘汰类项目。完善重污染行业环境准入管理，禁止新建污染物产生和排放强度超过行业平均水平的项目。加强产业园区的项目准入管理，新建产业园区要参照生态工业园区标准建设和管理，未按环评要求完成污水处理厂等环保基础设施建设或污染物超标排放的园区，实行项目限批。

（3）加强工业污染整治

①强化重点行业清洁生产。以清洁生产为手段，提高造纸、钢铁、淀粉、水产品加工、畜禽屠宰、电镀、纺织印染等行业排污水平。优先对造纸、钢铁及淀粉行业开展清洁生产，造纸行业应引进制浆、造纸及尾水处理的先进工艺及流程，积极创建企业内部循环用水系统，钢铁行业应注重源头削减、过程控制、对余热余能废水等实施资源利用，采用具有多种污染物净化效果的排放控制技术，淀粉行业推广水环流等全闭环逆流循环工艺及洗涤、浸渍、精分废水处理回用技术，实现行业生产节能、减排的目标。

②加强工业企业达标管理。适当收严流域内造纸、钢铁、淀粉、牲畜屠宰等重点行业污染物排放标准，产业转移园及工业园区内所有排污企业污水必须经预处理达到接管标准后才能接入集中处理设施。加强企业排污监督管理，建立和完善重点企业在线监测、小型企业定期监测的监督体系，推进企业环保档案管理"一源一档"，企业不得擅自停用治污设施和违法排放污染物，治理设施因改造、更新、维修等需暂停运行时，需制订治污方案并报市环保部门批准。

3.4.4 污水收集处理方案

3.4.4.1 污水处理现状

（1）城镇生活污水处理现状

2012年阳江市城镇居民生活用水总量为8 414.47万t，同比增加了1 540.12万t，全市城镇居民生活污水排放量为7 892.4万t，比上年增加了1 176.4万t。其中，漠阳江流域城镇居民生活用水总量约为7 714.2万t，约占全市城镇居民生活用水总量的86%，流域城镇居民生活污水排放量约为7 253万t。

2012年阳江市城镇人口123.56万人，全市人均城镇居民生活用水量为186.6 L/d，人均生活污水排放量为175 L/d。漠阳江流域城镇人口约117万人，其中，江城区人均生活用水量为176.9 L/d，人均生活污水排放量为174 L/d；阳东区人均生活用水量为194.4 L/d，人均生活污水排放量为175 L/d；阳春市人均生活用水量为194.5 L/d，人均生活污水排放量为175 L/d。漠阳江流域城镇居民人均生活用水量约为180.2 L/d，人均生活污水排放量约为169.8 L/d。

2008—2012年，阳江市城镇生活污水排放总量呈增长趋势，尤其是2012年城镇生活污水排放量大幅增加，生活污水治理压力越来越大（图3.4-6）。

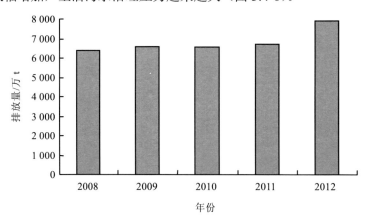

图 3.4-6 阳江市近年城镇生活污水排放量

截至2012年年底，阳江市漠阳江流域规划范围内共有5座城镇生活污水处理厂，处理能力14.5万t/d，2012年污水处理厂实际日均处理水量12.72万t，生活污水平均负荷率87.7%，各污水厂的出水标准均符合GB 18918一级B排放标准（表3.4-10）。

表 3.4-10　漠阳江流域已建城镇生活污水处理厂汇总

行政区划	污水厂名称	设计规模/（万 t/d）	实际日均处理水量/（万 t/d）	生活污水负荷率/%	主体处理工艺	出水标准	受纳水体
江城区	阳江市第一净水厂	5	5	100	CASS	一级 B	漠阳江
	高新区第一污水处理厂	1	0.39	39	A²/O	一级 B	漠阳江
阳东区	阳东区森禾净水有限公司（一期）	1	0.79	79	T 型氧化沟	一级 B	那龙河
	阳东迅捷水质净化有限公司	1.5	1.5	100	T 型氧化沟	一级 B	那龙河
阳春市	阳春市城区污水处理厂（一期、二期）	6	5.04	84	A²/O 微曝氧化沟	一级 B	漠阳江
合计		14.5	12.72	—	—	—	—

2012 年阳江市城镇生活污水处理量为 5 127.5 万 t，污水处理率约为 65%，其中江城区城镇生活污水处理率为 63.4%，阳东区城镇生活污水处理率为 74.1%，阳春市城镇生活污水处理率为 60.8%。漠阳江流域城镇生活污水处理量约为 4 411.3 万 t，处理率约为 64.7%，略低于阳江市生活污水处理水平（表 3.4-11）。

表 3.4-11　漠阳江流域城镇生活污水处理情况

行政区划	生活用水量/（万 t/a）	生活污水排放量/（万 t/a）	污水处理厂总规模/（万 t/d）	实际生活污水处理量/（万 t/a）	实际生活污水处理率/%
江城区	3 586.34	3 527.7	6	2 235.15	63.4
阳东区	1 465.29	1 318.76	2.5	976.92	74.1
阳春市	2 190.61	1 971.55	6	1 199.18	60.8
漠阳江流域	7 242.24	6 818.01	14.5	4 411.3	64.7

（2）工业废水处理现状

2012 年，阳江市工业用水总量为 2.32 亿 t，工业废水排放总量为 2 045.76 万 t，比上年减少了 647 万 t，其中化学需氧量排放量 7 972.9 t，氨氮排放量 727.6 t。漠阳江流域工业废水排放量约为 1 193.1 万 t，其中化学需氧量排放量约 6 248 t，氨氮排放量约 526.9 t。污染物重点排放行业主要为机械纸及纸板制造行业、木竹浆制造行业、钢压延加工行业和水产品冷冻加工行业，这些行业的工业废水排放量大，主要污染物 COD 和氨氮的排放量也相对较大，且绝大部分的工业废水都直接排入环境中。阳江市漠阳江流域规划范围内主要有江城区广州（阳江）产业转移园银岭片区、东莞长安（阳春）产业转移园、阳江市环保工业园和阳东经济开发区［包含佛山禅城（阳东万象）产业转移工业园］4 个产业园区。4 个产业园区分别位于漠阳江流域上游的阳春市和下游的江城区、阳东区，工业聚集度不高，园区内的污染企业较多，废水排放量较大，但企业污染治理水平普遍偏低，单位产值污染物排放水平偏高。

2012 年阳江市工业废水处理量为 356.4 万 t，其中漠阳江流域工业废水处理量约为 337.12 万 t，流域工业废水处理率约为 28.3%。截至 2012 年年底，漠阳江流域产业园区已建成并已投运的污水处理厂共有 3 座（表 3.4-12）。

表 3.4-12　工业园区已建污水处理厂汇总

行政区划	污水处理厂名称	设计规模/（万 t/d）	实际处理规模/（万 t/d）	主体处理工艺	出水标准	受纳水体
江城区	银岭工业园污水处理厂	1	0.1	A²/O 微曝氧化沟	一级 B	漠阳江西干流
阳东区	阳东经济开发区污水处理厂（一期）	2	1.82	A²/O 微曝氧化沟	一级 B	那龙河
阳春市	东莞长安（阳春）产业转移工业园污水处理厂（一期）	0.5	0.2	沉淀分离	一级 B	漠阳江

江城区银岭工业园污水处理厂位于江城区，处理园区内的生产废水和生活污水，促进了工业园区的污染减排工作。阳东经济开发区污水处理厂位于东城镇，一期的纳污范围为广东阳东经济开发区范围，包含佛山禅城（阳东万象）产业转移工业园的生活污水和工业废水，纳污面积约为 11.13 km²，远期还将涵盖北惯镇的生活污水。东莞长安（阳春）产业转移工业园污水处理厂位于春城，纳污范围为园区内所有企业的工业废水及生活污水。阳江市环保工业园污水厂位于江城区埠场工业园区内，主要处理电镀废水，园区实行污水收集管网统一建设、集中处理，并达标排放，首期已建成并投入使用，可以满足入园企业的污水处理需求。

（3）流域污水管网建设现状

由于城镇建设发展不平衡，漠阳江流域各市、区的排水管网配套完善程度存在较大差别。截至 2012 年年底，漠阳江流域城镇生活污水配套管网 414 km，工业污水处理设施配套管网 20.46 km。污水管网不配套影响污水处理设施的运行，漠阳江流域城镇生活污水处理厂平均运行负荷约为 87.7%，工业污水处理厂运行负荷约为 60.6%（表 3.4-13）。

表 3.4-13　漠阳江流域污水处理厂管网建设情况

行政区划	污水处理厂名称	处理规模/ （万 t/d）	建成时间	管网累计建设长 度/km
江城区	阳江市第一净水厂	5	2008.11	233
	高新区第一污水处理厂	1	2011.08	14
	银岭工业园污水处理厂	1	2011.12	6
阳春市	阳春市城区污水处理厂（一期、二期）	6	2005.09/2011.04	70
	东莞长安（阳春）产业转移工业园污水处理厂（首期）	0.5	2011.12	2.1
阳东区	阳东区森禾净水有限公司（一期）	1	2005.12	97
	阳东迅捷水质净化有限公司	1.5	2011.09	
	阳东经济开发区污水处理厂	2	2011.11	12.36
合计		18		434.46

（4）流域污泥处理处置现状

2012 年阳江市污泥产生量为 1.514 万 t，比上年减少了 0.051 万 t。漠阳江流域城镇生活污水厂污泥产生量约为 1.32 万 t，其中，建筑材料利用约占 60.3%，土地利用约占 26.3%，填埋处置约占 13.4%。阳江市还没有生活污水处理厂污泥的专门集中处理设施，污水处理厂污泥主要是先由各污水处理厂的污泥处理设施进行机械脱水，将含水率由 99% 以上降低到 75%～80%，脱水后的污泥作为他用。阳江市正加快建设的污泥处理处置工程有阳江市有源严控废物处理处置中心，规划采用污泥深度脱水与生物干化工艺联用集中处理污泥，确保污水处理污泥基本得到无害化处理处置。

3.4.4.2　存在的主要问题

（1）流域污水处理率偏低

漠阳江流域共有城镇生活污水处理厂 5 座，流域污水处理率仅 64.7%，低于全省生活污水处理水平。现有的污水处理厂处理的基本是市、区城区生活污水，绝大部分镇还未建污水处理厂，镇的生活污水处理率低。流域各地区由于污水管网配套设施建设不完善，特别是镇一级的污水处理设施建设相对滞后，绝大部分镇的污水处理设施还未建成，已建成的污水处理厂整体运行负荷率不足，造成漠阳江流域城镇生活污水处理率偏低。

（2）流域污水管网不完善

漠阳江流域部分城镇生活污水处理厂的运行负荷不高，这与流域污水处理设施配套管网建设滞后、管网覆盖率偏低有很大关系。除江城区第一净水厂的污水收集管网相对完善外，大部分污水处理设施配套管网建设不够，个别地方建成的污水处理厂，由于管网尚未接通、雨污分流程度低、污水收集支管的建设不完善，或原有的管网部分残旧未能及时更换和维修等原因，污水的收集率偏低，进水量不能满足要求，进水浓度偏低，污水处理设施运行率偏低，未能充分发挥污水处理设施的减排效果。

（3）流域污泥无害化处理处置水平较低

污泥处理处置是城市污水处理系统的重要组成部分，但由于认识、资金、技术和政策等原因，对污泥的处理处置没有引起足够的重视，污泥处理处置设施的建设工作进展缓慢。污泥作为建材利用和土地利用是污泥资源化利用的有效办法，但漠阳江流域目前仍有大量污泥还是简单填埋或堆存，还达不到含水率 60%以下的进入填埋场进行卫生填埋的要求，且阳江市仅奕垌垃圾填埋场达到无害化标准，污泥的稳定化、无害化处理处置率较低。

（4）流域再生水利用水平低

再生污水可广泛用于道路清扫、消防、城市绿化、车辆冲洗等城市杂用水和景观生态用水，不仅可以进一步减少生活污水的污染排放，还可以节约水资源，是开源节流、减轻污染、改善生态环境的有效途径之一。漠阳江流域在再生水利用方面，尚未形成有效的激励机制，污水再生利用设施的建设工作进展缓慢，目前流域内还没有建成生活污水处理厂的污水再生利用设施，污水再生利用水平低。

3.4.4.3　污水处理形势分析

（1）污水处理需求

从人口来看，到 2015 年，漠阳江流域城镇人口将达到 137.46 万人，到 2020 年，流域城镇人口将达到 165.87 万人；从污水排放量来看，2015 年，漠阳江流域城镇生活污水排放量约为 8 415 万 t，工业废水排放量约为 1 815 万 t；到 2020 年，流域城镇生活污水排放量约为 10 022 万 t，工业废水排放量约为 3 650 万 t。

从污水处理能力需求来看，根据《阳江市"十二五"城镇污水处理设施污染减排实施方案》《阳江市城镇体系规划（2006—2020）》，2015 年阳江市城镇生活污水处理率要达到 80%以上，2020 年阳江市城镇生活污水处理率要达到 90%以上，因此到 2015 年漠阳江流域城镇生活污水处理设施规模需达到 18.5 万 t/d 以上，即 2015 年至少需新增城镇生活污水处理能力 4 万 t/d；到 2020 年流域城镇生活污水处理设施规模需达到 24.7 万 t/d 以上，至少还需新增 6.2 万 t/d。在规划建设城市生活污水处理设施的同时，也要兼顾处理周边镇的生活污水，并推进镇级生活污水处理设施建设。

从排水管网需求来看，依据广东省污水管网建设标准和测算方法以及阳江市漠阳江流域污水处理的实际需求，流域市、区城区污水处理厂配套管网建设干管取 4.1 km/万 t，支管取 8.2 km/万 t；建制镇配套管网建设干管取 3.49 km/万 t，支管取 6.97 km/万 t。因此到 2015 年，漠阳江流域应新建污水处理设施配套管网 41.84 km 以上，到 2020 年，流域新建污水配套管网对比 2015 年应新增 64.85 km 以上。

从污泥处置能力需求来看，按每处理 1 万 t 污水约产生约 5 t 污泥（含水率 80%）进行预测，到 2015 年，漠阳江流域日产污泥约为 92.5 t，到 2020 年，流域日产污泥约 123.5 t。

从再生水利用需求来看，《阳江市"十二五"城镇污水处理设施污染减排实施方案》要求，到 2015 年，漠阳江流域再生水利用能力达到 10%；到 2020 年要达到 15%。

（2）布局需求

合水镇、春湾镇、马水镇、合山镇、大八镇等污染物排放量较大但周边支流水环境容量较小的镇应建设污水处理设施；在河朗镇、石望镇、松柏镇、圭岗镇、陂面镇、永宁镇、岗美镇和双捷镇等污染物排放量相对较小而周边支流水环境容量相对较大的镇中筛选合适的镇建设集中污水处理设施，集中处理相邻镇的生活污水。此外，根据《南粤水更清行动计划（2013—2020 年）》的要求，到 2020 年年底，白沙、陂面、岗美、河口、马水、三甲、松柏等镇要建成污水处理设施。

3.4.4.4　流域污水处理规划方案

（1）大力完善污水管网建设

优先加快完善已建污水处理设施配套管网，切实提高已建污水处理设施运行负荷。到 2015 年，漠阳江流域继续配套 8 座已建成的污水处理厂的污水收集管网约 138 km，确保漠阳江流域已建的 8 座污水处理厂运行负荷率不低于 85%。加强新建、扩建设施配套管网的建设，新建污水处理设施和配套管网必须同步设计、同步建设、同时投入运营。鼓励未开始建设污水厂的地区根据发展规划先行建设污水收集管网。将污水收集管网建设与漠阳江流域沿岸的城镇开发和阳江市"三旧"改造等统筹考虑，在城市新区、工业园区和住宅小区内新建管网实施雨污分流，推进旧城区和那龙河等污染较严重的河流周边的污水收集管网实施雨污分流改造，提高污水处理厂进水浓度。到 2015 年，流域完善已建污水处理设施配套管网建设约 138 km，配套新建污水处理设施管网约 74.7 km，确保投产后一年内的污水处理厂实际处理量不低于设计能力的 60%，投产三年以上的不低于 75%；到 2020 年，流域计划投资约 3.1 亿元，配套扩建污水处理设施管网约 108.5 km。

（2）推进流域城镇污水处理设施建设

重点推进人口中心镇、饮用水水源所在镇、漠阳江干流及其重要一级支流沿河镇污水处理设施建设，现有城镇污水处理厂在"十二五"期间出水要提高到《城镇污水处理厂污染物排放标准》（GB 18918—2002）一级 B 标准及广东省地方标准《水污染物排放限值》（DB 44/26—2001）的较严值；新建、扩建和改建城镇污水处理设施出水符合《城镇污水处理厂污染物排放标准》（GB 18918—2002）一级 A 标准及《水污染物排放限值》（DB 44/26—2001）的较严值。到 2015 年，漠阳江流域规划新建城镇污水处理厂 9 座，新增处理能力 5.6 万 t/d，即 2015 年年底，漠阳江流域污水处理能力达到 20.1 万 t/d，建设污水处理厂及其配套管网；到 2020 年，流域再新增污水处理能力 9.5 万 t/d，即 2020 年年底，漠阳江流域污水处理能力达到 29.6 万 t/d，建设污水处理厂及其配套管网。

（3）建设流域初期雨水收集系统

在铺设管网时采取初期雨水截流的方式在漠阳江流域内实行初期雨水收集。初期雨水截流涉及雨水调蓄池建设用地的问题，可考虑将市政与用地布局相结合，将流域分为若干个小的排水分区，在每个排水分区的地点设置收集池，并尽量将其布置在路边的绿地中，并设在地下，减少对建设用地的占用。

（4）加快流域污泥处理处置设施建设

加快推进危险废物和严控废物处理处置设施建设，重点推进江城区、阳春市区、阳东城区污泥无害化处理处置体系建设，扩大其辐射范围至周边镇、村污水处理设施，引导区、镇级污水处理设施开展污泥稳定化处理或脱水设施升级改造。难以集中到市、区污泥处置中心的镇、村级污水处理设施产生的污泥，因地制宜灵活选用厌氧消化、建材利用、堆肥、强化脱水后卫生填埋等工艺，确保污泥得到无害化处理处置。

（5）提高流域污水再生利用水平

加快推进江城区城北污水处理厂再生水利用工程设施及配套管网建设，以江城区、阳春市区、阳东城区等市区和工业园区为重点，大力提升污水再生利用能力。积极推广再生水利用，鼓励道路清扫、消防、城市绿化、车辆冲洗等城市杂用水、景观生态用水、工业用水、压咸补水优先使用再生水，各工业园区可对其污水处理厂的废水做深度处理，达到污水再生利用标准后，可用于工业用水的回用和园区内绿化、道路清扫等的用水等。

3.4.5 面源污染控制方案

3.4.5.1 面源监测

（1）规模化生猪养殖场污染

选取流域内 5 个规模化生猪养殖场进行基本情况调查并收集相应排放口的常规监测资料，估算规模化畜禽养殖场污染负荷排放率。经调查，5 个规模化生猪养殖场污水处理情况良好，其中化学需氧量的处理率为 83%～93%，氨氮的处理率为 70%～93%，总磷的处理率为 51%～98%。虽然污水处理率较高，但是污染物处理后浓度与地表水环境指标相比仍然超标。其中，出水中 COD 浓度值为地表 V 类水 COD 浓度值的 6～14 倍，出水中氨氮浓度值为地表 V 类水氨氮浓度值的 17～67 倍。畜禽养殖废水直接排入鱼塘，不对河流造成直接影响。但在暴雨条件下，鱼塘水溢流将对受纳水体造成影响。

（2）散户生猪养殖场污染

选择 11 个具有不同规模、带有排水池塘的散户生猪养殖场，调查散养农户的畜禽饲养期、单头日排放量、饲料等情况，对排水池塘的水质进行监测。分别在靠近养殖场废水排入口、池塘中间水体 1/2 水深处采集水样。监测频率为干旱期、雨后期各 1 次（干旱期指 5 天以上不下雨；雨后期指下雨后 1～3 天内）。监测指标有 BOD_5、COD_{Cr}、氨氮、TN、TP、粪大肠菌群。结合流域降雨数据，构建散户畜禽养殖面源污染模型对畜禽养殖任意直接排污进行调查；在此基础上，估算流域畜禽养殖面源污染负荷总量、空间分布和季节变化。根据调查结果，11 个具有不同规模的、带有排水池塘的散户生猪养殖场，干旱期测得的污染物浓度比雨后期高，并且在汇水口附近测得的污染物浓度大于鱼塘中间测得的污染物浓度。不同散户生猪养殖场出水中的 COD 和氨氮浓度值差别较大，其中最大 COD 浓度值达到地表 V 类水 COD 浓度值的 6.5 倍，最大氨氮浓度值为地表 V 类水氨氮浓度值的 5 倍。畜禽养殖废水直接排入鱼塘，不对河流造成直接影响。但在暴雨条件下，鱼塘水溢流将对受纳水体造成影响。

（3）农村定居点和禽类养殖污染

选择 2 个带有集中式禽类养殖场的农村定居点，调查农村定居点的基本情况。对该村下游的汇水池塘及其主要汇水口进行水质监测；选择 3 个带有分散式禽类养殖场的农村定居点，进行与上述内容相同的基本情况调查，对该村下游的汇水池塘及其主要汇水口进行水质监测。监测频率为干旱期监测 1 次；大雨过程中监测 1 次，在该村下游的汇水池塘的主要汇水口采集水样 5～8 次，采样时间分别为降雨产流后 0 h、0.5 h、1 h、之后每小时 1 次，直到产流结束或采够 8 次。调查结果表明，排后自然村的污染物浓度要大于村头村，这与居民规模、垃圾管理情况、饲养类型及规模、养殖废水处理与排放情况等均有关系。这两个农村定居点出水中 COD 的浓度值均高于地表 V 类水 COD 浓度值，其中最大 COD 浓度值达到地表 V 类水 COD 浓度值的 2 倍；村头村出水中氨氮的浓度值达到地表 IV 类水氨氮浓度值标准，排后自然村出水中氨氮浓度值超标，为地表 V 类水氨氮值的 1.5 倍左右。畜禽养殖废水直接排入鱼塘，不对河流造成直接影响。但在暴雨条件下，鱼塘水溢流将对受纳水体造成影响。

（4）种植业面源污染

针对水田、旱地、园地等 3 种用地类型，选择 3 个试验小区，在试验小区的下游汇水口设置监测点，分别监测干旱期和降雨过程中的水质变化。调查试验小区汇水口两岸和上游种植的主要作物，用地类型、监测断面形状图和干旱期水位/水深等。在汇水口设立水位/水深标尺，记录水位/水深变化；监测的水质指标有 BOD_5、COD_{Cr}、氨氮、TN、TP。调查结果表明，旱地的 COD 和总磷浓度最高，园地的氨氮浓度最高。3 种用地类型汇水口所测得的 COD 浓度值中，旱地 COD 浓度值最高，为地表 V 类水 COD 浓度值的 2 倍左右；水田和园地的 COD 浓度值均达到地表Ⅳ类水 COD 浓度值标准。3 种用地类型氨氮浓度值均达到地表Ⅳ类水氨氮浓度值标准。

（5）城镇径流面源污染

在阳江市城区雨污分流示范区的雨污合流排污口设置监测点，分别监测干旱期和降雨过程中的水质变化。监测结果表明，该示范区在干旱期的 COD、氨氮浓度值均达到地表Ⅴ类水标准；降雨期 COD、氨氮最大浓度值超标，略高于地表Ⅴ类水标准浓度值。

3.4.5.2　面源模型开发

（1）模型及参数选取

基于 HSPF 开发漠阳江流域面源污染模型，利用 2009 年漠阳江流域水文观测资料对水文模块进行参数调整，并用 2010 年观测资料进行验证。水文部分主要参数最终取值见表 3.4-14。

表 3.4-14　水文部分主要参数取值

参数	参数意义	参数取值				
		林地	农业用地	建设用地	水域	湿地
AGWRC	地下水回归率（d^{-1}）	0.98	0.98	0.98	0.98	0.98
LZSN	下层土壤额定储水量（in）	0.05	0.05	0.05	0.05	0.05
UZSN	上层土壤额定储水量（in）	1.128	1.128	1.128	1.128	1.128
DEEPER	无活性地下水比例	0.1	0.1	0.1	0.1	0.1
INFILT	土壤下渗能力（in）	0.1	0.1	0.1	0.1	0.1
UZS	初始上层土壤含水量（in）	5	5	5	5	5
AGWS	初始活性地下水储量（in）	0.01	0.01	0.01	0.01	0.01

（2）水量验证

利用双捷水文站数据对 2009 年和 2010 年水量模拟结果进行验证，模型对于全流域年水量的模拟效果较好，其相对误差均小于 10%。

表 3.4-15　漠阳江流域双捷水文站 2009 年和研究年年水量模拟结果

	计算值/m³	实测值/m³	相对误差/%
2009 年	5.94×10⁹	6.32×10⁹	−6.06
研究年	7.12×10⁹	8.06×10⁹	−11.7

（3）水质率定和验证

与水文过程相比，水质模块的模拟误差较大。这一方面由于水文过程模拟误差的影响，另一方面河流水质监测数据不足也是造成误差的重要原因。该模块的校正与验证过程主要依据 2010 年的阳江站水环境监测数据对参数进行调试，使模拟出的污染物浓度与江城监测断面的污染物的雨季浓度值相匹配。结果表明，模拟结果与监测结果比较接近，模拟的浓度在合理范围之内，误差可以接受，因此模拟结果可以继续进行分析。

表 3.4-16　污染物浓度比较

	模拟值/（mg/L）			监测值/（mg/L）		
	TP	COD	氨氮	TP	COD	氨氮
2010 年 4 月	0.12	13.96	1.07			
2010 年 5 月	0.09	12.82	0.7	0.07	13.8	0.35
2010 年 6 月	0.09	9.44	0.45			
2010 年 7 月	0.07	9.77	0.48	0.08	13.5	0.37
2010 年 8 月	0.07	11.43	0.63			
2010 年 9 月	0.08	9.55	0.37	0.1	15.2	0.3

3.4.5.3　面源污染规律分析

通过模型模拟，得出漠阳江流域 2010 年点源加面源的污染物总量状况，通过扣除 2010 年生活污染负荷、工业污染负荷和畜禽养殖污染负荷，可以得到 2010 年漠阳江流域种植业和城镇面源总量及其在阳春市、阳东区以及江城区的分布情况（表 3.4-17、图 3.4-7）。

表 3.4-17　漠阳江流域 2010 年面源污染状况

	污染物质量/t					
	阳春市	阳东区	江城区	漠阳江流域	2010 年旱季	2010 年雨季
TP	533.7	76.4	271.2	881.3	126	755.5
COD	65 260.6	7905	41 933.5	115 099.1	23 000	92 000
氨氮	3 253.7	256.6	2 572.2	6 182.5	1 399.5	4 782.7

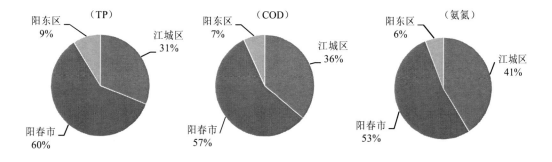

图 3.4-7　2010 年漠阳江流域种植业和城镇面源污染负荷空间分布

阳春市面源污染占比最大，且各个行政区所产生的各种污染物总量与各行政区面积成正比。漠阳江流域雨季的面源污染负荷明显高于同年的旱季面源污染，对于 TP，雨季的总量是旱季的 6 倍，对于 COD，雨季是旱季的 4 倍；对于氨氮，雨季是旱季的 3.4 倍（图 3.4-8）。

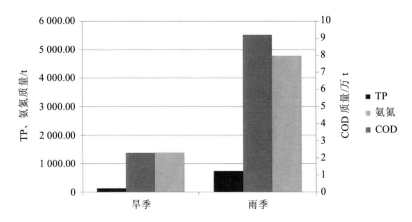

图 3.4-8　2010 年漠阳江流域种植业和城镇面源污染负荷的季节分布

3.4.5.4　面源污染控制规划方案

（1）强力推进畜禽养殖污染控制

大力推进规模化畜禽养殖场污染物处理和资源化工程。严格落实《阳江市畜禽养殖禁养区、禁建区划定方案》，禁养区范围内禁止建设任何养殖场（区），对禁养区内禽畜养殖场进行限期搬迁与关闭，通过"以奖促治"等措施，鼓励畜禽养殖主动退出。新（扩、改）建规模化畜禽养殖场（区）应严格执行环境影响评价和环保"三同时"制度，依法办理排污申报登记。加强已有养殖场的环保跟踪监管，对产生的粪便进行资源化、无害化处理。阳春市规模化养猪场要根据周边环境消纳能力，严格控制、合理确定养殖种类和规模，从源头上控制畜禽污染物排放。积极引导和推广现有养殖场向生态健康养殖转变，推进畜禽养殖规模化、集约化经营，推广集中饲养、集中治污、统一管理的标准化的"零排放"生态化养殖方式，全面提升规模化畜禽养殖场（区）建设和管理水平。强化分散式养殖场养殖废水治理，根据当地所需的处理标准来选取特定的处理技术如源头分离技术、氧化塘、人工湿地处理系统、蚯蚓生态滤池、滴滤池开展污水分散处理。严格规范病死畜禽处理处置，养殖场较集中的区域建造病死畜禽焚烧炉，散养户较多、不具备焚烧条件的区域可在养殖区周边选址对病死畜禽进行深埋处理。

（2）加强种植业污染防治

加强农业管理，科学调整农业产业结构，促进农业生产物质的循环利用，推动传统农业向现代农业转变。引导和鼓励农民使用生物农药或高效、低毒、低残留农药，积极推进测土配方施肥，大力推广节药、节肥技术，积极推进环境友好型种植业示范工程建设，探索保护性耕作方法，通过免耕或少耕减少对土壤系统的扰乱，减少土壤侵蚀和土壤养分流失，提高有机质，改良土壤结构。推广使用可降解塑料薄膜，改进农膜使用技术，减少农膜对土壤的危害。推进绿色食品和有机食品基地建设，大力开展环保产品认证工作，鼓励发展无公害食品、绿色食品和有机食品。农产品主产区着力推进农业面源污染防治，建立完善科学的种植制度和生态农业体系，大力推广节药、节肥技术，鼓励发展无公害食品、绿色食品和有机食品，积极开展粮食主产区受污染耕地土壤的治理和修复示范。

（3）加大农村生活污水和垃圾治理力度

大力实施"美丽乡村"发展战略，以农村连片整治示范项目为载体，每年完成 100 个美丽乡村建设，到 2020 年，流域内美丽乡村个数占全流域自然村总数比例达到 30% 以上。因地制宜开展村庄生活污水治理，城镇集中污水处理设施应统筹考虑处理周边农村生活污水，人口规模小、地形条件复杂且污水不易集中收集的村庄，宜采用庭院式小型湿地、污水净化池和小型净化槽或氧化塘等分散处理技术；布局相对密集、人口规模较大、经济条件好且企业或旅游业发达的村庄，推广采用活性污泥法、生物膜法和人工湿地等集中处理技术。积极推进农村生活垃圾收集处理，开展流域农村生活垃圾污染状况调查，摸清农村生活垃圾污染现状和治理情况，结合农村经济社会发展状况，因地制宜开展农村生活垃圾收集处理。鼓励农村垃圾分类回收，实现生活垃圾资源化和减量化，城镇化水平较高、经济较发达的村庄可推广城乡生活垃圾一体化处置技术模式，推行"户集、村收、乡（镇）转运、区处理"。逐步建立农村环卫保洁制度和垃圾收集运输机制，配备必要的垃圾收集工具和垃圾转运车辆，维持农村环境卫生保洁长效运行。

（4）实施城镇初期雨水污染控制及雨水利用工程

通过建设雨水调蓄设施、下凹式绿地、构建缓冲隔离带等措施及利用管道系统自身的调蓄容量，对城镇初期雨水污染进行控制，同时对雨水实施综合利用，包括直接利用，将雨水收集处理再利用，使雨水在进入管道系统之前得到处理，减少雨水直接排放对水体的污染。

3.4.6　流域生态保护方案

3.4.6.1　流域生态系统概况

（1）森林生态系统

森林生态系统是漠阳江流域陆地生态系统中面积最大、最重要的自然生态系统。漠阳江流域现有林业用地 3 659.3 km²，森林覆盖率 65.29%，主要分布于阳春市西北部、东部以及阳东区北部山地丘陵区。森林生态系统属亚热带长绿阔叶林森林生态系统，植被以桃金娘、叶牡丹、算盘子、九节茶、岗松为主。流域内以森林生态系统为保护对象共建立自然保护区 10 个，其中省级 2 个，分别为百涌和鹅凰嶂自然保护区。百涌自然保护区位于阳春市西北部，总面积 37.33 km²，主要保护对象为南亚热带常绿阔叶林及珍稀动植物，区内有维管束植物 187 科 615 属 1 075 种，野生动物有脊椎动物 26 目 68 科 234 种。鹅凰嶂自然保护区位于阳春市西南部，总面积 150 km²，主要保护对象为次生阔叶林及珍稀野生动植物，区内有维管束植物 216 科 867 属 1 849 种。特有植物有杜鹃红山茶、阳春山龙眼、阳春樟等 30 多种，濒危动物有虎纹蛙、细痣疣螈、山瑞鳖等 38 种。

（2）河流生态系统

河流生态系统属流水生态系统，包括河岸生态系统、水体以及河滨沼泽湿地。漠阳江流域地势由北向南倾斜，岸线土壤质地由砂土至黏土，岸线植被丰富，土地利用类型以林地、水稻为主。漠阳江水生植物可分为沉水、浮水和挺水 3 种植物群落类型，由于流域上游沿岸水土流失，水生植被难以生长，主要分布在下游地势低洼且有淤泥沉积的水流较缓慢地区。流域水生维管束植被种类相对丰富，包括竹叶眼子菜群落、穗花狐尾藻、狸尾藻群落等。漠阳江流域河滨沼泽湿地生态系统植物群落主要为红树林群落，红树植物以桐花树群落、秋茄群落和白骨壤群落为主。

（3）农田生态系统

漠阳江流域农田生态系统生物群落结构较简单，优势群落往往只有一种或数种作物，伴生生物为杂草、昆虫、土壤微生物、鼠、鸟及少量其他小动物。流域内耕地面积 1 635.92 km²，占流域总面积的 29.19%。耕地集中在漠阳江两岸河谷地区及南部滨海平原丘陵一带，在阳春市中部的漠阳江两岸河谷地区以及江城区、阳东区分布较多，以灌溉水田为主。主要农作物有水稻、番薯、玉米、蔬菜、花生、大豆、桑蚕和南药等。

（4）海岸生态系统

漠阳江流域海岸生态系统植物群落主要为红树林群落，红树林湿地资源丰富，分布面积广泛，品种类型丰富，有 8 科 12 属 12 种，红树植物以桐花树群落、秋茄群落和白骨壤群落为主，一般高 2～3 m，盖度为 50%～80%。

3.4.6.2　生态环境敏感性评价方法

采用土壤侵蚀单因素评价方法评价漠阳江流域生态环境敏感性状况。

（1）土壤侵蚀计算方法

土壤侵蚀是多种因素共同作用的结果，根据 Wischmeier 通用土壤流失方程 USLE 进行计算，其影响因素主要包括降水、土壤类型、地形条件及人为因素。

（2）土壤侵蚀参数选择

①降雨侵蚀力因子 *R*。降雨侵蚀力因子是评价由降雨引起土壤侵蚀的潜在能力的指标。采用章文波日雨量侵蚀力模型计算降雨侵蚀力。

②土壤可蚀性因子 *K*。土壤可蚀性是评价土壤是否易受侵蚀力破坏的性能，其大小主要取决于土壤机械组成和水的亲和力。漠阳江流域土壤可蚀性取值，采用朱立安基于EPIC 模型中土壤可蚀性因子 *K* 值为指标，利用第二次土壤普查资料分析获得的广东省土壤可蚀性 *K* 值成果，具体参数见表 3.4-18。

表 3.4-18　漠阳江流域土壤可蚀性因子 *K* 取值

	滨海砂土	滨海盐土	赤红壤	粗骨土	红壤	黄壤	石灰土	水稻土	紫色土
K	0.134	0.31	0.234	0.252	0.25	0.209	0.292	0.295	0.299

③坡长坡度因子 *LS*。*L*（坡长）和 *S*（坡度）常作为一个复合因子进行综合计算，*LS* 就是特定坡度与坡长上的土壤流失量与标准小区上土壤流失量的比率。

$$LS = \left(\frac{\lambda}{22.1} \right)^m \cdot (65.4 \sin^2 \theta + 4.56 \sin \theta + 0.065\,4)$$

$$
\begin{aligned}
&5\% \leqslant \theta, \ m = 0.5 \\
&3\% \leqslant \theta < 5\%, \ m = 0.4 \\
&1\% \leqslant \theta < 3\%, \ m = 0.3 \\
&\theta < 1\%, \ m = 0.2
\end{aligned}
$$

（3.4-5）

式中，λ 为坡长；θ 为坡度；m 为坡长指数。

根据上式，由 DEM 数据提取研究区坡度及流向栅格图，利用 ArcGIS 中 Raster Calcultor 编写 *LS* 因子计算代码：

$$
\begin{aligned}
&\text{Pow(Sqrt[flowdirec]} \times 100/22.1, m) \times (65.4 \times \text{Pow(sin[slop]} \times 0.017\,45), 2) + \\
&4.56 \sin[\text{slop}] \times 0.017\,45) + 0.065\,4
\end{aligned}
$$

（3.4-6）

式中，flowdirec 为水流向栅格图；*m* 为根据坡度不同而取定的坡长指数；slope 为栅格坡度。

④侵蚀动力抑制因子 *C*、*P*。起保持水土的作用，*C* 主要反映地表植被覆盖情况对产生土壤侵蚀的影响，*P* 反映人为耕作方式对土壤流失的影响（表 3.4-19）。

表 3.4-19　漠阳江流域 *C*、*P* 因子取值

土地利用类型	灌木林	疏林地	有林地	其他林地	中覆盖度草地	高覆盖度草地	旱地
C	0.015	0.017	0.005	0.019	0.112	0.1	0.228
P	0.69	1	1	1	1	1	0.352
土地利用类型	水田	滩涂	滩地	水库坑塘	河渠	农村居民点	城镇用地
C	0.18	1	1	0	0	0	0
P	0.15	1	1	0	0	0.01	0.01

（3）土壤侵蚀敏感性划分

在栅格侵蚀模数图的基础上，根据《土壤侵蚀分类分级标准》（SL-190—2007）中土壤水力侵蚀分级标准确定土壤侵蚀分级指标（表 3.4-20），利用 ArcGIS 绘制漠阳江流域土壤侵蚀敏感性分级图（图 3.4-9）。

表 3.4-20　土壤侵蚀敏感性分级标准

平均侵蚀模数/ [t/（km²·a）]	水力侵蚀强度分级	土壤侵蚀敏感性级别
＜500	微度	不敏感
500～2 500	轻度	轻度敏感
2 500～5 000	中度	中度敏感
5 000～8 000	强烈	高度敏感
80 00～15 000	极强烈	重度敏感
＞15 000	剧烈	极度敏感

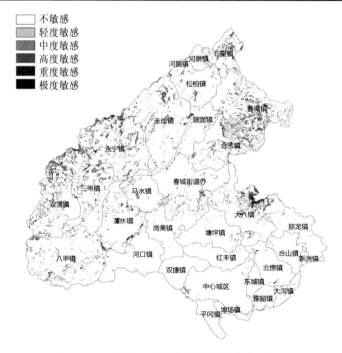

图 3.4-9　漠阳江流域土壤侵蚀敏感性分级

3.4.6.3   流域生态敏感性分析

（1）土壤侵蚀敏感性空间分布特征

漠阳江流域土壤侵蚀敏感性空间上呈现"西北、西南、东北丘陵台地侵蚀轻度敏感，中部及东南平原不敏感"的分布特点，本次计算所得流域内土壤侵蚀敏感性分级分布状况基本与广东省第三次土壤侵蚀遥感调查成果相近（表 3.4-21）。流域内生态总体状况相对良好，局部存在侵蚀现象，年平均侵蚀模数为 503.14 t/（km^2·a），属轻度侵蚀，轻度敏感及以上地区主要位于流域西北、东北山区，以春湾镇、永宁镇、三甲镇、双滘镇、大八镇最为集中，总面积 782.75 km^2，占流域总面积的 13.97%。其中轻度敏感区面积505.23 km^2、中度敏感区面积 133.62 km^2、高度敏感区面积 72.98 km^2、重度敏感区面积55.18 km^2、极度敏感区面积 15.74 km^2，分别占敏感区面积的 64.55%、17.07%、9.32%、7.05%、2.01%。

表 3.4-21   漠阳江流域土壤侵蚀统计

土壤侵蚀敏感性级别	分布面积/km^2	占流域总面积百分比/%
不敏感	4 821.65	86.03
轻度敏感	505.23	9.02
中度敏感	133.62	2.38
高度敏感	72.98	1.31
重度敏感	55.18	0.98
极度敏感	15.74	0.28
合计	5 604.40	100

（2）土壤侵蚀敏感性地形分异特征

叠加漠阳江流域土壤侵蚀敏感性分级图与漠阳江流域坡度等级分布图，得到各级坡度土壤侵蚀敏感性分布（图 3.4-10）。坡度为 0～5°的土壤侵蚀以不敏感为主，不敏感区占该坡度区间总面积的 91.25%；随着坡度增大，土壤侵蚀敏感区比重增加，敏感程度升高。敏感区比重随坡度增加而上升，极度敏感区主要分布在坡度大于 30°的区域。

（3）土壤侵蚀敏感性土地利用分异特征

叠加土壤侵蚀敏感性分级图和土地利用类型图，得到漠阳江流域各土地利用类型土壤侵蚀敏感性分布，不同土地利用类型的侵蚀面积差异较大。

在土壤侵蚀轻度敏感区中，不同土地利用类型分布面积从大到小依次排序为：林地＞旱地＞疏林地＞高覆盖度草地＞水田＞中覆盖度草地＞其他林地＞滩地＞城镇用地＞灌木林＞河渠＞水库坑塘＞滩涂＞农村居民点。

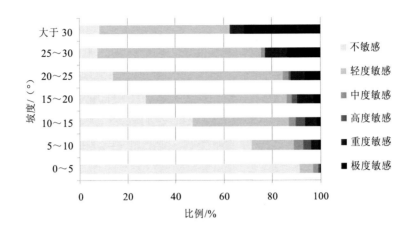

图 3.4-10　漠阳江流域不同坡度下土壤侵蚀敏感性分布比例

3.4.6.4　流域生态建设方案

（1）提升自然保护区建设水平和质量

优化自然保护区结构和空间布局，推动流域建立类型齐全、分布合理、面积适宜、建设和管理科学、生态效益良好的自然保护区体系。重点强化流域内阳春市圭岗镇百涌自然保护区、阳春市鹅凰嶂自然保护区等自然保护区的保护和建设，扩建、升级现有森林生态系统及海洋生态系统类型保护区，加强湿地生态系统及海洋海岸生态系统类型保护区建设。加强自然保护区基础设施建设和管护队伍建设，提升自然保护区建设水平和质量，逐步实现从数量规模型向质量效益型的转变。到 2020 年，完成阳春市鹅皇嶂、百涌自然保护区由省级向国家级的升级工程，流域新建或升级国家级自然保护区 2 个，新建或升级省级自然保护区 3 个。

（2）加强水源涵养林及水土保持林建设

构建山地丘陵区绿色生态屏障，主要包括阳春市东北、西北部和阳东区东南部沿海山地丘陵地区，保证该区域内生物多样性和水源涵养功能。加大生态公益林建设力度，建设水源涵养林、水土保持林。推进林分改造工程，推广优良乡土树种，切实改造低产林、低效林。到 2020 年，建设水源涵养林 2 万 hm^2，水土保持林 1 万 hm^2，流域森林覆盖率达到 68%。加强城镇绿化工程建设，建立和完善以城镇公园、道路绿化、沿河林带、社区绿地为主的城镇绿地系统，到 2020 年，流域内区（市、区）建成区绿化覆盖率不低于 45%，人均公共绿地不低于 14 m^2。

（3）完善沿海防护林带建设

合理规划近岸海域发展布局，完善近海地区环境基础设施建设，加强陆源污染物控制，促进近岸海域生态环境质量和生物多样性恢复。大力加强沿海滩涂红树林、沿海基干林带及沿海地区纵深防护林建设，全面提高沿海防护林整体建设水平。加强推进岗列对岸三角洲红树林、平冈红树林湿地、阳江白沙河湿地建设，积极推动阳东寿长河至漠阳江口的北津港之间沿岸、漠阳江口南岸至沙头咀建设完善的沿海防护林体系。到 2020年，流域建设成沿海防护林 2 000 hm²、海岸基干林带 500 hm²、纵深防护林 1 500 hm²。保护与恢复红树林 1 000 hm²，其中红树林保护面积 950 hm²，红树林营造面积 50 hm²。

（4）加大水土流失治理力度

积极利用工程、生物和水土保持耕作等多种措施开展流域水土流失综合治理，根据土壤侵蚀敏感性程度，合理安排水土流失治理时序。重点推进八甲镇南部、三甲镇北部、永宁镇北部、春湾镇东南部、大八镇东北部等重点地区坡度大于 25°区域退耕还林还草，促进退化生态系统的生态恢复。抓好采石取土、开发区建设、道路建设、采矿等水土流失易发区监督管理，积极预防新的水土流失。到 2020 年，流域水土流失治理率达到 85%以上，水土保持设施防御标准达到 10 年一遇，现有人为水土流失全部得到治理，新开工建设项目实施水土保持方案申报审批率达 100%，新开工建设项目实施"三同时"制度达 100%。

3.4.7　生态安全格局建设方案

以生态安全、生态安全格局和景观格局优化为理论指导，遵循"格局动态-生态环境响应-生态安全格局构建"的研究思路，建立流域综合数据库，利用"3S"技术作为数据处理和空间分析的主要技术手段，从区域已有相关格局、污染排放格局、水环境容量本底分布和生态敏感性及脆弱性出发，通过图层信息栅格化及 Raster 重要性计算，进行流域水环境容量和污染排放强度动态模拟分析，分析与评价流域现有生态安全格局特征，在安全格局评价的基础上，结合流域生态服务功能的空间分布特征，统筹考虑流域饮用水水源保护区范围、水环境功能区划、区域生态功能区划、流域土地利用等因素，同时兼顾区域内重要生态源地、生态廊道以及生态节点空间位置，建立流域生态环境安全等级体系，提出以区域生态环境安全为目标的生态安全格局优化方案，并对各生态单元提出差异化环保调控和管理对策。

3.4.7.1　流域生态安全格局现状

（1）水环境功能区划

根据《广东省地表水环境功能区划（2011）》，漠阳江流域共有 25 个水环境功能区，总长度 913.9 km。流域内大部分河段水质功能区划为Ⅱ类水，河段功能区划以饮用、饮用农用为主。Ⅲ类目标水质的河段主要分布在漠阳江流经城区段和干流靠近入海口附近，为流域工业及人口聚集地。漠阳江流域水环境功能区（河流）划分情况见表 3.4-22。

表 3.4-22　漠阳江流域水环境功能区划（河流）

序号	河流	起点	终点	长度/km	功能现状	水质目标
1	漠阳江	阳春云廉洒面西南	漠阳江塱	48	饮	I类
2	漠阳江	阳春河塱	阳春春城镇九头坡	75	饮	II类
3	漠阳江	阳春春城镇九头坡	马水镇	13	饮农	III类
4	漠阳江	马水镇	江城区尤鱼头桥下游 500 m	47	饮	II类
5	漠阳江	江城区尤鱼头桥下游 500 m	阮东	11	工农	III类
6	漠阳江	阳东中心洲	阳东白沙桥	5	工农	II类
7	漠阳江	阳东白沙桥	阳东北津港	20	工农	III类
8	云霖河	阳春卫国镇交明朝光桥鼎	阳春塱尾村	33	饮农	II类
9	那乌河	阳春白鹤头顶	阳春荔枝园	28	饮农	II类
10	山口河	阳春那钦	阳春平西高车头	23.4	饮农	II类
11	西山河	阳春三甲顶	阳春合水镇	108	饮农	II类
12	那陈河	阳春永宁棠梨	阳春永宁三岸	17.9	饮农	II类
13	圭岗河	阳春笔架顶	阳春圭冈水口	34	饮农	II类
14	那座河	阳春甘竹大山	阳春彭屋寨	39	饮农	II类
15	蟠龙河	阳春牛围岭	阳春新尾寨	33	饮农	II类
16	罂煲河	阳春信蓬岭	阳春渡头坡	31	饮农	II类
17	轮水河	阳春尖齿顶西	阳东双捷新村仔	28	饮农	II类
18	潭水河	阳春鸡笼顶	阳春古良口	107	饮农	II类
19	乔连河	阳江黄狮岭	阳江乔连圩	40	饮农	II类
20	八甲河	阳西鹅凤嶂	阳春大坡水口	19	饮农	II类
21	三甲河	阳春长沙大顶	阳春贻隆	47	饮农	II类
22	龙门河	阳春牛臂嶂	阳春河口圩	37	饮农	II类
23	大八河	阳春珠环大山岭	阳江大塱洞	41	饮农	II类
24	那龙河	阳东北惯东莺	阳东北津	17.5	综	III类
25	周亨河	阳江仙人大座	阳东东元村	29	饮农	II类

　　流域内有水环境功能区划的水库共 49 座，总库容共 93 868 万 m³，其中库容量最大的水库分别为大河水库、东湖水库及江河水库，水质控制目标均为II类。

（2）生态保护分区控制

根据生态环境敏感性、生态服务功能重要性及区域社会经济发展差异性等，《广东省环境保护规划纲要（2006—2020 年）》将全省划分为 6 个生态区、23 个生态亚区和 51 个生态功能区，在此基础上，结合生态保护、资源合理开发利用和社会经济可持续发展的需要，将全省陆域划分为生态环境严格控制区、有限开发区和集约利用区，实行生态分级控制管理。

①严格控制区主要包括两类区域：一是自然保护区、典型原生生态系统、珍稀物种栖息地、集中式饮用水水源地及后备水源地等具有重大生态服务功能价值的区域；二是水土流失极敏感区、重要湿地、生物迁徙回游通道与产卵索饵繁殖区等生态环境极敏感区域。严格控制区原则上禁止所有开发建设活动，同时要开展天然林保护和生态公益林建设，有效保护珍稀濒危动植物物种及其生境、原生生态系统。

②有限开发区主要包括三类区域：重要水土保持、水源涵养等重要生态功能控制区；城市间森林生态系统保存良好的山地等城市群绿岛生态缓冲区；山地丘陵疏林地等生态功能保育区。有限开发区可适度进行开发利用，但必须保证开发利用不会导致环境质量的下降和生态功能的损害，同时要采取积极措施促进区域生态功能的改善和提高。

③集约利用区主要包括农业开发和城镇开发两类区域。集约利用区中的农业开发区要加强生态农业建设和基本农田保护，降低化肥和农药施用强度，控制面源污染，城镇开发区要强化规划指导，控制对生态用地的占用，加强城市绿地系统建设。

根据《广东省环境保护规划纲要》，漠阳江流域生态功能区划为：自漠阳江上游到入海口处，沿漠阳江周边地势平坦地区均为集约利用区，面积占全流域总面积的 42%左右，其余严格控制区、有限开发区主要为山区、自然保护区或水源涵养区等。

（3）主体功能区划

根据《广东省主体功能区规划》，阳江市功能定位为建成华南地区重要的电力能源基地、临港有色金属及新材料制造基地、全国五金刀剪基地、国际休闲旅游度假胜地、环珠三角现代农业基地、珠三角通往粤西的门户城市和广东宜居创业滨海新城。其中，江城区及阳东区被划为省级重点开发区域-粤西沿海片区，阳春市被划为生态发展区域-国家级农产品主产区-粮食主产区。

（4）水环境容量分布

根据计算，流域内 COD 和氨氮环境容量最多的区域为漠阳江干流沿线地区，其中容量最大的区域为江城区，COD 容量占全流域的 30%左右，氨氮容量占全流域的 34%左右。漠阳江流域天然水环境容量分布见图 3.4-11。

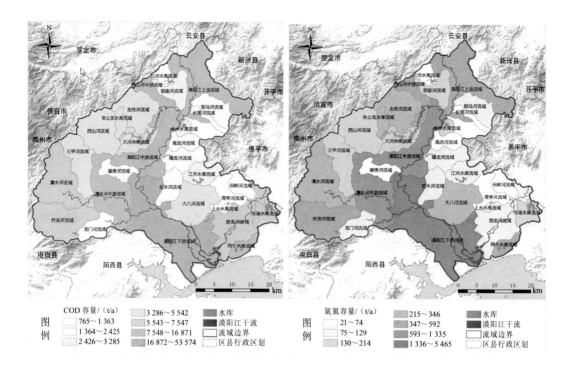

图 3.4-11　漠阳江流域天然水环境容量分布

3.4.7.2　流域污染排放格局

（1）城镇生活污染排放格局

从 COD 排放强度来看，单位面积 COD 排放最高的为阳江市中心城区，其次为阳东区的东城镇。2015 年随着生活污水处理厂的建成和投入使用，城镇生活污染排放强度稍有下降；2020 年由于人口继续大量增长，城镇生活污染排放强度又呈增长趋势。从氨氮排放强度来看，氨氮城镇生活排放最高的为东城镇，其次为阳江市中心城区。2015 年城镇生活污染氨氮排放强度稍有下降；2020 年氨氮排放强度又有所升高。

（2）畜禽养殖污染排放格局

从 COD 排放强度来看，漠阳江流域畜禽养殖单位面积 COD 排放最高的为阳春市岗美镇，其次为阳东区塘坪镇。2015 年和 2020 年畜禽养殖污染排放强度呈增长趋势。从氨氮排放强度来看，流域畜禽养殖氨氮排放强度最高的为阳春市岗美镇，其次为阳东区塘坪镇，2015 年和 2020 年畜禽养殖污染排放强度呈增长趋势。

阳春市畜禽养殖规模和污染排放强度明显大于江城区及阳东区，畜禽养殖分布密集区位于漠阳江上游，加上粗放式畜禽养殖管理模式，会影响漠阳江整体水质和下游饮用水安全，有必要对流域内畜禽养殖业高污染排放强度区开展针对性整治。

（3）工业污染排放格局

2012 年漠阳江流域工业污染排放强度最高的为江城区，其次为阳东区，阳春市最低。2015 年和 2020 年流域内工业污染排放强度有所增加，其中江城区增长速度最快。流域内工业污染主要分布在漠阳江下游，接纳的负荷量占流域总量较大一部分，分布有数个产业转移园、工业园及分散式工业企业，未来随着临港工业园及产业转移园等的发展，漠阳江下游地区污染排放负荷将进一步增加，漠阳江水质超标风险增大。

（4）农村生活污染排放格局

漠阳江流域农村生活单位面积 COD、氨氮排放最高的均为阳春市陂面镇，其次均为阳东区东城镇。2015 年和 2020 年畜禽养殖污染排放强度稍有下降。

（5）面源污染排放格局

面源包括农业面源和城镇面源两部分。漠阳江流域面源污染单位面积 COD、氨氮排放最高的均为合水水库流域，其次均为上水水库流域（表 3.4-23）。由于农业面源最大影响因素为种植业面积，城镇面源最大影响因素为建成区面积，均与流域土地利用面积有关，根据阳江市土地利用总体规划和江城区、阳春市、阳东区城市总体规划，流域内基本农田面积和建成区面积相对而言变化较小，流域面源污染排放强度变化可忽略不计，2015 年和 2020 年排放强度与现状排放强度相当。

表 3.4-23　漠阳江流域面源污染排放强度分布　　　　　单位：t/km^2

流域编号	子流域名称	2010 年面源 COD 排放强度	2010 年面源氨氮排放强度
1	合水水库流域	51.46	1.36
2	漠阳江下游流域	5.19	0.14
3	漠阳江中上游流域	6.09	0.17
4	西山河中游流域	5.69	0.17
5	张公龙水库流域	6.03	0.18
6	潭水河中游流域	5.21	0.14
7	那龙河流域	4.12	0.12
8	圭岗河流域	25.82	0.72
9	潭水河流域	11.37	0.29
10	漠阳江干流流域	3.90	0.12
11	大八河流域	3.33	0.14
12	罂煲河流域	8.39	0.25
13	那座河流域	8.52	0.21
14	两个水库流域	5.40	0.13
15	轮水河流域	9.71	0.23
16	长尾河流域	4.88	0.12
17	高流河流域	3.57	0.11

流域编号	子流域名称	2010 年面源 COD 排放强度	2010 年面源氨氮排放强度
18	周亨河流域	6.51	0.15
19	田畔河流域	4.27	0.15
20	平中河（白水河）流域	8.86	0.22
21	三甲河流域	5.87	0.15
22	蟠龙河流域	3.15	0.13
23	那乌河流域	5.85	0.14
24	东湖水库流域	5.02	0.14
25	乔连河流域	14.14	0.29
26	江河水库流域	6.96	0.16
27	西山河流域	30.91	0.86
28	大河水库流域	21.14	0.49
29	龙门河流域	9.27	0.22
30	北河水库流域	35.51	0.94
31	上水水库流域	46.03	1.10

（6）总污染负荷排放格局

漠阳江流域单位面积 COD 和氨氮排放最高均分布在合水水库流域，其次均为漠阳江中游流域（表 3.4-24、图 3.4-12）。

表 3.4-24　漠阳江流域污染排放强度分布　　　　　　　单位：t/km²

流域编号	子流域名称	2010 年流域 COD 排放强度	2010 年流域氨氮排放强度
1	合水水库流域	183.24	6.60
2	那乌河流域	18.49	0.69
3	长尾河流域	21.68	0.83
4	平中河（白水河）流域	20.28	0.85
5	高流河流域	21.48	0.88
6	蟠龙河流域	13.64	0.42
7	西山河流域	14.91	0.62
8	张公龙水库流域	21.73	0.57
9	圭岗河流域	17.43	0.60
10	大河水库流域	13.91	0.59
11	北河水库流域	11.86	0.67
12	那座河流域	30.78	1.35
13	罂煲河流域	30.33	1.04
14	三甲河流域	20.30	0.79
15	潭水河流域	19.09	0.58
16	乔连河流域	17.90	0.65
17	龙门河流域	12.72	0.55

流域编号	子流域名称	2010 年流域 COD 排放强度	2010 年流域氨氮排放强度
18	轮水河流域	23.20	0.74
19	江河水库流域	15.22	0.74
20	大八河流域	25.89	0.84
21	周亨河流域	19.48	0.65
22	上水水库流域	11.22	0.64
23	田畔河流域	20.85	0.67
24	东湖水库流域	17.87	0.67
25	那龙河流域	35.80	1.36
26	两个水库流域	24.78	0.76
27	西山河中游流域	13.39	0.57
28	潭水河中游流域	22.76	0.63
29	漠阳江上游流域	12.18	0.39
30	漠阳江中游流域	48.57	2.78
31	漠阳江下游流域	40.00	2.91

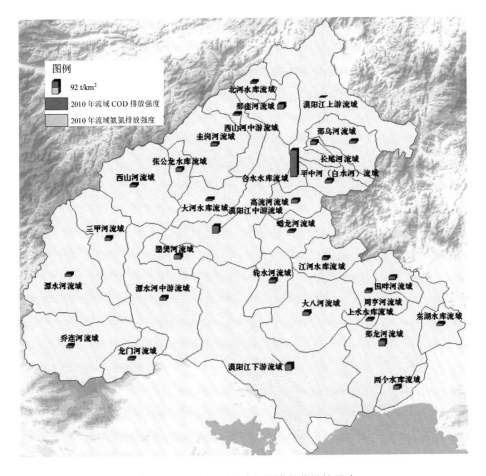

图 3.4-12　漠阳江流域总污染负荷排放强度

3.4.7.3 流域生态安全格局构建方法

国内生态安全格局的相关研究主要偏重于区域土地利用生态效益、生态服务及安全评价及基于评价结果开展的景观生态格局研究等。其中生态系统服务功能的价值可以定量计算，基于已有理论和研究成果构建生态系统服务功能评估模型，用于评价多种生态系统服务功能。本研究结合漠阳江实际，选择 InVEST 模型开展生态服务功能评估。

总结现有的国内外生态格局规划案例，其大体可分为两种思路：一种是从生态安全的角度出发，基于元素、能量和物种迁移过程的研究，通过选择区域中对生态过程具有关键作用的廊道和战略点，构建区域的生态安全格局。另一种是从生态服务功能的角度出发，通过对土地演变过程的研究，在土地适宜性评价的基础上合理选择具有重要服务功能的生态廊道和节点，构建区域生态格局。前者更注重区域物质、能量和物种的交换过程，后者更关注土地利用与土地功能的关系。无论采用何种思路，其基本规划方法都较为类似：一般是基于土地利用现状，通过打分和因子叠加的方法，对生态系统现状布局、生态系统敏感性或土地适宜性等进行描述或评价，再在此基础上选择廊道和节点，以此构建区域的生态格局。

综合目前国内外生态安全格局构建方法，结合漠阳江流域自身特点，构建漠阳江流域生态安全格局划分方法（图 3.4-13）。漠阳江流域生态安全格局规划主要内容及技术步骤有：

（1）漠阳江流域空间信息数据库构建

收集整理分析：漠阳江流域行政区划体系（细化到镇级）、高精度高程数据（DEM）、干流水系、水环境功能区划、城市及乡镇饮用水水源、地表水环境监测断面、污水处理厂等相关数据和信息，采用 ArcGIS 数据存储与空间分析功能，利用 DEM 数据生成流域支流水系，划分子流域并进行修正，建立漠阳江流域空间信息数据库。

（2）漠阳江流域已有相关空间格局分析研究

对漠阳江流域水环境功能区划、生态保护分区控制区划、主体功能区划、水源地保护区划分等现有格局的图件数据进行矢量化，对流域内现有空间格局进行分析，明确漠阳江流域生态安全格局基本框架。

（3）漠阳江流域土地利用格局分析研究

根据 2005—2020 年漠阳江流域土地利用现状及规划数据，采用实地调研和 GIS 技术相结合的方法，选择相关指标，研究漠阳江 20 年间土地利用格局的时空变化特征，并研究不同土地利用类型的面积空间转移变化规律。

图 3.4-13　漠阳江流域生态安全格局构建技术路线

（4）漠阳江流域水环境容量格局及空间分异研究

采用 100 m×100 m 精度对漠阳江流域各子流域水环境容量（包括 COD 和氨氮）进行栅格化，将水环境容量分配到每个计算单元，按镇统计后，可对镇水环境容量进行分析和评价。

（5）漠阳江流域污染排放格局及空间分异研究

分现状、2015 年、2020 年分别计算漠阳江流域各区工业及各镇城镇生活、畜禽养殖、面源（包括种植业和城镇面源）和农村生活主要污染物（包括 COD 和氨氮）排放强度，并采用 100 m×100 m 精度进行栅格化，将单位面积污染排放分配到每个计算单元，对镇、子流域、栅格等各分析粒度进行分析和评价。

（6）漠阳江流域生态安全格局构建研究

以保护区域生态安全为目标，在漠阳江流域现有生态保护分区控制区划的框架下，综合考虑现状及规划年流域土地利用格局、水环境容量格局、主要污染物排放格局及水源地、水环境功能区划、生态敏感性等因素，构建流域生态环境适宜性评价模型，基于多标准评价、最小费用路径优化及优先性原则等构建漠阳江流域生态安全格局框架和区划体系，提出面向生态安全的漠阳江流域生态安全格局优化方案。

3.4.7.4　格局划分及差异化保护要求

（1）划分结果

根据前述方法，以保护流域整体性环境安全和生态安全为目标，综合流域土地现状格局、水环境容量格局、污染排放格局和生态敏感性评价结果，统筹考虑水源地保护、水环境功能区划要求、生态脆弱性等因素，同时结合漠阳江流域生态环境特点、未来发展趋势和保护要求，突出区域整体性保护，构建漠阳江流域生态安全格局体系。漠阳江生态安全格局体系的内容包括严格保护区域、污染治理重点区域、污染风险防范区域和绿色集约发展区域（表 3.4-25）。

一级区划分为严格保护区域、污染治理重点区域、污染风险防范区域和绿色集约发展区域。其中，严格保护区域指具有重大意义，需要严格保护的生态区域如自然保护区、水源保护区等。又划分为严格控制区，水源保护区，自然保护区及森林公园、地质公园、湿地公园等 3 个二级区；污染治理重点区域指污染排放强度超高需要进行重点治理的区域，按照污染物主要来源又分为重点工业污染治理区、重点畜禽养殖污染治理区、重点面源污染治理区、重点城镇生活污染治理区和重点农村生活污染治理区等 5 个二级区；污染风险防范区域指污染排放强度超高而环境容量有限、不加控制将面临区域水质超标风险的重点区域，按照风险等级又划分为一级风险防范区、二级风险防范区和三级风险防范区；绿色集约发展区域指为人类提供优质的生活空间与丰

富的物资资源、区域发展条件相对较好、需对产业布局及污染防治进行引导和优化的
区域，按照产业特性又划分为工业集聚发展区、绿色农业发展区和循环经济示范区等
3 个二级区。

表 3.4-25　漠阳江流域生态安全格局划分

一级区划	二级区划	主要范围
严格保护区域	严格控制区	《广东省环境保护规划纲要（2006—2020 年）》中明确的漠阳江流域严控区范围，主要包括八甲镇的南部和西部、双滘镇西南部、永宁镇和圭岗镇西北部、松柏镇西部、春湾镇和合水镇东部、大八镇东北部及那龙镇北部
	水源保护区	尤鱼头桥饮用水水源地（市区）、九龙坡饮用水水源地（阳春市）、北惯吸水点饮用水水源地（阳东区）一、二级水源保护区范围；乡镇饮用水水源地一、二级水源保护区范围
	自然保护区及森林公园、地质公园、湿地公园等	百望镇羊山盎森林公园、松柏镇金竹山森林公园、阳春百涌自然保护区、山坪镇黄蜂洒森林公园、双滘镇洞坪森林公园、八甲镇白水森林公园、阳春花滩森林公园、广东东岸森林公园、鹅凰嶂自然保护区、阳江南鹏列岛海洋生态省级自然保护区、河口镇上双森林公园、罗琴山森林公园、潭水镇瑶田森林公园、阳春信蓬森林公园、马水镇河表森林公园、阳春东湖森林公园、阳东石灶森林公园、漠地洞森林公园、阳东东湖森林公园等。阳春凌霄岩风景名胜区、阳春凌霄岩国家地质公园、江城区海陵大堤东泥蚶种质资源自然保护区、江城区浅海海洋县级自然保护区、白沙石河自然保护区、岗列大凹山及鸳鸯湖自然保护区、岗列长其岭自然保护区、岗列对岸三角洲原始红树林自然保护区、望瞭岭公园自然保护区、北山公园自然保护区、岗列发王山自然保护区、埠场沿海防护林自然保护区、双捷青冲水源涵养林自然保护区、平冈镇凤山自然保护区、平冈红树林自然保护区、阳东区头芦排海洋生态自然保护区、阳江金山森林公园、阳江廉村森林公园、江城区发王山森林公园、阳东区紫罗山森林公园、阳东区烂头岭森林公园、阳东区东平湾森林公园、阳春大河森林公园、阳春马古坳森林公园、阳春金竹大山森林公园
污染治理重点区域	重点工业污染治理区	中心城区中部、东城镇中部及中北部、北惯镇中西部
	重点畜禽养殖污染治理区	岗美镇、塘坪镇、河口镇、八甲镇、潭水镇、春湾镇
	重点面源污染治理区	中心城区、岗美镇、潭水镇、双捷镇、春城镇西部、陂面镇南部、合水镇西部、圭岗镇西部
	重点城镇生活污染治理区	平岗镇、埠场镇、双捷镇、东城镇、春城街道办
	重点农村生活污染治理区	潭水镇、马水镇、岗美镇、红丰镇、东城镇、雅韶镇、大沟镇、陂面镇、松柏镇、石旺镇

一级区划	二级区划	主要范围
污染风险防范区域	一级风险防范区 二级风险防范区 三级风险防范区	雅韶镇西北部、北惯镇、合山镇西部、那龙镇东部、大八镇南部、塘坪镇、红丰镇、马水镇南部、潭水镇北部、合水镇东北部
绿色集约发展区域	工业集聚发展区	主要为漠阳江流域重点工业园区、开发区、生产基地等，包括广州（阳江）产业转移工业园、佛山禅城（阳东万象）产业转移工业园、东莞长安（阳春）产业转移工业园、广东阳东经济开发区、江城区银岭科技产业园、临港工业园等
	绿色农业发展区	马水镇、潭水镇、红丰镇、陂面镇、春湾镇西北部、东城镇、北惯镇
	循环经济示范区	中心城区、春城街道办、东城镇

（2）差异化环保要求

1）严格保护区域

保护目标：提高区域生态服务功能，强化陆域生态屏障，区域生态环境稳定。

控制对策：严格保护区域原则上禁止所有开发建设活动，同时要开展天然林保护和生态公益林建设，有效保护珍稀濒危动植物物种及其生境、原生生态系统。开展天然林保护工程、国家级生态公益林建设、自然保护区建设，禁止农业开发利用活动。具体包括：封山育林，严禁滥捕滥挖，引导区域内的原住民"内聚外迁"，做好森林防火和病虫害防治工作，建立日常监测、管理、救护、培植及经济发展指导、咨询机构等。

2）污染治理重点区域

保护目标：大力改善水体水质，解决一批突出的水环境问题和水污染问题，强化区域环境质量改善。

控制对策：坚持环境与经济协调发展，严格控制区域污染物排放总量，加快城镇污水处理厂、垃圾填埋场等环保基础设施建设，重点落实畜禽禁养区、禁建区整治工作，大力推进重点河流、河涌、水库、沟渠的污染治理工程建设，根据区域主要污染物来源开展针对性综合整治。

3）污染风险防范区域

保护目标：降低区域污染排放强度，改善水环境容量，提升风险防范能力和应急应对能力。

控制对策：定期组织开展区域污染源、风险源的排查，落实风险源监管责任，健全风险源动态档案，完善风险防范措施和应急预案，规范中小企业环境管理，建立企业特征污染物监测报告制度，提高环境监控风险评估能力，提升水质监测能力，加大水质监测频率，严格监控水体水质变化。

4）绿色集约发展区域

保护目标：提升产业绿色发展水平和集聚发展水平，提高产业竞争力。

控制对策：大力优化区域产业结构和布局，大力推进循环经济。按照国内先进水平，实施严格的产业准入标准，强化工业园区环境管理，规范建设项目环评，制定污染物排放总量控制目标和管理措施，建设集中的供能设施和环境基础设施。适当限制重污染行业的发展，引导发展生态型产业，形成有利于生态环境保护的绿色产业结构和体系。

3.5 规划总体方案优选与可行性

3.5.1 方案评估方法

3.5.1.1 方法选择

规划利用 WEAP（"Water Evaluation And Planning" System）模型建立漠阳江流域水环境管理综合模型。在 WEAP 上集成各种模型（如流域社会经济模型、面源污染模型、水质模型等），模拟社会经济系统、城市供水系统、各种用水部门、污水处理系统和受纳水体的相互关系，可以分析社会经济发展、土地利用、水资源开发与配置、基础设施建设、用水方式、污水处置与排放等对流域水资源与水环境的综合影响。

3.5.1.2 模型构建

根据漠阳江与流域内阳江市江城区、阳春市、阳东区实际水资源的供应-需求关系（表 3.5-1），建立 WEAP 模型。以 2012 年为基准，预测 2013—2020 年漠阳江水资源与水环境变化。

表 3.5-1 漠阳江流域内各镇、取水水源、污水处理厂对应关系

地区	镇名称	编号	取水水源	水源类型	污水处理厂处理范围
阳春市	春城街道办	C01	漠阳江干流和蟠龙河	河流型	CW
	春湾镇	C02	云霖河	河流型	—
	合水镇	C03	平中河	河流型	—
	潭水镇	C04	潭水河	河流型	—
	陂面镇	C05	漠阳江干流	河流型	—
	岗美镇	C06	漠阳江干流和轮水河	河流型	—
	圭岗镇	C07	圭岗河	河流型	—

地区	镇名称	编号	取水水源	水源类型	污水处理厂处理范围
阳春市	三甲镇	C08	三甲河	河流型	—
	八甲镇	C09	乔连河	河流型	—
	双窖镇	C10	潭水河	河流型	—
	河口镇	C11	龙门河	河流型	—
	河朗镇	C12	漠阳江干流	河流型	—
	松柏镇	C13	那座河	河流型	—
	永宁镇	C14	西山河	河流型	—
	马水镇	C15	罂煲河	河流型	—
	石望镇	C16	漠阳江干流	河流型	—
阳东区	东城镇	D01	那龙河	河流型	DW
	北惯镇	D02	那龙河	河流型	DW
	雅韶镇	D03	漠阳江干流	河流型	DW
	大沟镇	D04	马岗水库	水库型	DW
	合山镇	D05	那龙河	河流型	DW
	塘坪镇	D06	大八河	河流型	—
	大八镇	D07	大八河	河流型	—
	红丰镇	D08	漠阳江干流	河流型	DW
	那龙镇	D09	东湖水库	水库型	DW
江城区	中心城区	J01	漠阳江干流	河流型	JW
	埠场镇	J02	漠阳江干流	河流型	—
	双捷镇	J03	漠阳江干流	河流型	—
高新区	平冈镇	J04	漠阳江干流	河流型	—

注：C 表示阳春市，D 表示阳东区，J 表示江城区；CW 表示阳春市污水处理厂，DW 表示阳东区污水处理厂，JW 表示江城区污水处理厂。

3.5.1.3 模型验证

选取 2010 年漠阳江流域内供水-需水-排污-污水处理相关数据进行模型验证，与 2010 年漠阳江江城断面常规水质监测点 2010 年 COD 监测值进行比较，验证结果如图 3.5-1 所示。河流 COD 模拟结果与实际监测值基本吻合，模拟结果旱季（1 月、2 月、3 月、10 月、11 月、12 月）平均质量浓度是 14 mg/L，雨季（4—9 月）平均质量浓度是 15.6 mg/L，由于漠阳江旱季 COD 入河量约占排污总量的 21%，因此旱季平均浓度低于雨季平均浓度。2010 年漠阳江旱季月份中雨量分配不均，因此旱季各月河流流量变化较大，因此 COD 浓度有波动。

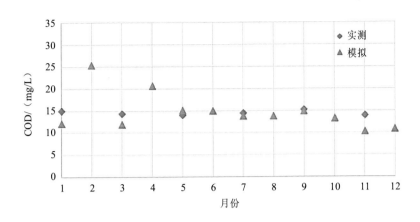

图 3.5-1　江城断面水质模拟值与实测值比较

3.5.1.4　评价指标选择

为了能够明确反映出流域综合整治方案实施的效果，将通过水量、水质、河流生态需水三方面指标进行评价，具体如下：①水量：通过漠阳江流域干/支流年径流量的变化，反映流域内用水量的变化对漠阳江地表水资源量的影响。②水质：通过漠阳江流域干/支流 COD 浓度的变化，反映流域内排污的变化对漠阳江水质的影响。③河流生态需水：河流生态环境需水根据 Montana 法，按照年内不同阶段河流平均流量的百分比来设定，模型中设定旱季河流生态需水流量占年平均流量的 20%，雨季占年平均流量的 40%，保证河流流量有利于周边的生态环境（表 3.5-2）。

表 3.5-2　河流生态需水等有关环境资源的河流流量状况标准

流量级别及其对生态的有利程度	河流生态需水流量占年平均流量的百分比/%	
	10 月至翌年 3 月	4—9 月
最大	200	200
最佳范围	60～100	60～100
极好	40	60
非常好	30	50
好	20	40
中或差	10	30
差或最小	10	10
极差	0～10	0～10

3.5.2 方案评估结果

3.5.2.1 方案汇总

通过对漠阳江流域生活、工业、畜禽养殖、种植业等方面发展形势、污染源和污水处理情况的现状调查分析,有针对性地提出控制方案和措施。

①漠阳江流域产业环境优化方案主要从三方面着手进行产业调整:通过禁止在禁建区建设项目、工业企业实行入园管理,优化产业空间布局,形成产业集中管理、资源集约利用、污染统一处理的空间格局;通过淘汰高污染行业、扶持改造传统产业、大力发展先进制造业、积极引进战略性新兴产业,优化产业结构,形成低能耗、低污染、高附加值的产业体系;通过实施淘汰落后产能、推行清洁生产、建立流域企业准入标准、分区域实行重点行业整治、限期整改重点企业等政策措施,加强工业污染整顿。

②漠阳江流域污水收集与集中处理系统规划工程方案从污水处理厂配套管网建设、新增处理设施建设、雨水收集系统、污泥处置和污水再生利用水平 5 个方面对流域污水处理进行调整和规划:加快完善配套管网,优先解决已建污水处理设施配套管网不足的问题,切实提高已建污水处理设施运行负荷。推进流域城镇污水处理设施建设,到 2015 年,漠阳江流域规划新建城镇污水处理厂 10 座,新增处理能力 11 万 t/d,到 2020 年,流域新增污水处理能力 4.5 万 t/d。已有/新建/扩建污水处理厂出水水质达到《城镇污水处理厂污染物排放标准》相应标准。污水处理厂要建设初期雨水收集系统,加快流域污泥处理设施建设,提高流域污水再生利用水平。

③面源污染控制方案从畜禽养殖、种植业面源和城镇初期雨水污染 3 个方面提出控制措施。畜禽养殖控制方案分别针对规模化养殖和分散式养殖提出入河污染负荷具体控制措施,针对规模化养殖场污染物实施资源化工程,针对分散式养殖场建设氧化塘。种植业面源污染控制方案从源头和过程进行双重控制。通过减少化肥施用量、提高施肥效率等措施从源头控制污染物的产生量;通过应用湿地-氧化塘技术建设农村污水治理工程、流域生态排水系统工程、滨岸带面源污染生态防护工程对种植面源进行过程控制。城镇初期雨水污染控制方案应用低冲击开发理念采取源头削减、过程控制、末端处理的方法进行。具体工程措施包括雨水调蓄池、下凹式绿地、缓冲隔离带等。

④基于漠阳江流域经济发展的"十二五"规划目标对漠阳江流域水量和水质的影响,具有针对性地提出流域产业优化、污水处理设施建设和面源污染控制的方案和措施,为了更好地预测上述方案实施对漠阳江径流量和水质变化的影响,应用 WEAP 模型建立如表 3.5-3 所示预案进行效果分析。

表 3.5-3 WEAP 模型预案内容设定

预案	具体内容
预案 A	根据漠阳江流域"十二五"发展目标，预测其对漠阳江径流量和水质的影响
预案 B	在预案 A 的基础上，将漠阳江流域内江城和阳东工业减排 20%，阳春工业减排 15%；增加江城和阳东工业回用水比例 25%；生活污水处理厂 COD 去除率提高 15%，预测其对漠阳江径流量变化和水质改善的影响
预案 C	在预案 B 的基础上，将阳春和阳东畜禽养殖 COD 减排 20%，江城畜禽养殖 COD 减排 15%；流域内种植业和城镇面源 COD 减排 20%，预测其对漠阳江径流量变化和水质改善的影响

3.5.2.2 水资源平衡与径流量预测

基于对漠阳江流域内江城区、阳春市和阳东区 2015 年和 2020 年用水量的预测，模型结果显示漠阳江流域内地表径流量能够满足当地用水需求，且同时保证河流流量有利于周边生态环境。但是由于用水量的增加，漠阳江流域径流量还是呈现下降趋势，模型选取西山河下游（1）、潭水河下游（2）、那龙河下游（3）以及漠阳江干流中游（4）和漠阳江干流下游（5）5 个点，其中西山河、潭水河、那龙河是漠阳江年径流量较大的支流，通过其地表年径流量的变化来反映漠阳江流域内用水量的增加对漠阳江地表年径流量影响的空间分布特征（表 3.5-4）。

表 3.5-4 2015 年和 2020 年在不同预案中年径流量较 2012 年减少比例

河流	2015 年		2020 年	
	预案 A	预案 B	预案 A	预案 B
西山河	0.03‰	0.03‰	0.08‰	0.08‰
潭水河	0.05‰	0.05‰	0.12‰	0.12‰
那龙河	0.41‰	0.23‰	1.96‰	1.41‰
干流中游	0.22‰	0.22‰	0.92‰	0.92‰
干流下游	0.72‰	0.45‰	3.47‰	2.64‰

由预测结果可知，在预案 A 中（"十二五"规划），西山河在支流中年径流量变化最小，那龙河变化较大，2015 年年径流量较 2012 年减少约 0.41‰，2020 年减少约 1.96‰，由于那龙河是阳东区主要的水源地，阳东区需水量的增加程度对那龙河水量影响较大。漠阳江干流下游位于江城区下游，可以综合预测出阳春市、江城区、平冈镇用水量的变化对河流径流量的影响，预计 2015 年和 2020 年阳春市、江城区、平冈镇总用水量占全流域用水总量的 55%～65%，因此下游河流年径流量变化较明显。相比于预案 A，预案 B

增加了江城区和阳东区工业回用水比例，减少了对漠阳江流域水资源的需求量，因此那龙河和漠阳江下游年径流量相比预案 A 有所增加，变化较明显。

3.5.2.3　水质达标分析

基于对漠阳江流域内江城区、阳春市、阳东区 COD 排放情况的预测，选取西山河下游（1）、潭水河下游（2）、那龙河下游（3）以及漠阳江干流中游（4）和漠阳江干流下游（5）反映 2015 年和 2020 年在不同径流条件下水质的变化情况（图 3.5-2、图 3.5-3）。

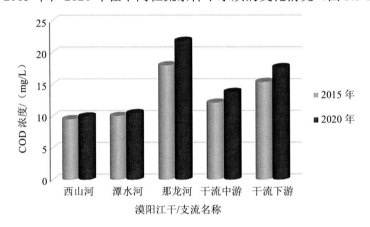

图 3.5-2　预案 A 中旱季 COD 平均浓度

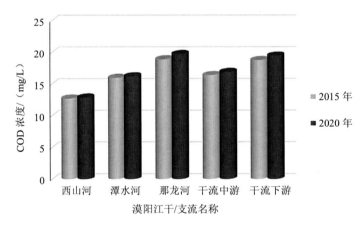

图 3.5-3　预案 A 中雨季 COD 平均浓度

根据预案 A 预测结果可知，随着人口数量的增加，工业、畜禽养殖发展规模逐渐扩大，入河污染物负荷增加，2020 年河流 COD 浓度均高于 2015 年。2015 年和 2020 年旱季平均浓度均低于雨季平均浓度。对比西山河下游、潭水河下游、那龙河下游、漠阳江干流中游和下游 5 个点水质变化可知，潭水河下游在 2015 年和 2020 年雨季 COD 浓度均大于 15 mg/L，超过地表水 II 类标准。那龙河 2020 年旱季 COD 平均浓度超过 20 mg/L，超过地表水III类标准。漠阳江干流下游点 2015 年 COD 浓度低于 2012 年，旱季尤为明显。

对比 3 个预案 2020 年预测结果，相比于预案 A，预案 B 减少了点源入河污染负荷量，预案 C 在预案 B 的基础上再减少面源入河污染负荷量，到 2020 年，不同预案中河流 COD 浓度值逐渐降低。尤其在预案 C 的预测结果中，西山河下游、潭水河下游、那龙河下游、漠阳江干流中游及下游均达到相应的地表水环境标准，水质得到明显改善。分别比较 2020 年旱季和雨季在不同预案中 COD 浓度的下降幅度，结果表明，旱季减少点源入河污染负荷对河流水质改善效果明显；雨季减少面源污染负荷对河流水质改善效果明显。

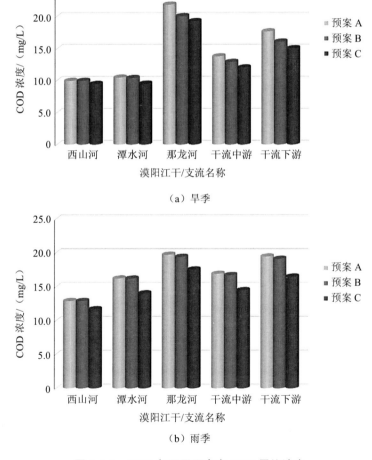

（a）旱季

（b）雨季

图 3.5-4　2020 年不同预案中 COD 平均浓度

第4章　珠三角典型河网区重污染河流整治规划编制实践——以乐平镇水系为例

　　乐平镇位于珠三角广佛经济圈核心地带，近年来社会经济各领域快速发展，是佛山市三水区首个工业总产值突破千亿元的大镇。随着社会经济和城镇化的快速发展，其环境压力也在持续升级，而地处珠江三角洲河网区、水道纵横交错、河网水质"牵一发而动全身"等本底水资源禀赋条件进一步加剧了该区治水难度。本章以乐平镇为例，介绍珠三角典型河网区重污染河流整治规划编制实践，规划于2018年编制完成，规划年限为2021—2026年，数据基准年为2017年。

　　规划采用了本书第1篇中的相关理论方法，在编制过程中，坚持系统全面、重点突出，并进一步聚焦重污染河涌的差异化特征和污染背后的深层次原因，以支撑推动科学治污、精准治污、依法治污。与其他专题相比，该规划在精细控制单元划分、目标倒逼及分解、河涌生态修复、方案可达性研究等方面开展了更为细致的研究工作。基于研究成果，规划提出了"加快污水处理设施及配套管网建设""严控畜禽养殖和面源污染""强化工业污染防治""开展河涌综合整治""强化入河排污口规范化管理"等5大条15小条主要任务措施，并围绕实现规划提出的目标和任务，提出了8项污水处理设施及管网建设、2项城镇生活污水处理厂提标改造、16项农村污水处理设施建设、1项生活垃圾处理处置；4项畜禽养殖整治、1项水产养殖治理、1项农业面源治理、5项工业企业整治、19项河涌综合整治共57项工程。

　　规划编制完成后，乐平镇基于规划陆续出台了一系列的相关行动计划方案，有效指导乐平镇开展全镇水污染防治攻坚工作。随着规划的深入实施，乐平镇通过推进"四源共治"，逐渐打出"控源截污、清淤疏浚、水系循环、生态修复"的系统治水"组合拳"，持续推进河涌水体治理，辖区水环境持续向好。2017年规划基准年时，镇内乐平涌干流及其支涌、左岸涌、西边涌、范湖引水涌北段较南段、太院涌等水质尚为劣Ⅴ类，污染极为严重，在佛山市的水环境质量排名较后，规划实施几年后，2021年年底，乐平镇水环境改善幅度在佛山市32个镇街中排名跃升至第6名；2022年1—4月，乐平涌、芦苞涌水质均值达到Ⅳ类，范湖引水涌、三丫涌、左岸涌、太院涌水质达标（达到Ⅴ类），西边涌水质较2021年同期改善明显，全镇水体水质同比改善率达到了41.72%，水环境质量得到持续显著改善。

4.1　区域概况

4.1.1　自然概况

（1）地理位置

乐平镇位于佛山市三水区中部，南与三水区云东海街道、南海区狮山镇接壤，东接广州市花都区，北临三水区芦苞镇，西接肇庆市四会市（图 4.1-1），总面积 198.5 km²，是广东省教育强镇、广东省卫生镇和广东省重点发展中心镇。镇内交通发达，佛山一环、珠二环高速、省道盐南线、三水大道、塘西大道、西乐大道跨境而过，距广州白云机场、佛山中心城区仅 30 min 车程。乐平镇行政区划见图 4.1-2。

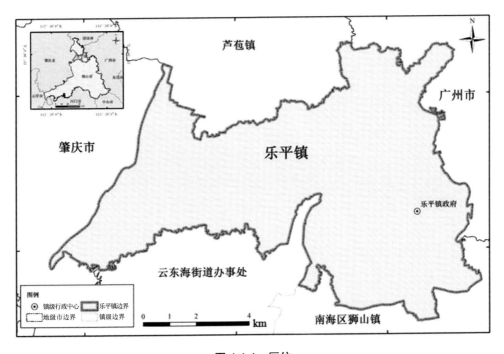

图 4.1-1　区位

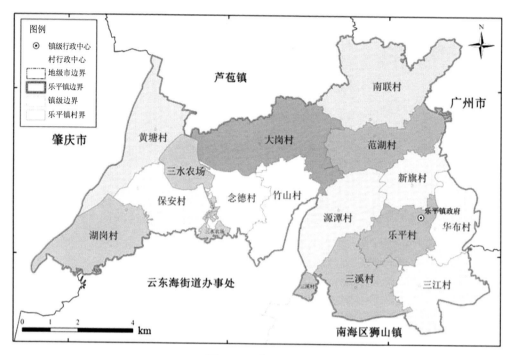

图 4.1-2　行政区划

（2）气候气象

乐平镇属南亚热带季风区，终年气候温和，光热充沛。春季潮湿多雨，夏季较热，时有暴雨，秋季晴多气爽，冬季温暖不寒。年总日照时长 1 934.4 h。多年平均气温 20～25℃，7 月气温最高，平均为 28.8℃，1 月气温最低，平均为 12.4℃。无霜期长达 354 d。雨量充沛，年平均降水量为 1 687.8 mm，降雨年内分配不均匀，雨量多集中在每年的 4—9 月，约占全年降水量的 80%，降雨年际变化也比较大，夏季受台风和低压气槽影响有暴雨和大暴雨，局部有特大暴雨降水过程。

（3）水文水系

1）主干内河涌

乐平涌大致呈南北走向，纵贯乐平镇，总长约 20.43 km，其流域面积约为 39.88 km²。北与芦苞镇同村涌、白土涌相接，南经海洲水闸出西南涌，流经南联、范湖、新旗、乐平、华布、三江等村居，是三水区十大河涌之一，也是乐平镇最主要的排涝、农业灌溉、引水主干河涌。

左岸涌是乐平镇的主要排灌涌道，贯穿乐平镇湖岗、保安、竹山、念德、大岗 5 个村委会和南丰劳教所、三水农场，长约 21.2 km，起于黄塘进水闸，与北江连接，止于凤岗水闸，于南海区狮山镇汇入西南涌，流域面积共约 86.86 km²。

三丫涌位于乐平镇中部，是乐平镇境内沟通乐平涌与左岸涌的一条大致呈东北—西南走向的主干涌道，起点于河南村附近接乐平涌，终点于竹山岗附近接左岸涌，水流最终经左岸涌上的丰岗水闸流入西南涌，涌道全长约 8.7 km，灌溉面积 1 km²，流域面积 1.5 km²。

西边涌位于乐平镇中部，呈南北走向，全长 6.22 km，北接乐平涌，南入左岸涌，连接乐平镇内两大内河涌。

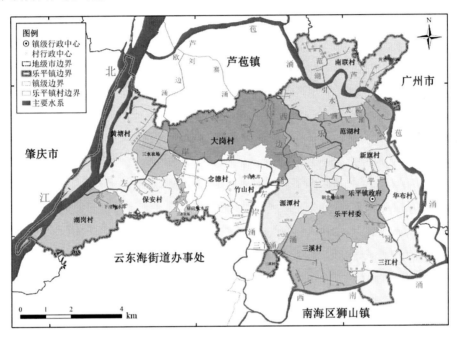

图 4.1-3　水系分布

范湖引水涌位于乐平镇最北面，全长 5.2 km，以芦苞涌分隔南北两段。范湖引水涌北段与芦苞涌接驳位置设计为一双向电排站，旱时从芦苞涌抽水进入范湖引水涌，涝时从范湖引水涌抽排进入芦苞涌。目前该电排站只保留排涝功能。范湖引水涌南段北起芦苞涌，南接乐平涌，穿越旧范湖镇区，长约 3.6 km。芦苞涌古云水闸引芦苞涌水进入流域用于农业灌溉等。

太院涌位于乐平镇范湖东面，全长 2.93 km。属于农业灌溉用排灌断头涌，连接范湖引水涌（南段）。

2）主要水库

黄婆坑水库起建于 1975 年，位于佛山市三水区乐平镇南联村委会，水域面积 8.59 万 m²，集雨面积 1.92 km²，库容 16.7 万 m³，属小（2）型水库，坝顶高程 11.6 m，坝身顶长度 524 m，溢洪道高程 9.3 m，灌溉面积 1 000 亩。主要功能为农业灌溉，排洪渠最终汇入范湖引水涌。

庙岗坑水库起建于 1960 年，位于佛山市三水区乐平镇念德村委会，水域面积 2.47 万 m²，集雨面积 0.12 km²，库容 19.4 万 m³，属小（2）型水库，坝顶高程 17 m，坝身顶长度 125 m，溢洪道高程 14.5 m，灌溉面积 1 200 亩。主要功能为农业灌溉，排洪渠最终汇入左岸涌。

中坑水库起建于 1955 年，位于佛山市三水区乐平镇竹山村委会，水域面积 3.17 万 m²，集雨面积 0.22 km²，库容 19.5 万 m³，属小（2）型水库，坝顶高程 12 m，坝身顶长度 125 m，溢洪道高程 10 m，灌溉面积 800 亩。主要功能为农业灌溉，排洪渠最终汇入左岸涌。

下涩池水库起建于 1958 年，位于佛山市三水区乐平镇保安村委会，水域面积 7.13 万 m²，集雨面积 0.33 km²，库容 17.12 万 m³，属小（2）型水库，坝顶高程 14.5 m，坝身顶长度 125 m，溢洪道高程 12.5 m，灌溉面积 1 500 亩。主要功能为农业灌溉，排洪渠最终汇入左岸涌。

红星水库起建于 1959 年，位于佛山市三水区乐平镇保安村委会，水域面积 6 万 m²，集雨面积 0.70 km²，库容 35.56 万 m³，属小（2）型水库，坝顶高程 14 m，坝身顶长度 132 m，溢洪道高程 12.5 m，灌溉面积 2 000 亩。主要功能为农业灌溉，排洪渠最终汇入左岸涌。

3）其他河流

北江、芦苞涌、西南涌也流经乐平镇，其中北江流经乐平镇西面的黄塘村、保安村、湖岗村；芦苞涌由三水区芦苞镇流经乐平镇南联村、范湖村、新旗村、华竼村，于南海区狮山镇汇入西南涌；西南涌由南海区狮山镇流经乐平镇三溪村、三江村。

4.1.2　社会经济状况

（1）行政区划与人口

乐平镇下辖范湖、乐平、念德 3 个社区，源潭、三江、竹山、大岗、湖岗、南联、范湖、乐平、念德、新旗、华竼、黄塘、保安、三溪 14 个建制村，有自然村 158 个，2017 年常住人口 184 495 人。

（2）经济发展状况

2017 年乐平镇地区生产总值 305.87 亿元，比上年增长 8.9%。工业总产值 1 005 亿元，比上年增长 11.3%，成为三水区首个工业总产值突破千亿元大镇。智能装备制造业产值占全镇工业总产值的 48%；财税入库 32.4 亿元，增长 23.5%；固定资产投资 191 亿元，增长 20.1%。新增投资额 211 亿元，增长 40.7%。

（3）土地利用现状

乐平镇土地利用方式中，坑塘水面、建制镇和水田为主要土地利用类型，分别占全镇土地总面积的 35.3%、14.2% 和 14.0%（表 4.1-1）。

表 4.1-1　乐平镇土地利用统计

土地利用类型		面积/km²
耕地	水田	26.82
	水浇地	1.81
	旱地	8.07
园地	果园	1.20
	其他园地	1.91
林地	灌木林地	1.05
	其他林地	2.37
	有林地	10.04
草地	其他草地	2.76
工矿仓储用地	采矿用地	0.72
特殊用地	风景名胜及特殊用地	1.34
交通运输用地	铁路用地	0.16
	公路用地	4.26
	农村道路	0.04
水域及水利设施用地	河流水面	9.09
	水库水面	0.14
	坑塘水面	67.34
	内陆滩涂	1.40
	沟渠	3.16
	沼泽地	0.01
	水工建筑用地	2.40
城市		0.34
建制镇		27.19
村庄		11.94
设施农用地		2.30
裸地		3.15

4.1.3　水环境状况

研究范围内共有 59 个水质断面,其中乐平涌干流断面 6 个,支涌断面 8 个;左岸涌干流断面 7 个,支涌断面 14 个;西边涌干流断面 3 个,支涌断面 2 个;三丫涌干流断面 4 个,支涌断面 2 个;范湖引水涌干流断面 7 个,支涌断面 2 个;太院涌干流断面 3 个;芦苞涌干流断面 1 个。芦苞涌古云桥、乐平涌海洲村及左岸涌塘西路等 3 个断面为市控断面。

根据 2015—2018 年的监测数据,乐平镇水质污染比较严重(图 4.1-4、图 4.1-5)。其中,乐平涌多年水质均为劣 V 类,污染程度呈逐年上升趋势,氨氮、总磷严重超标。沿程来看,污染呈加重趋势,其中乐平涌干流各断面水质均为劣 V 类,污染程度为重度污染至严重污染,沿程污染呈加重趋势,受乐平中心城区生活污染影响,乐平镇生活污水处理厂排污口下游污染最为严重，COD$_{Cr}$、氨氮、总磷均不同程度超标。

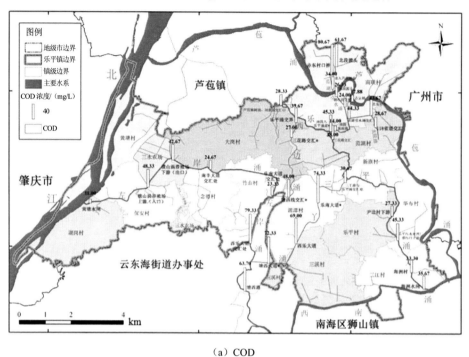

（a）COD

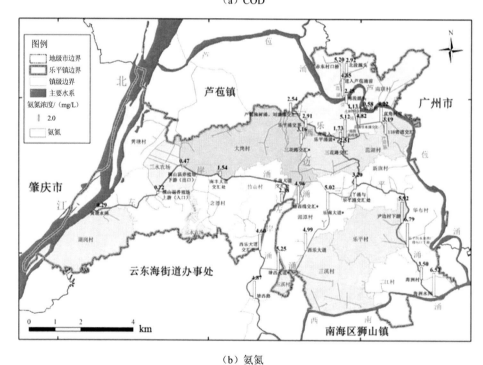

（b）氨氮

图 4.1-4 乐平镇主干河涌污染物沿程变化情况

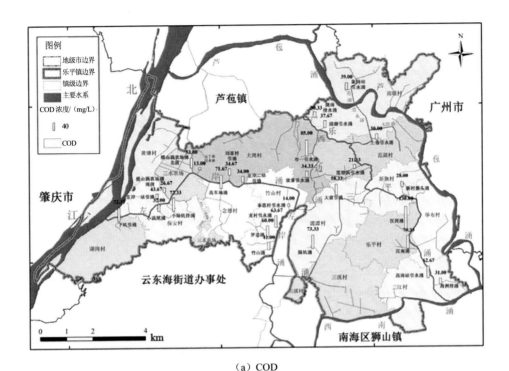

（a）COD

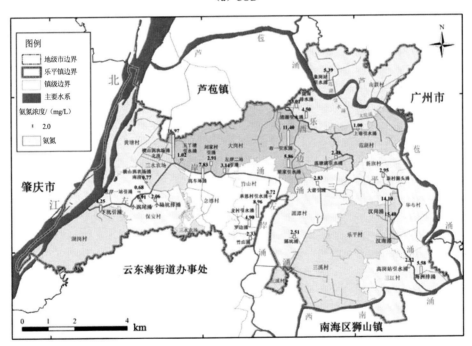

（b）氨氮

图 4.1-5　乐平镇主要支涌污染物沿程变化情况

左岸涌源头北江引水水质较好，可达Ⅱ类，南丰大道交汇断面达Ⅴ类，其余断面水质均为劣Ⅴ类，各断面污染程度为轻度污染～严重污染，受生活、农业、工业污染影响，沿程污染呈加重趋势，下游出境断面西乐大道断面处污染最为严重，COD_{Cr}、氨氮、总磷均不同程度超标。

西边涌各断面水质均为劣Ⅴ类，污染程度为中度污染～严重污染，西边涌源头乐平涌交界处污染最为严重，COD_{Cr}、氨氮、总磷均不同程度超标。

三丫涌各断面水质均为劣Ⅴ类，污染程度为中度污染～重度污染，沿程污染呈加重趋势，受沿程工业、农业、生活污染及支涌大前引涌水质影响，乐南大道断面处污染最为严重，COD_{Cr}、氨氮、总磷均不同程度超标。

范湖引水涌北段较南段污染更为严重，北段污染程度为重污染～严重污染，入芦苞涌处水质相对较好，赤东村口桥处污染最为严重，COD_{Cr}、氨氮、总磷均不同程度超标；南段污染程度为轻度污染～重度污染，新政路桥处污染最为严重，氨氮、总磷均不同程度超标，受古云水闸引水影响，水质有所改善，古云水闸引涌下游断面（南段朝红段交汇断面）水质较好，达地表水Ⅳ类，但往乐平涌方向受沿岸污染物排放影响水质呈恶化趋势。

太院涌各断面水质均为劣Ⅴ类，污染程度均为严重污染，下游与118省道交汇处污染最为严重，COD_{Cr}、氨氮、总磷均不同程度超标。9条主要支涌水质也不乐观，汉岗涌、汉南涌污染最为严重。

4.2 整治目标分解

4.2.1 总体整治目标

根据《广东省水功能区划》及佛山市制定的相关考核方案及整治方案，乐平涌、左岸涌和三丫涌2018—2020年水质目标已经明确，鉴于范湖引水涌和太院涌为乐平涌支涌，西边涌为左岸涌支涌，直接汇入乐平涌和左岸涌的河涌水质不得低于乐平涌和左岸涌的水质目标，因此范湖引水涌和太院涌水质目标与乐平涌一致，西边涌水质目标与左岸涌一致。

4.2.2 控制单元划分与目标分解

基于数字高程模型（DEM），综合考虑乐平镇河涌水系分布、村级行政区划、区域污染收集处理与排放特征等因素，将乐平镇划分为乐平涌控制单元、左岸涌控制单元、三丫涌控制单元、西边涌控制单元、范湖引水涌控制单元及太院涌控制单元等6个控制单元，并将整治目标分解至控制单元（表4.2-1、图4.2-1）。

表 4.2-1　乐平镇控制单元划分

序号	控制单元名称	河涌名称	涉及村（居）	市控断面名称
1	乐平涌	乐平涌	大岗村、范湖村、华布村、乐平村、南联村、三江村、新旗村、源潭村	海洲村
2	左岸涌	左岸涌	保安村、大岗村、湖岗村、黄塘村、念德村、源潭村、竹山村	塘西路
3	三丫涌	三丫涌	三溪村、源潭村	—
4	西边涌	西边涌	大岗村、范湖村、源潭村	—
5	范湖引水涌	范湖引水涌	范湖村、南联村	—
6	太院涌	太院涌	范湖村、南联村	—

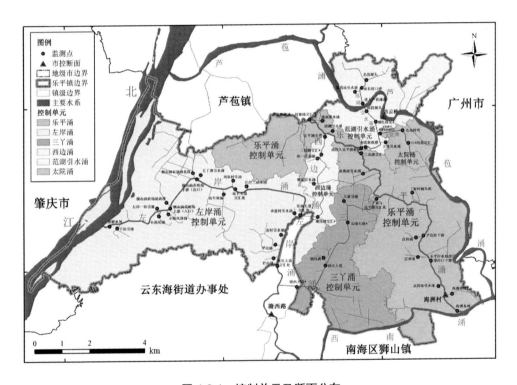

图 4.2-1　控制单元及断面分布

4.2.2.1　乐平涌控制单元

乐平涌控制单元内的主要内河涌为乐平涌，于三江村海洲闸出西南涌，控制单元内涉及乐平涌海洲村断面 1 个市控断面，控制单元纳污范围内的村（居）涉及大岗村、范湖村、华布村、乐平村、南联村、三江村、新旗村、源潭村等 8 个（表 4.2-2）。

表 4.2-2　2017 年乐平涌控制单元各村（居）委人口及污水处理情况

序号	控制单元内主干河涌	村（居）	常住人口/人	生活污水处理现状
1		大岗村	6 094	无
2		范湖村	8 341	无
3		华布村	6 569	部分纳入乐平镇生活污水处理厂
4	乐平涌	乐平村	27 522	部分纳入乐平镇生活污水处理厂和南部污水处理厂
5		南联村	652	无
6		三江村	24 597	部分纳入南部污水处理厂
7		新旗村	6 307	无
8		源潭村	182	无
合计			80 263	—

4.2.2.2　左岸涌控制单元

左岸涌控制单元内的主干内河涌为左岸涌，涉及 1 个市控断面：左岸涌塘西路断面。控制单元纳污范围内的村（居）涉及保安村、大岗村、湖岗村、黄塘村、念德村、源潭村、竹山村等 7 个，还有广东省南丰强制隔离戒毒所（表 4.2-3）。

表 4.2-3　2017 年左岸涌控制单元各村（居）委人口及污水处理情况

序号	控制单元内主干河涌	村（居）	常住人口/人	生活污水处理现状
1		保安村	4 580	无
2		大岗村	2 052	无
3		湖岗村	4 073	无
4	左岸涌	黄塘村	4 045	无
5		念德村	15 099	无
6		源潭村	1 262	无
7		竹山村	4 627	无
8		广东省南丰强制隔离戒毒所	4 000	无
合计			39 738	—

4.2.2.3　西边涌控制单元

西边涌控制单元内的主干内河涌为西边涌，控制单元纳污范围内的村（居）涉及大岗村、范湖村、源潭村等 3 个，还有广州工商学院（三水校区）（表 4.2-4）。

表 4.2-4　2017 年西边涌控制单元各村（居）委人口及污水处理现状

序号	控制单元内主干河涌	村（居）	常住人口/人	生活污水处理现状
1	西边涌	大岗村	1 687	无
2		范湖村	2 732	无
3		源潭村	735	无
4		广州工商学院（三水校区）	9 950	无
合计			15 104	—

4.2.2.4　三丫涌控制单元

三丫涌控制单元内的主干内河涌为三丫涌，控制单元范围内的村（居）涉及三溪村和源潭村，还有佛山职业技术学院和佛山市三水区理工学校（表 4.2-5）。

表 4.2-5　2017 年三丫涌控制单元各村（居）委人口及污水处理现状

序号	控制单元内主干河涌	村（居）	常住人口/人	生活污水处理现状
1	三丫涌	三溪村	15 759	部分纳入南部污水处理厂
2		源潭村	6 080	无
3		佛山职业技术学院	8 350	无
4		佛山市三水区理工学校	2 480	无
合计			32 669	—

4.2.2.5　范湖引水涌控制单元

范湖引水涌控制单元内的主要河涌为芦苞涌和范湖引水涌，控制单元内涉及 1 个市控断面：芦苞涌三水段（古云桥），控制单元范围内的村（居）涉及南联村和范湖村（表 4.2-6）。

表 4.2-6　2017 年范湖引水涌控制单元各村（居）委人口及污水处理现状

序号	控制单元内主干河涌	村（居）	常住人口/人	生活污水处理现状
1	范湖引水涌	范湖村	1 385	无
2		南联村	7 164	无
合计			8 549	—

4.2.2.6　太院涌控制单元

太院涌控制单元内的主干内河涌为太院涌，控制单元范围内的村（居）涉及南联村和范湖村（表 4.2-7）。

表 4.2-7　2017 年太院涌控制单元各村（居）委人口及污水处理现状

序号	控制单元内主干河涌	村（居）	常住人口/人	生活污水处理现状
1	太院涌	范湖村	7 900	无
2		南联村	272	无
合计			8 172	—

4.3　存在的问题辨识

4.3.1　生活污染源

4.3.1.1　生活污染排放现状

（1）生活污染产生情况

由于乐平镇已全镇城镇化，生活源污染主要是指城镇生活污染，采用人均产污系数法进行生活污染源产生量的估算（表 4.3-1）。根据乐平镇提供的数据，结合乐平镇的生活生产现状，2017 年乐平镇人均用水量为 191.85 L/（人·d），人均产污系数取 COD 61 g/（人·d），氨氮 8.86 g/（人·d），总磷 0.92 g/（人·d）。据估算，乐平镇生活污水总排放量为 2.83 万 t/d，生活源污染物产生量为 COD 4 107 t/a、氨氮 596 t/a、总磷 62 t/a，乐平涌控制单元污染物排放量最高，其次为左岸涌控制单元，太院涌控制单元污染物排放量最小。

表 4.3-1　2017 年乐平镇各控制单元生活污染源负荷估算结果　　　　单位：t/a

序号	控制单元	污染物产生量		
		COD	氨氮	总磷
1	乐平涌	1 787.05	259.56	26.95
2	左岸涌	884.77	128.5	13.34
3	三丫涌	727.37	105.65	10.97
4	西边涌	336.29	48.84	5.07
5	范湖引水涌	190.35	27.65	2.87
6	太院涌	181.95	26.43	2.74

（2）污水处理情况

2017 年，乐平镇只有乐平村、华垴村、三溪村、三江村部分生活污水纳入污水处理厂集中处理，其余生活污水均未处理。根据纳入污水处理设施服务范围内人口数量占控制单元人数比例估算各控制单元生活污水处理率，乐平镇污水处理率仅为 33.76%，乐平涌控制单元污水处理率为 60.46%，三丫涌控制单元污水处理率为 42.12%（表 4.3-2）。

表 4.3-2　区域内各控制单元生活污水处理现状统计

序号	控制单元	村（居）	常住人口/万人	生活污水处理现状
1	乐平涌	华垌村、乐平村、三江村	5.8	部分纳入乐平镇生活污水处理厂和南部污水处理厂
		其他	2.2	无
2	左岸涌	全部	4.0	无
3	西边涌	全部	1.5	无
4	三丫涌	三溪村	1.6	部分纳入南部污水处理厂
		其他	1.7	无
5	范湖引水涌	全部	0.9	无
6	太院涌	全部	0.8	无

1）集中式污水处理设施

截至 2017 年，乐平镇已建成城镇污水处理厂两座，处理能力共 5.5 万 t/d。其中，乐平镇生活污水处理厂（0.5 万 t/d）现状执行《城镇污水处理厂污染物排放标准》（GB 18918—2002）一级 B 标准（以下简称一级 B 标准），主要收集乐平村和华垌村部分生活污水，2017 年负荷率为 59.1%。南部污水处理厂现状执行一级 B 标准及广东省地方标准《水污染物排放限制》（DB 44/26—2001）第二阶段一级标准两者中较严者，主要收集处理佛山高新区三水园（南园）内工业废水和生活污水，此外收集三江村、三溪村和乐平村的部分生活污水，2017 年超负荷运行，氨氮年均进水浓度严重偏低，仅 7.38 mg/L。

乐平镇在建污水处理设施两座，分别为范湖污水处理厂和南边污水处理厂。其中，范湖污水处理厂服务范围为乐平镇旧生活城区和范湖开发区，近期规模 1.5 万 m³/d，远期总规模 3 万 m³/d，受纳水体为乐平涌。南边污水处理厂服务范围包括南丰大道西侧工业地块、左岸涌北侧工业地块及旧生活城区，近期规模 1.5 万 m³/d，远期总规模 2.5 万 m³/d，受纳水体为左岸涌。两座污水厂均执行《城镇污水处理厂污染物排放标准》（GB 18912—2002）的一级 A 标准及广东省地方标准《水污染物排放限值》（DB 44/26—2001）第二时段一级标准中的较严者。

2）分散式污水处理设施

乐平镇已建成分散式污水处理设施 32 座，其中 10 座于 2016 年开始建设，22 座于 2017 年开始建设，计划 2018 年年底全部运行，服务人口共 16 608 人，处理规模共 1 690 t/d。

乐平镇生活污水处理设施分布情况见图 4.3-1。

（3）污水排放情况

参考《佛山市水资源综合规划修编》，未经污水处理设施处理的生活源污染物入河系数取为 0.8。在对乐平镇各控制单元生活污染物产生量估算的基础上，扣除污水处理设施削减的污染物排放量，估算得到各控制单元污染物入河情况。2017 年，乐平镇生活污染源 COD 入河量达 2 198.92 t，氨氮入河量达 318.49 t，总磷入河量达 32.94 t，从各控制单元来看，左岸涌控制单元生活污染负荷最大，其次为乐平涌控制单元，太院涌控制单元生活源污染负荷最小（表4.3-3）。

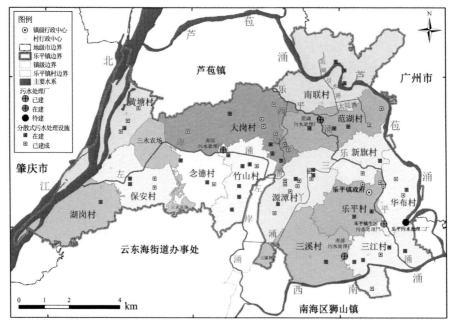

图4.3-1　乐平镇生活污水处理设施分布

表4.3-3　2017年乐平镇各控制单元污染负荷估算结果

序号	控制单元	污水排放量/万 t	污水处理率/%	污染物入河量/（t/a）		
				COD	氨氮	总磷
1	乐平涌	1.23	60.46	587.44	84.43	8.64
2	左岸涌	0.61	0	707.81	102.81	10.68
3	西边涌	0.23	0	269.03	39.08	4.06
4	三丫涌	0.50	42.12	336.80	48.92	5.08
5	范湖引水涌	0.13	0	152.28	22.12	2.30
6	太院涌	0.13	0	145.56	21.14	2.20
	合计	2.83	33.76	2 198.92	318.49	32.94

4.3.1.2　生活污染排放预测

（1）各控制单元内人口预测

根据《佛山市三水区国民经济和社会发展第十三个五年规划纲要》，2020年三水区常住人口控制在68万人以内，相对2015年增长6.25%，年均增长率为1.21%，预计2019年和2020年乐平镇人口分别为188 973人和191 252人。

（2）人均生活用水量预测

根据《三水区乐平镇排水控制性详细规划》，2020 年，乐平镇生活用水量为 240 L/（人·d），预计 2020 年年底乐平镇城镇生活污水排放量约为 3.67 万 t/d。

（3）生活污水处理情况预测

综合考虑不利因素的影响，预测期污水处理率和现有污水处理厂负荷率按现状计算。

根据以上条件和情景分析，预测得到 2018—2020 年乐平镇各控制单元生活源污染负荷情况（表 4.3-4）。

表 4.3-4　2018 年乐平镇各控制单元生活源污染负荷预测

序号	控制单元	人口/人	用水量/（万 t/d）	污水排放量/（万 t/d）	污染物入河量/（t/a）		
					COD	氨氮	总磷
1	乐平涌	81 231	1.56	1.25	594.25	85.42	8.74
2	左岸涌	40 217	0.77	0.62	716.35	104.05	10.80
3	西边涌	15 286	0.29	0.23	272.28	39.55	4.11
4	三丫涌	33 063	0.63	0.51	340.87	49.51	5.14
5	范湖引水涌	8 652	0.17	0.13	154.11	22.38	2.32
6	太院涌	8 271	0.16	0.13	147.32	21.40	2.22
	合计	186 721	3.58	2.87	2 225.18	322.31	33.34

4.3.1.3　存在的主要问题

（1）污水处理能力存在缺口

乐平镇目前仅有两座污水处理厂，其中乐平镇生活污水处理厂处理乐平镇中心城区的生活污水，污水处理规模仅 0.5 万 t/d，南部污水处理厂污水处理规模为 5 万 t/d，但其处理的主要是三水工业园区的工业废水和园区内的生活污水，范湖片区、南边片区城镇生活污水处理能力几乎为零，2017 年乐平镇生活污水排放量约为 2.83 万 t/d，而处理率仅为 33.76%，生活污水处理能力远远不够。此外，2016—2017 年，虽然区域内绝大部分建制村均建成了分散式污水处理设施，但是基本都未能正常运行，生活污水直排现象普遍。

（2）管网建设滞后

乐平镇已建污水处理设施配套管网不完善，2017 年乐平镇生活污水处理厂负荷率仅为 59.1%。范湖污水处理厂和南边污水处理厂主体工程虽然已经建成，但是管网建设滞后，范湖污水处理厂目前仅建成配套管网约 2.8 km，南边污水处理厂管网仅铺设了约 4.7 km，2018 年要达到 70% 的生活污水处理厂负荷率目标有较大难度。乐平镇现状排水体制以雨污合流制为主，对污水处理厂的正常运营也造成一定影响，雨天时，生活污水的进水浓度会偏低，不利于活性污泥的生长，污水处理效果也会大打折扣，一旦出现暴雨天气，生活污水会溢出进入河涌，直接对河涌水质产生影响。管网建设滞后直接导致污水处理设施现状效益不佳，2017 年，已建成的两座污水处理厂尤其是南部污水处理厂污染物进出水浓度差偏低，COD 进出水浓度差 100 mg/L，氨氮进出水浓度差约 6.5 mg/L，污染物削减效果不理想。

4.3.2 工业污染源

4.3.2.1 工业污染排放现状

乐平镇有 1 座市级工业园，为佛山高新区三水园（南园），除此之外，区域内还存在村级工业区。2017 年乐平镇涉水重点工业企业共 97 家（图 4.3-2），其中规模以上涉水企业 80 家，主要为中小型企业。涉水企业多聚集于乐平镇东南部，即乐平涌流域下游段，少数分布于乐平镇东北部的范湖片区和中部的南边片区。97 家涉水企业分属 18 种行业类型，包含有色金属冶炼和压延加工业、金属制品业等行业。目前佛山高新区三水园（南园）有 1 座南部污水处理厂，主要处理佛山高新区三水园（南园）的工业废水，其余区域未配置工业废水处理设施。

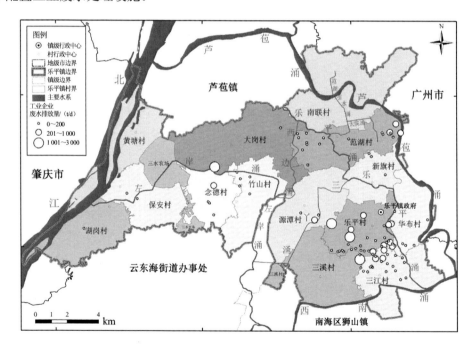

图 4.3-2 工业企业分布

根据环保数据统计，乐平镇 2017 年废水、COD、氨氮、总磷排放量居前的产业类型主要为有色金属冶炼和压延加工业、电气机械和器材制造业、金属制品业（表 4.3-5）。

表 4.3-5　2017 年乐平镇工业污染源排放负荷估算结果

序号	行业类别	工业企业数/家	工业废水排放量比例/%	COD 排放量比例/%	氨氮排放量比例/%
1	有色金属冶炼和压延加工业	27	65.41	55.19	83.57
2	电气机械和器材制造业	7	15.87	9.77	3.50
3	金属制品业	12	7.24	12.08	7.35
4	纺织业	2	3.89	2.31	1.01
5	非金属矿物制品业	10	1.98	1.44	0.07
6	其他	39	5.61	19.21	4.5
	合计	97	100	100	100

根据污染物平均排放浓度和各控制单元的工业用水量数据（取排水系数为 0.8），估算出各控制单元的工业源污染负荷。由于缺少总磷的统计数据，流域内总磷排放浓度参考已有研究成果，工业废水总磷排放浓度取 1 mg/L，工业源入河系数取 1。

乐平镇 2017 年废水排放总量为 1 440.77 万 t，COD、氨氮、总磷入河量分别为 442.77 t、66.26 t、14.41 t，乐平涌控制单元工业污染物入河量最大，占乐平镇工业源总入河量的 50% 以上（表 4.3-6）。

表 4.3-6　2017 年乐平镇各控制单元工业污染源排放负荷估算结果

序号	控制单元	工业废水排放量/万 t	COD入河量/t	氨氮入河量/t	总磷入河量/t	平均排放浓度/（mg/L）		
						COD	氨氮	总磷
1	乐平涌	809.42	282.94	37.26	8.09	34.96	4.60	1
2	左岸涌	235.24	60.14	5.88	2.35	25.57	2.50	1
3	西边涌	30.30	7.72	3.02	0.30	25.49	9.96	1
4	三丫涌	211.54	35.58	11.69	2.12	16.82	5.53	1
5	范湖引水涌	—	—	—	—	—	—	—
6	太院涌	154.26	56.38	8.40	1.54	36.55	5.45	1
	合计	1 440.77	442.77	66.26	14.41	30.73	4.60	1

4.3.2.2　工业污染排放预测

根据《佛山市江河涌综合整治行动方案（2015—2020 年）》，佛山城市内河涌整治严格执行建设项目主要污染物排放总量前置审核制度，实行控制单元内污染物排放"等量置换"或"减量置换"，综合考虑不利因素的影响，则预测期工业污染源负荷按保持现状不变计算（图 4.3-2）。

4.3.2.3 存在的主要问题

（1）产业结构布局不尽合理

从工业类型结构角度看，相对于其他工业类型，乐平镇区域内有色金属冶炼和压延加工业数量最多，且在废水排放量、COD 排放量、氨氮排放量中占工业污染物排放总量比例大，均占一半以上，属排污量大的类型。另外，乐平镇现有工业企业分布较零散，目前仅有 1 个市级工业园区（三水工业园），不利于工业废水的统一处理和环保部门的有效监管。从环保部门统计的数据来看，工业企业主要集中在乐平涌下游，企业数量最多的有色金属冶炼和压延加工类型的企业，零散分布在 8 个建制村。镇内部分建制村内仍然存在"散、乱、污"企业。

（2）企业监管有待进一步加强

乐平镇只有部分企业安装了进出水流量计，且其中很大部分企业进水流量计或出水流量计未正常使用，部分企业甚至出现出水流量比进水流量多的情况。部分企业有偷采地下水用于企业生产现象，需进一步加大监管力度，严厉打击企业违法犯罪行为。

4.3.3　农业污染源

4.3.3.1　畜禽养殖污染排放现状及预测

2017 年乐平镇畜禽养殖总量约 84.4 万头（猪当量）。其中，畜养殖总量 476 459 头，以猪为主，另有少量牛、羊；家禽养殖总量 9 299 611 羽，主要养殖种类为鸡、鸭、鹅、鸽子、鹌鹑。从集约化程度来看，乐平镇规模化畜禽养殖数量远低于散养养殖数量，范湖引水涌控制单元、三丫涌控制单元、左岸涌控制单元规模化养殖量与散养数量比值低于全镇平均水平，其中范湖引水涌控制单元畜禽养殖集约化程度最低（图 4.3-3）。从养殖废水处理情况来看，2017 年乐平镇规模化畜禽养殖清粪方式为干清粪，污水处理方式主要为直接农业利用，部分进入鱼塘用于水产养殖。散养畜禽养殖基本没有配套污水处理设施，污水处理方式主要为自然削减。

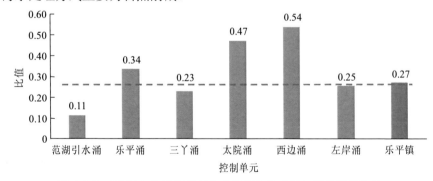

图 4.3-3　2017 年各控制单元畜禽规模化养殖量与散养数量比值

采用排泄系数法核算畜禽养殖污染负荷，2017 年乐平镇畜禽养殖 COD、氨氮、总氮、总磷污染物入河量依次为 1 214.12 t、255.52 t、554.24 t、71.77 t。乐平涌控制单元、左岸涌控制单元畜禽养殖污染负荷较高，其次为范湖引水涌控制单元、三丫涌控制单元，太院涌控制单元、西边涌控制单元污染负荷相对较小。

2018 年乐平镇的禁养区内已无畜禽，且 2019 年全面清除全镇生猪养殖，在佛山市畜禽养殖总量控制的情况下，综合考虑不利因素的影响，畜禽养殖总量不变，2020 年污染负荷预测值与 2019 年持平，由此预测得到各年度畜禽养殖污染排放量、入河量（表4.3-7、表4.3-8）。

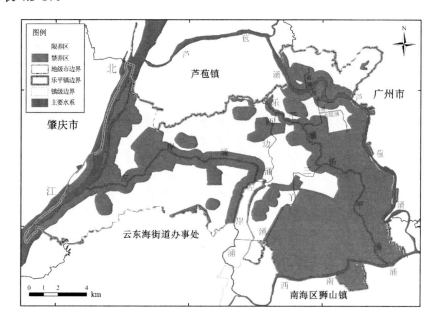

图 4.3-4　乐平镇畜禽禁限养区划分

表 4.3-7　2018 年各控制单元畜禽养殖污染负荷预测结果

所在控制单元	污染物产生量/（t/a）				污染物入河量/（t/a）			
	COD	氨氮	总氮	总磷	COD	氨氮	总氮	总磷
范湖引水涌	237.65	42.96	92.20	13.97	74.88	14.38	30.99	4.41
乐平涌	500.14	114.14	248.82	29.67	186.35	49.34	108.43	11.13
三丫涌	141.60	32.68	71.29	8.40	53.20	14.26	31.36	3.18
太院涌	42.52	9.54	20.78	2.52	15.65	4.06	8.92	0.93
西边涌	47.59	11.48	25.11	2.83	18.48	5.19	11.45	1.11
左岸涌	456.99	104.02	226.72	27.11	169.94	44.86	98.57	10.15
合计	1 426.49	314.82	684.92	84.50	518.50	132.09	289.73	30.92

表 4.3-8 2019 年、2020 年各控制单元畜禽养殖污染负荷预测结果

所在控制单元	污染物产生量/（t/a）				污染物入河量/（t/a）			
	COD	氨氮	总氮	总磷	COD	氨氮	总氮	总磷
范湖引水涌	21.06	3.54	7.57	1.23	6.32	1.06	2.27	0.37
乐平涌	167.73	33.97	73.50	9.90	57.27	13.08	28.52	3.40
三丫涌	17.79	5.40	11.95	1.07	8.26	2.83	6.30	0.50
太院涌	0.25	0.04	0.09	0.01	0.08	0.01	0.03	0.00
西边涌	24.25	5.03	10.91	1.43	8.43	1.99	4.35	0.50
左岸涌	171.06	33.66	72.68	10.09	57.21	12.55	27.29	3.39
合计	402.14	81.65	176.70	23.74	137.56	31.53	68.75	8.16

4.3.3.2 水产养殖污染排放现状及预测

乐平镇水产养殖均为池塘养殖，2017 年水产养殖总面积 2 069.07 hm²，苗种投放量达到 308.85 万 t，西边涌控制单元、范湖引水涌控制单元、太院涌控制单元水产养殖面积占各控制单元总面积比例高于全镇平均水平（图 4.3-5）。

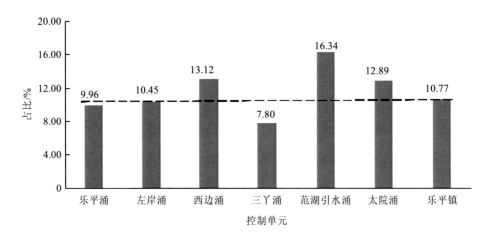

图 4.3-5 各控制单元水产养殖面积占各控制单元总面积比例

采用产排污系数法进行估算，根据水产养殖面积，COD、氨氮、总磷排污系数分别取 74.5 kg/（hm²·a）、5.54 kg/（hm²·a）、2.85 kg/（hm²·a），入河系数取 0.3。乐平镇水产养殖 COD、氨氮、总磷入河量依次为 46.24 t、3.44 t、1.77 t。左岸涌控制单元、乐平涌控制单元水产养殖污染负荷最高，其次为范湖引水涌控制单元，三丫涌控制单元、西边涌控制单元、太院涌控制单元污染负荷相对较低（表 4.3-9、图 4.3-5）。

表 4.3-9　各控制单元水产养殖污染源污染负荷现状估算结果

控制单元	污染物排放量/（t/a）			污染物入河量/（t/a）		
	COD	氨氮	总磷	COD	氨氮	总磷
乐平涌	46.77	3.48	1.79	14.03	1.04	0.54
左岸涌	53.02	3.94	2.03	15.91	1.18	0.61
西边涌	6.85	0.51	0.26	2.05	0.15	0.08
三丫涌	15.25	1.13	0.58	4.57	0.34	0.17
范湖引水涌	26.26	1.95	1.00	7.88	0.59	0.30
太院涌	5.99	0.45	0.23	1.80	0.13	0.07
合计	154.15	11.46	5.90	46.24	3.44	1.77

根据地方规划，佛山市计划在 2023 年实现渔业由数量型向质量型转变，全市规划水产养殖总面积较 2013 年减少，综合考虑不利因素的影响，预测 2019—2020 年水产养殖负荷按照现状不变计算。

4.3.3.3　农业种植污染排放现状及预测

乐平镇农田总面积 45 130 亩，其中水田 29 315 亩、旱地 9 891 亩、水浇地 5 924 亩。乐平涌控制单元、范湖引水涌控制单元农田面积占比相对较高，乐平涌控制单元化肥施用强度较其他控制单元大（图 4.3-6）。

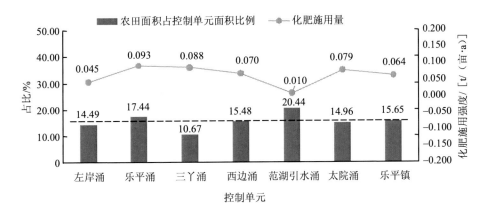

图 4.3-6　2017 年乐平镇各控制单元农田面积占比及化肥施用强度对比

采用标准农田法计算农业面源污染负荷，农田径流面源年均入河系数取 0.1。2017年，乐平镇农业面源 COD、氨氮、总氮和总磷污染物入河量依次为 90.74 t、18.15 t、36.29 t和 2.99 t。左岸涌控制单元、乐平涌控制单元农业面源污染负荷较高。

按照地方规划，乐平镇土地利用类型在短期内不会发生大的变化，综合考虑不利因素的影响，2018—2020 年农业面源污染负荷按照现状不变计算。

4.3.3.4 存在的主要问题

（1）畜禽集约化养殖程度低，粪污处理设施配套不完善

乐平镇全镇畜禽集约化养殖程度低，规模化养殖量（猪当量）与散养养殖量比值仅为 0.27，其中范湖引水涌控制单元、三丫涌控制单元、左岸涌控制单元畜禽规模化养殖数量远低于散养养殖数量，范湖引水涌控制单元畜禽集约化养殖程度仅达到全镇平均水平的 41%。华坵村、三江村域均被划定为禁养区，但村内仍有数量可观的畜禽养殖。同时，尽管乐平镇规模化畜禽养殖的清粪方式均为干清粪，但所收集污水直接农业利用或排入鱼塘，全镇畜禽养殖均未配套粪污处理设施，畜禽养殖污染治理水平低，畜禽养殖对周边环境污染风险大。

（2）水产养殖布局不合理，鱼塘水直接外排现象普遍

乐平镇水产养殖布局不合理，各控制单元养殖密度差异化大，西边涌控制单元、范湖引水涌控制单元、太院涌控制单元水产养殖密度高于全镇平均水平。水产养殖未配备污水处理设施，鱼塘年底干塘时抽排进入河涌，容易对周边水环境造成影响；养殖户为了控制或改善鱼塘水质，存在直接将受污染富营养化鱼塘水更换外排至河涌的现象。此外，畜禽养殖粪便多就近排入鱼塘用于水产养殖，如过量排放易引发鱼塘水体富营养化。

（3）农田施用化肥农药不合理，污染防控基础薄弱

乐平镇部分控制单元化肥年均施用强度较高，乐平涌控制单元、三丫涌控制单元化肥年均施用强度高于佛山市平均水平［0.080 t/（a·亩），2016 年］，其中乐平涌控制单元化肥年均施用强度达到 0.093 t/（a·亩），居各控制单元之首，是化肥年均施用强度最低的控制单元——范湖引水涌控制单元的 9.3 倍，过量施用的化肥会通过灌溉和降雨进入周边水体。此外，乐平镇水田、水浇地面积总和累计达到全镇农田面积的 78%，但现阶段全镇农田均未配备排水设施，未有效利用的化肥、农药易随自然漫流的农田排水进入周边排水沟最终汇入河涌。

4.3.4 河涌生态修复

4.3.4.1 生态补水

乐平镇现有黄塘泵站和古云泵站两个引水泵站，均属灌溉泵站。黄塘泵站位于左岸涌源头，引北江水入左岸涌，以改善左岸涌水体水质，设计流量为 5.3 m³/s；2017 年全年补水共 1 927 台时，全年最大补水量达 1 838.36 万 m³，2018 年 1—4 月补水时间为 380 台时，最大补水量达 362.52 万 m³（表 4.3-10）。古云泵站位于乐平涌源头，引芦苞涌水

入乐平涌，目前设计流量为 11.77 m³/s。

表 4.3-10　黄塘泵站补水情况

泵站名称	补水来源	补水去向	泵站设计流量/（m³/s）	装机台数/台	2017 年		2018 年 1—4 月	
					补水时间/（台·h）	月均最大补水量/万 m³	补水时间/（台·h）	月均最大补水量/万 m³
黄塘泵站	北江	左岸涌	5.3	2	1 927	153.2	380	90.63

4.3.4.2　生态修复

为加快推进乐平镇水环境整治工作，改善乐平镇水环境状况，乐平镇对乐平涌、左岸涌、西边涌、三丫涌等主干河涌和汉岗涌、新村支涌及竹山涌等支涌开展了生态修复（表 4.3-11）。

表 4.3-11　乐平镇河涌生态修复情况

河涌	修复内容	修复范围
乐平涌	生态修复	乐平涌与西二环交汇处至乐平镇生活污水处理厂东侧，约 7 km
左岸涌	污水异位生态修复与原位生态修复相结合	黄塘进水闸至西乐大道断面处，约 17 km
西边涌	生化治理、生态提升	西边涌
三丫涌	生化治理、生态提升	三丫涌
汉岗涌	生态修复	汉岗涌主涌，约 770 m
新村支涌及竹山涌	截污控源+内源治理+水质净化	

（1）乐平涌生态修复

乐平涌是乐平镇最主要的排涝和引水主干河涌，其生态修复范围起点位于乐平涌与西二环交汇处，终点至乐平镇生活污水处理厂东侧，总长约 7.0 km。生态修复主要采取工程措施和非工程措施，其中工程措施主要包括四个方面：

①利用河道治理设施建设增加河涌水体置换性，主河涌采用膜生物反应器（MBR）处理措施，选择在乐平涌设计起点和终点附近各建一套膜生物反应器，用于控制及置换河涌治理范围河段内水体，通过该措施实现河涌保持景观水位，对乐平涌上游污染水体、下游感潮水体进行治理，优化进入治理段的河涌水质；支流河涌采用拦水闸措施，选择在乐平涌治理河段内的 5 条小支流河涌及排渠口，均建设钢架闸门阻隔，混凝土钢架拦水闸底部为支流设计底部−0.5 m，过水净宽度为支流设计宽度+0.6 m，并将 5 条主要支流

水体进行旁路强化处理，最终汇入主河涌治理段内，从而有效阻隔主干支流新增污染。

②利用强氧化水生化处理系统建设对排主涌处污染水体进行净化，乐平涌选择沿岸有利地理位置共建设 3 座强氧化水处理系统，选择乐平涌与西二环交汇处南面（规划建设桑基鱼塘）30 亩、乐平涌与新旧村涌交汇处 11 亩、乐平涌与汉南涌交汇处 12.5 亩分别建设 1 座强氧化水处理系统，占地面积共约 53.5 亩；乐平涌与西二环交汇处南面强氧化水处理系统建设包括强氧化混凝系统、污泥处置系统、人工湿地系统、氧化塘生物留置系统；乐平涌与新旧村涌交汇处、乐平涌与汉南涌交汇处强氧化水处理系统建设包括强氧化混凝系统、加强型氧化塘生物留置系统。

③利用膜生物强氧化反应系统建设对汇入的支涌水体进行净化，乐平涌选择在 5 条被截污的主要支流河段内选取合适位置，分别建造 5 座膜生物强氧化反应组合治理药剂投放系统，对该 5 条主要支流水体进行旁路强化处理，净化后最终汇入乐平涌治理段内；系统处理池建设方式采用地埋式，每座膜生物强氧化反应系统占地面积约 0.3 亩，共 5 处，合计占地约 1.5 亩。

④乐平涌生态修复采用"互联网+河涌治理"智能系统进行长期监测，系统建成包括河道治理设施智能化控制、河道治理水质监控、河道水情监控、河道视频监控等内容，通过建设河涌治理监控中心子系统、河涌治理现场控制子系统、河涌治理水质监测子系统、光纤通信网络子系统，对河流重要的断面和排污口进行监测。

（2）左岸涌生态修复

修复范围起点位于三水区黄塘进水闸，至左岸涌西乐大道断面处，长度约 17 km，采用"污水异位生态修复与原位生态修复相结合"的水生态修复技术，具体修复内容包括三部分：

①采用异位生态修复系统对河涌进行优质水补水，租用 3 个鱼塘（各约 50 亩）作为生态修复塘，选址于左岸涌宝苞农场段、左岸涌罗边段、左岸涌乐华西路段，抽调经过生态修复的优质水源稀释河涌污染，提高河涌水体透明度；3 个异位生态修复塘面积共 150 亩，保持水深 1.2～1.5 m，总容积约为 149 850 m³，水体停留时间拟为 7 d，生态修复塘调入左岸涌水体 21 400 m³/d，黄塘泵站调入北江水源 15 000 m³/d，合计 36 400 m³/d，则 6 d 可以换一次左岸涌治理范围内的所有水体。

②采用一体化污水处理系统原位减轻排入河涌的污染，选择左岸涌 3 处污染源头严重的地方安装一体化污水处理设备进行预处理，将这些污水经过就地生化处理后再排入河涌；每套一体化污水处理设备占地面积约 50 m²，均为可移动式装置，每套设备的装机容量为 20 kW，使用功率为 8 kW，每台一体化污水处理设备可处理污水量为 500 t/d，左岸涌一体化污水处理系统能够处理水量共 1 500 t/d。

③系统恢复河涌生态系统多样性和稳定性，选择与异位生态修复系统相同位置的河

段设置景观植物布置区，采用"悬浮式生物浮岛技术"进行沉水植物种植，恢复水底植被，投加浮游动物，控制水体中悬浮物和浮游生物藻类数量，进一步提高水体透明度。

（3）西边涌生态修复

西边涌生态修复主要内容包括生化治理、生态提升，具体内容包括：

①采用"复合酶有益菌修复技术+微孔曝气技术+生物膜强化修复技术"对河涌水质进行原位生态处理，去除水体中 COD、BOD、氨氮、总磷等污染物，同时提升水体溶解氧。

②西边涌内微孔曝气管网将进行分段式布置，第一治理段微孔曝气管网 2 000 m 起于三花公路，止于新旺自然村，其目的是对西边涌上游来水（乐平涌来水）进行富氧曝气，同时三花公路下游段承接部分分散的工业、生活、商业污水，通过第一段微孔曝气管网的富氧曝气保证生化反应有序进行；第二段微孔曝气管网 1 000 m 起于禾安庄自然村，止于西边涌湿地公园，作用于该段养殖业及种植业污染源，消除其对西边涌水质的影响。

③根据西边涌污染源种类划分在治理段布置安装生物强化膜。西边涌日平均水量约为 211 593 m³/d，即每小时流量为 8 816 m³/h，西边涌 BOD_5 浓度约为 14.6 mg/L，通过计算，填料需要布置共计 5 550 组，在第一治理段内共计投放 3 300 组，布置起点为三花公路上游 100 m，终点在新旺自然村附近，共计布置长度约为 2 200 m，每 10 m 安装 1 组套，每组套安装 15 组，在第二治理段内共计投放 2 250 组，布置起点为禾安庄自然村，终点为西边涌湿地公园，共计布置长度约为 1 500 m，每 10 m 安装 1 组套，每组套安装 15 组。

（4）三丫涌生态修复

三丫涌生态修复工程措施与西边涌相似，主要内容包括生化治理、生态提升，在减少外来污染源后对河涌进行原位生态治理，分别采用底泥污染物锁定技术、复合酶有益菌修复技术、微孔曝气技术、生物膜强化修复技术、微纳气泡水发生技术以及微晶体矿石水质净化技术，对河涌内现存的溶解氧、COD、氨氮、总磷、总氮等进行综合处理，其中：

①三丫涌内微孔曝气管网将进行分段式布置，第一治理段微孔曝气管网 1 000 m 起于大前引涌支流，止于乐华西路以南 100 m 处，其目的是对三丫涌上游来水（乐平涌来水）进行富氧曝气，同时段承接部分分散的工业、生活、商业污水与种植及养殖废水，通过第一段微孔曝气管网的富氧曝气保证生化反应有序进行；第二段微孔曝气管网 2 150 m 起于丰业大道，止于西乐大道，作用于该段工业、生活、商业污染，养殖业及种植业污染，消除其对三丫涌水质的影响；第三段曝气段 1 200 m 起于佛山职业技术学院，止于兴业北路，该段河涌主要污染源为第二段来水以及西乐大道至左岸涌附近种植业、养殖业面源污染及鱼塘废水。

②根据三丫涌污染源种类划分在治理段布置安装生物强化膜。三丫涌日平均水量约

为 372 267 m³/d，即每小时流量为 15 511 m³，三丫涌 BOD₅ 浓度约为 18.3 mg/L，通过计算，填料需要布置共计 3 800 组，在第二治理段内共计投放 2 200 组，布置起点为丰业大道，终点为西乐大道，共计布置长度约为 2 200 m，每 10 m 安装 1 组套，每组套安装 10 组，在第三治理段内共计投放 1 350 组，布置起点为佛山职业技术学院，终点为兴业北路，共计布置长度约为 1 350 m，每 10 m 安装 1 组套，每组套安装 10 组。

4.3.4.3　河道清淤

底泥污染物的释放是影响水质的重要内因，污染底泥会对上覆水体水质产生影响。河涌清淤工程能够带走及削减河涌氮、磷营养盐，铜、汞等重金属和有机质等污染物，从而可有效减轻水体污染。目前，乐平镇已完成清淤工程验收的河涌基本情况如下：左岸涌清淤总长度为 15.68 km，总清淤量为 343 849 m³；乐平涌清淤总长度为 2.684 km，总清淤量为 37 903 m³；三丫涌清淤总长度为 1.53 km，总清淤量为 32 000 m³；西边涌清淤总长度为 1.01 km，总清淤量为 15 317 m³；芦苞涌清淤总长度为 0.8 km，总清淤量为 16 000 m³；范湖引水涌清淤总长度为 2.5 km，总清淤量为 40 000 m³。

4.3.4.4　存在的主要问题

（1）引流泵站补水量不足

乐平镇位于珠三角河网地带，镇内河网纵横交错，且受潮汐影响，污染物扩散条件较差，内河涌来水主要为雨水和污水。目前镇内共有黄塘泵站和古云泵站两个引水泵站。据统计，2017 年 4 月，三水区大塘引涌的海仔口泵站、白土涌的乌岗泵站、樵北涌的镇西泵站提水量分别为 1 130.76 万 m³、300.5 万 m³ 和 147.67 万 m³，而黄塘泵站提水量只有 37.2 万 m³，远小于三水区其他引水泵站的提水量。

（2）生态修复工程需强化

根据乐平镇各主干河涌及其主要支涌水质现状及污染源状况等，建议对部分水质较差河涌如横山涡农场涌北段采取生态修复措施。

（3）清淤污泥处置方式不合理

根据对河涌的现场调研，清淤产生的污泥基本堆积在河岸边，随意堆放的污泥暴露在空气中，一方面会影响周边居民的生活环境卫生，另一方面污泥中的污染物在雨水等外力的作用下，会发生迁移，如渗透到地下水当中，对地下水环境质量产生影响，又或者是冲刷到河涌中产生二次污染。

4.4　污染总量控制方案

4.4.1　污染源贡献分析

对 2017 年乐平镇各类污染源进行汇总分析，对于 COD 和氨氮来说，生活源是其主要的污染来源，污染物入河贡献比约为 50%，其次为农业源；对于总磷来说，农业源是其主要的污染来源，污染物入河贡献比约为 60%，其中农业源中畜禽养殖的污染负荷最高。

按控制单元污染物排放情况分析，各控制单元污染物入河量贡献率从大到小依次为乐平涌控制单元＞左岸涌控制单元＞三丫涌控制单元＞范湖引水涌控制单元＞西边涌控制单元＞太院涌控制单元，其中乐平涌控制单元和左岸涌控制单元污染源负荷占乐平镇污染源总负荷的 60% 以上，见图 4.4-1，主要原因在于乐平涌控制单元、左岸涌控制单元人口、工业企业最多，并且畜禽养殖数量及耕地面积也较多，导致污染负荷最重。

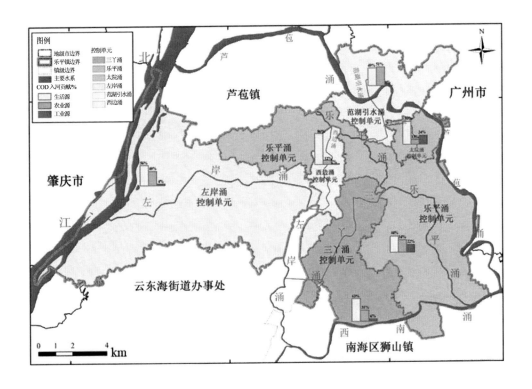

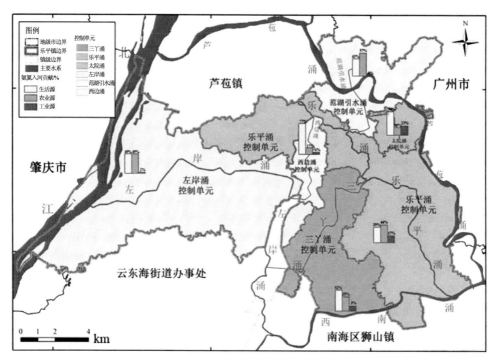

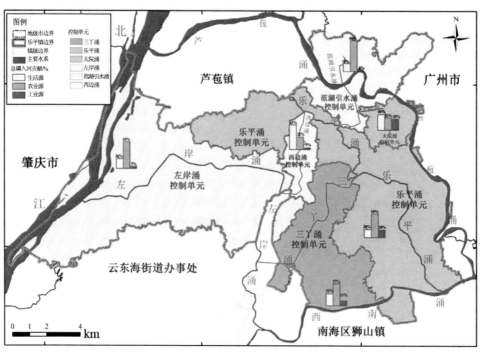

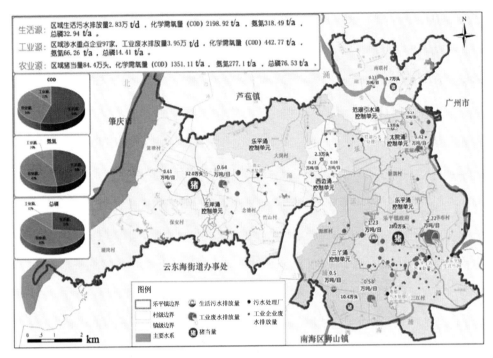

图 4.4-1　乐平镇污染地图

4.4.2　污染源污染预测汇总

对生活源、农业源和工业源污染物入河量预测结果进行汇总，预测期各控制单元污染物负荷见表 4.4-1。2018 年 COD、氨氮、总磷入河量分别为 3 186.44 t/a、520.65 t/a、78.65 t/a；2019 年 COD、氨氮、总磷入河量分别为 2 832.07 t/a、423.94 t/a、56.29 t/a；2020 年 COD、氨氮、总磷入河量分别为 2 858.97 t/a、427.85 t/a、56.7 t/a。乐平涌控制单元预测污染物入河量最大，其次为左岸涌控制单元。

表 4.4-1　乐平镇各控制单元污染物入河量预测结果

序号	控制单元	2018 年污染物入河量/（t/a）			2019 年污染物入河量/（t/a）			2020 年污染物入河量/（t/a）		
		COD	氨氮	总磷	COD	氨氮	总磷	COD	氨氮	总磷
1	乐平涌	1 063.55	172.02	27.96	941.37	136.76	20.33	948.35	137.78	20.44
2	左岸涌	946.43	154.79	23.31	842.34	123.73	16.67	851.09	125.00	16.80
3	西边涌	298.48	47.76	5.51	291.71	45.03	4.96	295.04	45.52	5.01
4	三丫涌	429.65	75.46	10.44	388.82	64.63	7.82	392.97	65.24	7.89
5	范湖引水涌	228.99	36.76	6.73	162.29	23.71	2.72	164.17	23.99	2.75
6	太院涌	219.34	33.86	4.70	205.55	30.07	3.79	207.35	30.33	3.82
	合计	3 186.44	520.65	78.65	2 832.07	423.94	56.29	2 858.97	427.85	56.70

4.4.3 总量控制方案

基于水质现状与水质目标的指标浓度值差异，采用比例关系法估算各控制单元污染物净削减需求。原则上，污染物净削减比例不得低于水质现状与水质目标指标浓度值差的削减比例（以 2017 年降水量和多年平均降水量进行校核）。控制单元内污染物削减需求计算公式如下：

削减需求=（1−目标污染指标浓度值/现状污染指标浓度值）× 2017 年污染物入河量×
（2017 年当年降水量/多年平均降水量）+ 新增量

其中，目标污染指标浓度值参照各年度的整治目标；现状污染指标浓度值采用 2017 年各主干内河涌现状水质；2017 年污染物入河量采用现状污染负荷估算结果；2017 年当年降水量和多年平均降水量的统计范围为三水区，根据《佛山市三水区气象公共服务白皮书（2018）》可知，三水区 2017 年降水量为 1 918.9 mm，三水区多年平均降水量为 1 688.8 mm。新增量为污染物排放量预测值较现状值新增加的量。根据该方法计算得到 2018—2020 年污染物净削减需求（表 4.4-2）。

表 4.4-2 2018—2020 年乐平镇各控制单元污染物净削减需求测算

序号	控制单元名称	2018 年削减需求/（t/a）			2019 年削减需求/（t/a）			2020 年削减需求/（t/a）		
		COD	氨氮	总磷	COD	氨氮	总磷	COD	氨氮	总磷
1	乐平涌	—	24.72		—	27.33		—	28.35	
2	左岸涌	345.38	—	—	241.29	—		250.04	—	
3	西边涌	43.52	25.16		36.75	28.11		40.07	28.60	
4	三丫涌	16.48	11.43	1.12		18.85			37.70	0.18
5	范湖引水涌	—	—		—	—		—	—	
6	太院涌	—	—	1.89	—	4.02	0.99	—	4.28	1.15
	合计	405.38	61.31	3.01	278.04	78.32	0.99	290.11	98.93	1.34

4.5　规划方案

4.5.1　加快污水处理设施及配套管网建设

4.5.1.1　大力提高城镇生活污水处理能力

加快范湖污水处理厂、南边污水处理厂、乐平镇污水处理厂二厂等城镇生活污水处理设施建设，2018 年年底前，范湖污水处理厂（1.5 万 t/d）和南边污水处理厂（1.5 万 t/d）建成运行，负荷率达到 70% 以上；2019 年建成乐平镇污水处理厂二厂；到 2020 年，全镇城镇生活污水处理率达到 95% 以上。

4.5.1.2　加快配套管网建设进度

优先完善已建成的乐平镇生活污水厂和南部污水处理厂配套管网及周边支管、毛细管，最大限度提高污水处理厂生活污水处理效率，2020 年年底前，乐平镇生活污水处理厂新增配套管网 0.7 km，南部污水厂新增配套管网 5.9 km，污水处理厂负荷率要达到 85% 以上，COD 和氨氮进出水浓度差达到 130 mg/L 和 13 mg/L 以上。范湖污水处理厂、南边污水处理厂、乐平镇污水处理厂二厂及其配套管网要同步设计、同步建设、同时投运，确保建成一段、验收一段、通水使用一段，提高管网减排效能，2020 年年底前，范湖污水处理厂新增配套管网 15.8 km，南边污水处理厂新增配套管网 11.5 km，乐平镇污水处理厂二厂新增配套管网 14.47 km。全面排查全镇污水管网分布，明确到 2019 年年底污水管网覆盖范围，着重整改错接漏接、淤堵和破损管网。加强生活楼盘污水管控，2018 年年底前所有楼盘生活污水基本接入市政排水管网，对未实现污水截排的楼盘，不得核发预售证。深入推进污水管网雨污分流改造，新建区域要全面建设雨污分流的排水管网，现有合流制排水系统应加快实施雨污分流改造，难以改造的，应采取截流、调蓄和治理等措施。推动城市建成区污水零直排区建设，到 2020 年，实现旱季生活污水无直排。

4.5.1.3　深入推进农村生活污染治理

加快推进农村生活污水处理，有条件的村庄污水要纳入城镇污水处理厂进行集中处理，已建成的 32 座分散式污水处理设施要加快调试和修复，对于短期内不能纳入城镇生活污水处理厂纳污范围的村庄因地制宜建设分散式污水处理设施。优先推进河涌沿岸自然村设施建设，2019 年年底完成纳入 2018 年计划的 35 座分散式污水处理设施建设，出水执行《城镇污水处理厂污染物排放标准》（GB 18918—2002）的一级 B标准。鼓励相邻自然村合并建设和共建共享，到 2020 年，全镇所有自然村生活污水处理实现全覆盖。加快推进生活垃圾分类，完善垃圾收集清运系统，建立分类投放、分类收集、分类运输、分类处理的生活垃圾处理系统，每个自然村至少配备 1 个垃圾收集点和 1 个保洁员。

4.5.1.4　加快污水处理设施提标改造

加快乐平镇生活污水处理厂和南部污水处理厂的提标改造，2018 年年底出水标准达到《城镇污水处理厂污染物排放标准》（GB 18918—2002）一级 A 标准及广东省地方标准《水污染物排放限值》（DB 44/26—2001）的较严值。

4.5.2　严控畜禽养殖和面源污染

4.5.2.1　加强畜禽养殖污染治理

实行畜禽养殖总量与区域双控制，限养区内的规模化畜禽养殖场（小区）和养殖专业户不得扩大养殖规模，巩固禁养区清理整治成果，清理养殖场地要恢复原状，清理疏浚粪污塘及周边污染沟渠，加强巡查力度，严防非法养殖"死灰复燃"。全面推进畜禽散养向集约化养殖转型。优先推进保安村、大岗村、南联村、源潭村等畜禽养殖污染负荷较高的村规模化畜禽养殖场（小区）粪便污水贮存、处理与利用设施建设，2019 年 6月底前，全镇规模化养殖场（小区）配套建设粪污处理设施比例达到 100%；年底实现所有散养畜禽粪便污水分户收集、集中处理利用。2019 年年底前，流域内畜禽养殖基本实现"零排放"。

4.5.2.2　着力控制池塘养殖尾水污染

加强清塘季对鱼塘的排污监管巡查力度，杜绝黑臭水体、底泥直接进入地表水体。积极推广人工合成饲料，逐步减少冰鲜杂鱼饲料使用。加强养殖投入品管理，依法依规限制使用抗生素等化学药品。对养殖面积 50 亩以上的水产规模化养殖场和专业户养殖水进行监测，对排入河湖的主要指标不符合受纳水体水质目标，或水体循环利用的主要指标不符合《淡水池塘养殖水排放要求》的池塘等，借鉴国内外先进经验，采用调优品种、优化布局、完善尾水治理设施、生态养殖循环利用等方式开展治理。强化水体自净功能和养殖尾水处理配套设施的建设，对100 亩以上连片池塘按照进排水分离、配套尾水集成处理设施的标准进行高标准改造。

4.5.2.3　强化农田面源污染防控

推广低毒、低残留农药，开展农作物病虫害绿色防控和统防统治，实行测土配方施肥，推广精准施肥技术和机具。到 2019 年，研究区测土配方施肥技术推广覆盖率达到 90% 以上，化肥利用率提高到 40% 以上，农作物病虫害统防统治覆盖率达到 40% 以上，化肥、农药使用量零增长。利用现有沟、塘、窖等，建设、改造生态沟渠、污水净化塘、地表径流集蓄池等设施，净化农田排水及地表径流，达到水田高浓度初排径流水的全部回用，减少农业径流污染。

4.5.3　强化工业污染防治

4.5.3.1　严格清理整顿"散、乱、污"

结合村级工业园环境整治提升，开展清理整顿"散、乱、污"专项行动，分类实施关停取缔、整合搬迁、整改提升，清理取缔无牌无证和"散、乱、污"企业。2018 年年底前，完成工业集聚区、村级工业园"散、乱、污"企业排查，并完成排查清单整治任务的 40%；2019 年 9 月底前，全面完成"散、乱、污"工业企业专项整治。完善长效监管机制，2019 年年底前开展一次全镇范围内"散、乱、污"清理整治"回头看"，及时复查巩固整治成果，防止回潮反弹。

4.5.3.2　推动工业企业集聚化发展

以有色金属、印染等行业为重点，按照"提升一批、入园一批、关停一批"的原则对工业企业进行整合提升，加快清洁化改造等绿色升级改造步伐，通过工业用地置换、集中、改造，促进工业布局调整，实现村级工业用地的空间集中，推动集中入园，实行污染集中控制、统一处理，对拒不入园又不符合原地保留条件的重污染企业予以关闭、取缔。加强集聚区污水集中收集处理设施建设，逐步推动工业废水和生活污水分开处理。

4.5.3.3　加大工业监管力度

进一步加大对沿涌重点涉水企业的巡查监管，严格执行排污许可制，工业企业按要求全面稳定达标排放。规范企业排污行为，实行污水管网规范化整治，推进取水必须计量监控、污水处理设施必须配备标识、污水管必须明管输送、排污口必须规范设置、排污必须总量控制。加强工业排污口监管监控，规模化企业必须安装在线监控设施并与生态环境部门联网。强化《乐平镇工业废水直排河涌环境违法行为举报奖励办法》宣传力度，鼓励社会公众参与环保监管，严厉打击工业废水直排河涌等违法行为。

4.5.4 开展河涌综合整治

4.5.4.1 强化河涌引水扩容

加大黄塘泵站的引水量，2019 年新增 4.3 m³/s，2019 年新建范湖泵站，从芦苞涌引水至范湖引水涌，增强河涌水体的流动性和自净能力，改善左岸涌和乐平涌等河涌水体水质。

4.5.4.2 强化河涌生态修复

加快乐平涌、左岸涌等河涌生态修复进程，定期检查设备，监测水质情况，确保达到流域水质目标。加快推进河涌生态岸线建设，优先在乐平涌、左岸涌、三丫涌、西边涌等主干河涌建设生态护岸，待有效果后，因地制宜逐步推广至其他污染严重河涌。

4.5.4.3 科学实施底泥清淤疏浚

加快完成已清淤河涌的收尾工作，已完成清淤的河涌要尽快验收，合理处置清淤产生的污泥，强化污泥资源化利用，严禁将污泥随意堆积在河岸边造成二次污染。

4.5.5 优化河涌水系及闸站排水

4.5.5.1 强化河涌水系连通

乐平镇位于珠三角地区，水网发达，应充分发挥水网地区的优势，借鉴活水公园建设等区域绿色发展的案例，打通区内水网，连通西边涌和三丫涌，促进活水流通，综合开展提质降污、生态净化、湿地美化等工程，增强水系自我修复能力。另外，还可以通过实施水网清淤疏浚、河涌闸坝联合调度等，加快水网互连互通，实现大河与小河连通、小河与小涌连通，增强蓄水调洪、削峰减能、防洪排涝等防灾、减灾能力，既增强了镇内水资源调节能力，同时也促进了水体循环、增强了河涌流动性、补充了河涌生态活水、提高了河道自净能力。

4.5.5.2 强化闸站排水管理

乐平镇河涌上基本都设置有水闸等水利设施，建议对镇内河涌闸站实行统一管理，水务部门负责统筹和指导镇内河涌闸站的建设和管理工作，规范和监督河涌闸站排水，建立河涌闸站运行台账。每月对河涌开展监测，并将河涌水质状况与闸站运行管理相结合，在不影响区域内防洪排涝安全的前提下合理安排河涌闸站排水。乐平涌、左岸涌开闸放水前应对河涌水质进行应急净化处理，避免水体外排影响西南涌水质。

乐平镇水环境综合整治重点工程

乐平镇水环境综合整治重点工程项目计划表

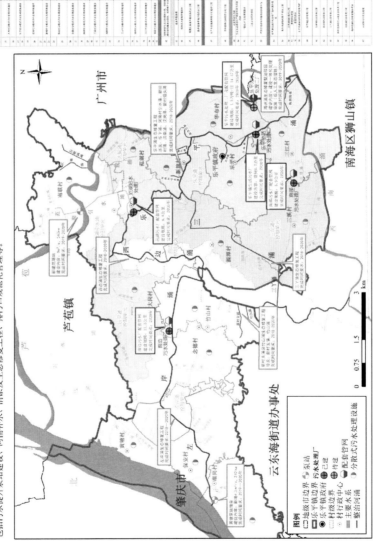

2018—2020 年重点工程共 67 项工程。其中污水处理设施建设项目 8 项；城镇生活污水处理厂提标改造项目 2 项；生活垃圾处理及处置项目 1 项；管网检测与修复 2 项；农村污水处理设施及管网建设项目 29 项；畜禽养殖污染防治项目等；水产养殖治理项目 1 项；工业企业整治项目 14 项，养区畜禽养殖控制、规模化和散养畜禽养殖污染清理、企业清洁生产审核和绿色升级改造、"散乱污"企业综合整治等；河涌综合整治项目 5 项，包括工业企业清洁化改造、河涌清淤补水、河涌生态修复工程、排污口规范化管理等；农业面源治理以及强化监管等。限养区畜禽养殖清理、限养区畜禽养殖污染清理、规模化养殖场污染处置工程、包括污水提升泵站建设，清淤及生态修复工程，排污口规范化建设。

图 4.5-1　乐平镇重点工程项目示意图

4.5.6　强化入河排污口规范化管理

4.5.6.1　加强入河排污口摸查建档和管理

全面摸查入河排污口，明确入河排污口位置、排放主体、排放规模、排放强度、排入水体及设置审批、监督管理等信息，公布依法依规设置的入河排污口名单和排污信息。保留的排污口、雨污口要规范设置标志牌，实行"身份证"管理，将入河排污口日常监管纳入镇、村级河长履职巡查的重点内容。强化入河排污口检查监测，逐步推进入河排污口监测监控全覆盖。

4.5.6.2　分类整治入河排污口

严格执行"封堵一批""规范一批""整治一批"的要求，对入河排污口进行分类管理。非法设置和经整治后仍无法达标排放的排污口一律封堵清理；生态敏感区及已划定为禁止排污区的水域的排污口一律采取限期搬迁、截污、合并和调整；对水域水质影响较大的入河排污口采取提标改造、人工湿地、生态处理等深度处理，2018 年年底前完成主干河道、河涌、水库、湖泊等入河排污口排查，将污水管网建设与入河排污口清理整治相结合，已截污纳管的区域应将区域内原有的排污口进行封堵，2019 年年底前全面取缔和清理非法或设置不合理的入河排污口。加强入河排污口设置审核，未依法办理审核手续的排污口限期补办手续。

4.6　可达性研究

4.6.1　整治成效预测分析

4.6.1.1　生活污染控制减排量

乐平镇各控制单元内计划实施一系列工程，包括城镇集中式生活污水处理厂和分散式污水处理设施建设及已有污水处理设施提标改造，污水截污管网建设、禁养区畜禽养殖清理等，污染负荷将大幅削减（表 4.6-1）。

表 4.6-1　乐平镇 2018—2020 年生活污染减排量预测　　　　　单位：t/a

序号	控制单元	2018 年可削减量			2019 年可削减量			2020 年可削减量		
		COD	氨氮	总磷	COD	氨氮	总磷	COD	氨氮	总磷
1	乐平涌	133.73	24.42	2.47	115.20	19.46	1.93	240.34	39.42	4.05
2	左岸涌	303.33	44.96	4.67	313.52	46.50	4.82	552.91	82.58	8.60
3	西边涌	263.66	38.36	3.97	263.12	38.29	3.96	247.64	36.06	3.73
4	三丫涌	218.25	31.78	3.28	220.56	32.14	3.31	216.49	33.20	3.46
5	范湖引水涌	7.07	1.03	0.11	45.83	6.66	0.69	144.39	20.97	2.18
6	太院涌	145.56	21.14	2.20	145.56	21.14	2.20	150.89	21.92	2.28
	合计	1 071.6	161.7	16.71	1 103.79	164.18	16.90	1 552.66	234.16	24.29

4.6.1.2　畜禽养殖污染控制减排量

2019 年，乐平镇内所有规模化养殖场（小区）均配备粪污处理设施。根据广东省地方标准《畜禽养殖业污染物排放标准》（DB 44/613—2009）：珠三角区域集约化畜禽养殖业干清粪工艺最高允许排水量猪为冬季 1.2 m³/（百头·d），夏季 1.8 m³/（百头·d），春、秋季废水最高允许排放量按冬、夏两季的平均值计算，即 1.5 m³/（百头·d）。畜禽养殖水污染物最高允许日排放浓度 COD 380 mg/L，氨氮 70 mg/L，总磷 7.0 mg/L。

所有规模化养殖场（小区）全部建成粪污处理设施并投入运行，水质达标排放，计算得到乐平镇全年经污水处理设施排出的养殖废水入河量削减量（表 4.6-2）。

表 4.6-2　养殖场（小区）粪污处理设施建成后畜禽养殖污染物入河削减量　　单位：t/a

序号	控制单元	2018 年可削减量			2019 年可削减量			2020 年可削减量		
		COD	氨氮	总磷	COD	氨氮	总磷	COD	氨氮	总磷
1	乐平涌	—	—	—	—	3.01	3.40	—	3.01	3.40
2	左岸涌	—	—	—	—	2.55	3.39	—	2.55	3.39
3	西边涌	—	—	—	—	0.50	0.50	—	0.50	0.50
4	三丫涌	—	—	—	—	1.27	0.50	—	1.27	0.50
5	范湖引水涌	—	—	—	—	0.00	0.37	0.00	0.00	0.37
6	太院涌	—	—	—	—	0.00	0.00	0.00	0.00	0.00
	合计					7.34	8.16		7.34	8.16

4.6.1.3　河涌生态修复污染物削减

根据各生态修复工程措施估算生态修复工程对污染物的削减量。按左岸涌、竹山涌、乐平涌、汉岗涌、西边涌、三丫涌生态修复可研中各措施处理量数据，得出每条河涌生态修复工程削减量结果（表 4.6-3）。

表 4.6-3　2018 年生态修复措施削减量　　　　单位：t

河涌	削减量		
	COD	氨氮	总磷
左岸涌	5.22	0.63	0.12
西边涌	38.72	25.3	——
三丫涌	184.27	139.72	15.62
合计	228.21	165.65	15.72

4.6.1.4　成效分析

对比计算得到的 2018 年、2019 年、2020 年需削减量和可削减量（表 4.6-4），对比 2020 年污染物削减需求和工程实施后污染物削减量可知，可达到污染削减需求，河涌断面水质目标可达。

表 4.6-4a　2018 年需削减量与预测可削减量比较　　　　单位：t/a

序号	控制单元	2018 年较现状需削减量			2018 年较现状可削减量		
		COD	氨氮	总磷	COD	氨氮	总磷
1	乐平涌	——	24.72	——	133.73	24.42	2.47
2	左岸涌	345.38	——	——	308.55	45.60	4.79
3	西边涌	43.52	25.16	——	302.39	63.66	3.97
4	三丫涌	16.48	11.43	1.12	402.52	171.50	18.88
5	范湖引水涌	——	——	——	7.07	1.03	0.11
6	太院涌	——	——	1.89	145.56	21.14	2.20
	合计	405.38	61.31	3.01	1 299.81	327.35	32.43

表 4.6-4b　2019 年需削减量与预测可削减量比较　　　　单位：t/a

序号	控制单元	2019 年较现状需削减量			2019 年较现状可削减量		
		COD	氨氮	总磷	COD	氨氮	总磷
1	乐平涌	——	27.33	——	115.20	22.47	5.33
2	左岸涌	241.29	——	——	318.74	49.68	8.33
3	西边涌	36.75	28.11	——	301.84	64.09	4.46
4	三丫涌	——	18.85	——	404.83	173.13	19.41
5	范湖引水涌	——	——	——	45.83	6.66	1.06
6	太院涌	——	4.02	0.99	145.56	21.14	2.20
	合计	278.04	78.32	0.99	1 332.00	329.83	32.62

表 4.6-4c　2020 年需削减量与预测可削减量比较　　　　　　单位：t/a

序号	控制单元	2020 年较现状需削减量			2020 年较现状可削减量		
		COD	氨氮	总磷	COD	氨氮	总磷
1	乐平涌	—	28.35	—	240.34	42.43	7.45
2	左岸涌	250.04	—	—	558.13	85.77	12.11
3	西边涌	40.07	28.60	—	286.36	61.86	4.23
4	三丫涌	—	37.70	0.18	400.76	174.19	19.56
5	范湖引水涌	—	—	—	144.39	20.97	2.55
6	太院涌	—	4.28	1.15	150.89	21.92	2.28
	合计	290.11	98.93	1.34	1 780.88	399.81	40.01

4.6.2　经济效益预测分析

采用费用-效益分析法评估乐平镇河涌水环境整治措施取得的污染减排经济效益。参考第 1 篇第 2 章环境效益分析的相关方法，本书 COD 的减排效益为 26 531.14 元/t，结合目标年份污染物可削减量，可以得到 2020 年乐平镇及各控制单元的污染减排效益（表 4.6-5）。

表 4.6-5　乐平镇污染减排经济效益预测结果

序号	控制单元	2020 年	
		预测减排量 COD 当量值/t	减排效益/万元
1	乐平涌	276.15	732.65
2	左岸涌	629.77	1 670.86
3	西边涌	336.91	893.85
4	三丫涌	545.00	1 445.95
5	范湖引水涌	161.80	429.28
6	太院涌	169.00	448.37
	合计	2 118.63	5 620.96

4.6.3　社会效益预测分析

近年来，随着经济的快速发展和物质生活水平的提高，人们在追求高标准的生活品质的同时，对生态环境也越来越关注，提出了新的更高要求。生态环境质量已经成为影响人民群众幸福感的重要指标，因此，保持良好的生态环境、人与自然和谐共处，是人们的迫切追求。

党的十九大报告指出，要加快生态文明体制改革，建设美丽中国，要建设人与自然和谐共生的现代化国家，既要创造更多物质财富和精神财富以满足人民日益增长的美好生活需要，也要提供更多优质生态产品以满足人民日益增长的优美生态环境需要。这就要求对各级政府加大环保投入、保障基本环境质量提出更高要求。

乐平镇是佛山市三水区的特大镇，区内主干河涌乐平涌和左岸涌都是广佛跨界河涌的重点整治对象，推进乐平镇河涌污染综合整治，是保障乐平镇经济持续稳定发展、改善污染状况和居民生活质量的重要举措，是对居民对优质生态产品、优良生态环境迫切需求的积极回应。通过对河涌的综合治理，能够改善河涌水质、修复生态，能为居民提供优良的生态产品，同时提高包括文化培育、艺术创新、休闲活动等在内的文化功能服务，能够有效提升流域居民生活质量与幸福感，推动乐平镇经济绿色健康发展。

4.7　保障措施

4.7.1　严格责任落实

乐平镇政府是本方案的责任主体，要落实以"河长制"为抓手的责任落实机制，进一步细化主干河涌"河长"水质监测断面，将监测断面、水质目标河涌整治工程等落实到镇、村级"河长"。"河长"定期对河涌开展巡查，村级河长主要负责河涌河面保洁，发现问题及时向镇级河长通报，镇级河长主要负责河涌断面水质，具体包括河涌整治工程的落实，协调相关部门开展河涌整治工作等，相关部门定期将河涌水环境整治情况向镇级河长汇报，分析河涌水环境达标形势。

严格落实党政同责、一岗双责和终身追责制，实行年度考核，对未能完成年度目标任务或工作责任不落实的，可以通过约谈、通报等方式，督促整改和落实。对因工作不力、履职缺位等导致未能有效应对水环境污染事件的，以及干预、伪造数据和没有完成年度目标任务的，要依法依纪追究有关单位和人员责任。

4.7.2　强化环境执法监管

完善乐平镇河涌水环境监测网络。在主干河涌入境和出境处增设监测断面，逐月监测，建立常规监测、移动监测、动态预警监测"三位一体"的水环境质量监测网络。

强化工业企业监管，严格执行企业达标排放制度，加强主干河涌沿线工业企业的巡查和突击检查，严厉打击违法犯罪行为，清理整治散、乱、污企业；加快禁养区畜禽养殖清理，建立长效监管机制，防止"回潮"。

强化执法队伍建设，定期开展环境监测、环境监察、环境应急等专业技术培训，严格落实执法、监测等人员持证上岗制。

4.7.3　多渠道筹集资金

增加政府财政投入，重点支持污水处理、污泥处理处置、河道整治、畜禽养殖污染防治、水生态修复、应急清污等项目和工作，积极申请上级财政资金。

从国有土地出让收益中安排一定比例的资金，用于城镇污水收集系统、城市生活垃圾收运设施的建设；城镇新区应将排水管网建设纳入发展规划，与道路、供水、供电等其他市政基础设施同步建设，计入开发成本。

拓宽水环境整治投融资渠道，鼓励社会资本以 PPP 等模式投入水环境治理，实现投资的多元化、社会化。统筹流域综合开发与环境治理，推广"水环境治理与生态修复、土地整备开发、投融资"三位一体的流域治理财务新模式。

4.7.4　强化公众参与和社会监督

加强宣传教育。充分发挥主流新闻媒体的舆论导向作用，提高公众，特别是水系沿岸居民对经济社会发展和环境保护客观规律的认识。支持民间环保机构、志愿者开展工作。

为公众、企业等提供水污染防治法律法规培训和政策咨询，开展送技术到企业服务。公开曝光环境违法典型案件。健全举报制度，充分发挥环保举报热线和网络平台作用，深入开展"随手拍"等活动，依托互联网创新环境保护公众参与模式。限期办理群众举报投诉的环境问题，一经查实，可给予举报人奖励。完善社会力量参与环保监督机制，邀请公民、法人和其他组织参与环境执法监督。完善媒体参与执法、挂牌督办与公开曝光等工作机制。

第5章　饮用水水源型水库水质保护规划编制实践
——以汤溪水库为例

汤溪水库位于广东省潮州市饶平县汤溪镇，处于黄冈河中游，于1959年年底建成，是饶平县黄冈河中下游14个镇（场）（汤溪、浮滨、浮山、新圩、樟溪、钱东、高堂、联饶、黄冈、洪洲、海山、柏林、所城、大埕）和潮州港开发区唯一的饮用水水源，也是黄冈河中下游各乡镇工农业生产最主要的水源，服务人口超过40万。随着水库集水区内社会经济持续增长和人口的快速增加，汤溪水库水质面临越来越大的挑战和压力，未来随着社会经济的持续发展，水资源开发利用仍可能大幅增加，经济社会发展势必还将对水源地带来较大冲击，水污染问题正逐步凸显。本章以汤溪水库为例，介绍典型饮用水水源型水库水质保护规划编制实践，规划于2014年编制完成，规划年限为2015—2025年，数据基准年为2013年。

规划在详细调查、解析、研判区域存在的短板问题和压力形势后，针对重点问题开展重点研究，分别对水环境容量计算与控制方案、饮用水水源地保护规划方案、产业环境优化方案、污水收集与集中处理系统规划方案、面源污染控制方案、集水区生态保护规划、环境监管能力建设规划等设置了专题开展了研究，基于研究成果，提出了"以保护区污染治理为重点，严格保护饮用水水源""以推动产业集聚化发展为重点，积极促进产业绿色发展""以污水处理设施建设为重点，大力提高污水治理水平""以源头控制为重点，强力削减面源污染""以水源涵养林和水土保持林建设为重点，全力构筑区域生态屏障""以环保机构达标建设为重点，全面提升环保监管能力"等6大条19小条主要任务措施，并围绕实现规划提出的目标和任务，提出了饮用水水源保护、重点河段综合治理、湖库污染整治工程、污水处理设施及配套管网建设、面源污染防治、生态建设、水环境监管能力建设等七大类重点工程，总投资约8.46亿元。

截至目前，规划已实施过半，汤溪水库水质得到明显改善，2014年规划编制时，汤溪水库已受轻度污染，平均水质综合污染指数为0.36～0.43，且水质有逐年下降趋势，规划实施至今，通过持续多年的努力，汤溪水库目前水质基本可达到Ⅱ类，水质优良，成为粤东地区及周边市（县）的旅游胜地，优美生态也成为汤溪水库的一张亮丽名片。

5.1　区域概况

5.1.1　自然概况

饶平县地处广东省"东大门"，东邻福建省，南濒南海，位于广东省沿海经济带最东端，居汕头—厦门经济特区之间，是海峡西岸经济区和珠江三角洲的交汇点，县域总面积 2 227 km²，其中陆域面积 1 694 km²，海域面积 533 km²，海岛岸线长 136 km。饶平县地表水系以黄冈河为主，各地溪流多数注入黄冈河，由北向南独流出海，自成一条完整的河系，构成全县水系大动脉。黄冈河发源于上善镇的大米坪，由北向南贯穿县境中心，流经上善、上饶、饶洋、新丰、三饶、汤溪、浮滨、浮山、樟溪、高堂、联饶、黄冈等 12 个乡镇，经县城黄冈镇，在黄冈镇的石龟头穿流注入南海，全长 87.2 km。集雨面积 1 317.5 km²（含饶平县境外），占全县总面积的 79%。上游平均宽度 165 m，下游比降约为 1∶2 500，河床平均宽度 200 m。河流总落差 785 m，平均比降 0.001 44，集雨面积超过 100 km² 的支流有 4 条，为九村溪、食饭溪、东山溪和樟溪。

表 5.1-1　黄冈河年径流情况

站　名		汤溪站/（m³/s）	汤溪—东溪水闸区间/（m³/s）
集雨面积	km²	667	650.5
统计参数	系列（年）	1964—2010	20.3
	n（统计年数）	50	
	流量均值	20.80	
	C_V（变差系数）	0.35	
	C_S（偏差系数）	$2C_V$	
频率/%	10	30.5	29.7
	50	20.0	19.5
	75	15.5	15.1
	80	14.6	14.2
	90	12.2	11.9
	95	10.4	10.1
	97	9.4	9.2
	99	7.7	7.5

黄冈河沿途汇入的溪流主要有九村溪（23 km）、食饭溪（23.5 km）、新塘溪（20 km）、青竹径溪（17.8 km）、东山溪（28 km）、浮滨溪（20.5 km）、大陇溪（13.5 km）、樟溪（23.7 km）、新坪溪（25.2 km）、联饶溪（15.5 km）等。此外，饶平县边缘的上善溪、坪溪则注入韩江；仙春溪、大娱隶溪、炮台山溪、灰寨澳、九溪桥溪及东界、拓林、讲洲、海山岛等其他溪流均直接入海。

黄冈河口建成东溪水闸，具有挡潮蓄淡作用，控制流域面积为 1 317.5 km^2。东溪水闸的来水量为汤溪水库来水量与水库下游—东溪水闸区间来水量之和。黄冈河仅有一个水文站——汤溪水库坝下（二）站，位于汤溪水库下游约 700 m，该站有 1964 年以来近 50 年的水文资料。

黄冈河中游汤溪水库位于饶平县汤溪镇花桥村境内，1959 年年底建成，集水面积 667 km^2，水库总库容 3.81 亿 m^3，正常蓄水位 56 m，相应正常库容为 2.864 亿 m^3，死水位 30.52 m，相应死水库容 0.117 1 亿 m^3，兴利库容为 2.746 9 亿 m^3，为多年调节水库，调洪库容 0.95 亿 m^3（表 5.1-2）。汤溪水库设计灌溉面积为 14.23 万亩，受益 14 个镇 40 多万人，是一座以灌溉、防洪为主的大型水库。水库按 100 年设计，2000 年校核，设计洪水位 58.02 m，相应下泄流量为 2 616 m^3/s；校核洪水位 60.72 m，相应下泄流量为 3 624 m^3/s。土坝坝下设坝后式电站一座，分别装有 2 台 4 000 kW 发电机和 1 台 240 kW 发电机，总装机容量 8 240 kW，年均发电量 3 000 万 kW·h。

表 5.1-2　汤溪水库蓄水动态水量

单位：亿 m^3

年份	年初蓄水总量	年末蓄水总量	年蓄水变量
2010	7 211	17 169	9 958
2011	17 169	15 693	−1 476
2012	15 693	15 359	−334
2013	15 359	19 047	3 688

汤溪水库集水区属亚热带海洋性季风气候区，年气温变化不大，降水量充沛，年均降水量为 1 618.5 mm，年平均气温 22℃。地势北高南低，由北向南逐渐倾斜，植被属中等，森林少，草皮较多，局部水土流失，林地面积占约 70%，森林覆盖率约 63%。

汤溪水库集水区主要水系见图 5.1-1。

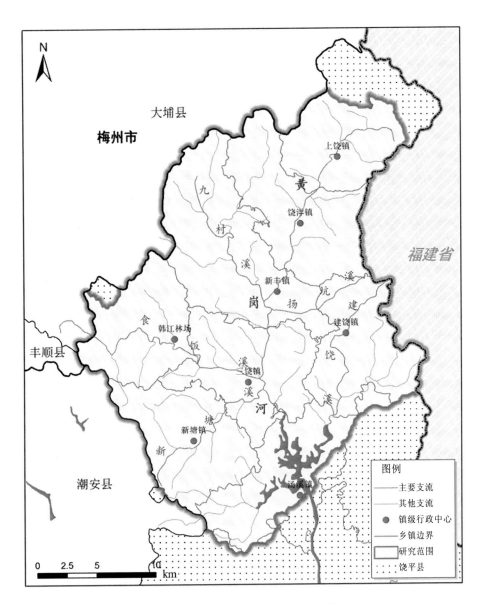

图 5.1-1　汤溪水库集水区主要水系

5.1.2　经济社会概况

饶平县具有人多地少的特点，2012 年总人口数为 103.42 万人。根据历年资料，饶平县以农业人口为主，农业人口占比约 80%，近年来农业人口所占比例逐年下降，城市化水平逐年提高（表 5.1-3，图 5.1-2）。

表 5.1-3　饶平县人口特征统计

项目	单位	年份						
		2000	2005	2008	2009	2010	2011	2012
年末总人口（常住人口）	万人	88.61	91.71	90.75	89.78	88.3	88.69	89.29
年末总人口（户籍人口）	万人	94.71	97.17	100.02	100.84	101.49	102.34	103.42
人口出生率（计生口径）	‰	10.64	10.79	11.77	11.80	12.40	12.67	15.21
人口自然增长率（计生口径）	‰	5.88	5.78	6.27	6.23	6.66	6.74	8.79

数据来源：潮州市统计年鉴（2013 年）。

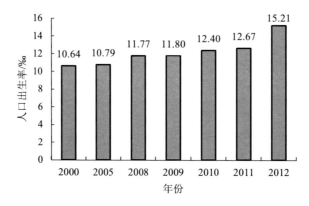

图 5.1-2　饶平县人口出生率变化

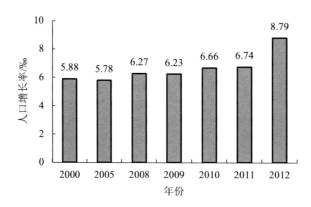

图 5.1-3　饶平县人口自然增长率变化

　　饶平县经济发展迅速，国内生产总值逐年增加（表 5.1-4），工农业产值增长率保持在 11%～14%，从三产结构来看（图 5.1-4），农业所占比例较大，是支撑经济发展的重要支柱，主要工业有制糖、罐头、酿酒、食品、机械、电力、花岗石板及农副产品加工等，作物以粮食作物、经济作物为主。

表 5.1-4　饶平县 2005—2012 年国内生产总值统计

年份	2005	2006	2007	2008	2009	2010	2011	2012
国内生产总值/亿元	71.51	75.19	85.97	101.34	114.14	133.49	153.73	170.59
第一产业/亿元	20.99	—	—	19.88	21.38	24.21	28.26	30.47
第二产业/亿元	25.17	—	—	42.6	48.02	58.6	67.08	75.1
第三产业/亿元	25.35	—	—	38.86	44.74	50.69	58.39	65.02
工业总产值/亿元	90.52	105.24	129.05	135.94	156.59	188.64	245.29	—
农业总产值/亿元	37.68	9.26	29.21	32.1	36.6	45.5	52.49	—
生产总值指数/%	109	—	—	112	113.2	114.04	114	110.7
人均生产总值/元	7 803	—	—	1 137	12 645	14 992	17 372	19 170

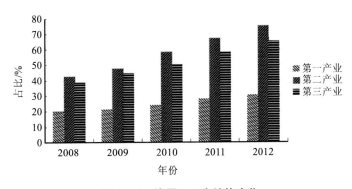

图 5.1-4　饶平县三产结构变化

5.1.3　土地利用情况

　　饶平县山地、丘陵、平原比例约为 6∶3∶1。土地利用类型以山地、林地和耕地为主，耕地总面积 29.16 万亩，其中水田 21.18 万亩、旱田 7.98 万亩，其他生产用地 19.29 万亩。

5.2　现状调查与压力预测

5.2.1　现状调查与评估

5.2.1.1　水资源利用情况

（1）水资源概况

饶平县地表径流主要来源于大气降雨，属雨水补给型，多年平均径流深 913 mm，年径流总量为 16.3 亿 m³，丰水年、平水年、枯水年径流情况见表 5.2-1。九村溪、食饭溪、新塘溪、扬坑溪、建饶溪由于缺少实测流量资料，采用径流系数法折算河流流量（表 5.2-2）。

表 5.2-1　丰水年、平水年、枯水年径流情况

行政区域	丰水年（P=10%）		平水年（P=50%）		枯水年（P=90%）	
	径流深/mm	径流量/亿 m³	径流深/mm	径流量/亿 m³	径流深/mm	径流量/亿 m³
饶平县	1 358	22.6	874	14.6	509	8.6

表 5.2-2　丰水年、平水年、枯水年主要支流年均流量估算结果　　单位：m³/s

水文年	九村溪年均流量	食饭溪年均流量	新塘溪年均流量	扬坑溪年均流量	建饶溪年均流量
枯水年（2009 年）	1.11	1.00	0.65	0.33	0.67
平水年（2012 年）	1.56	1.41	0.92	0.46	0.94
丰水年（2006 年）	2.52	2.29	1.49	0.75	1.53

（2）供水情况

饶平县建设有第一水厂、第二水厂。目前第一水厂备用，第二水厂已建成日供水能力设计规模 5 万 t 的生产能力，远期建设规模为 10 万 t/d，现实际供水量为 3.5 万 t/d。汤溪水库集水区内主要供水厂为三饶镇自来水厂，另有一些村级自办简易自来水厂，主要供水水源为水库、山塘等蓄水工程。

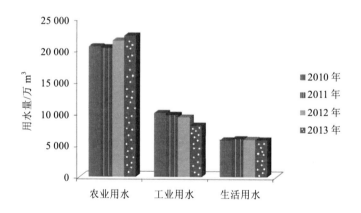

图 5.2-1　2010—2013 年饶平县各类用水量变化趋势

（3）用水情况

2013 年饶平县用水总量 36 172 万 m³，其中农业用水 22 270 万 m³，工业用水 8 100 万 m³，城镇居民生活用水和农村居民、人畜等生活用水 5 802 万 m³，分别占用水总量的 61.57%、22.39% 和 16.04%。从近四年的用水情况来看（图 5.2-1、表 5.2-3），饶平县以农业用水居

多，占用水总量的 56%～62%，并呈上升趋势；工业用水占 22%～28%，逐年下降；生活用水占 16%～17%，年际变化不大。

表 5.2-3　2010—2013 年饶平县用水量　　　　　　单位：万 m³

年份	农业用水	工业用水	生活用水	用水总量
2010	20 560	10 073	5 777	36 410
2011	20 360	9 800	5 989	36 149
2012	21 492	9 400	5 892	36 784
2013	22 270	8 100	5 802	36 172

5.2.1.2　水污染源情况

（1）工业污染源

根据统计数据，2013 年汤溪水库集水区工业废水排放总量为 333.94 万 t，COD 排放总量为 195.36 t，氨氮排放总量为 9.69 t，主要来自三饶镇和新丰镇，两镇工业废水排放量、工业 COD 和工业氨氮排放量均占到排放总量的 80% 以上（表 5.2-4）。

表 5.2-4　2013 年汤溪水库集水区工业废水、污染物排放量

乡镇	工业废水排放量/（万 t/a）	COD 排放量/（t/a）	氨氮排放量/（t/a）
上饶镇	7.10	12.17	0.43
饶洋镇	17.46	12.25	1.00
新丰镇	146.74	70.52	3.07
建饶镇	11.26	9.50	0.58
三饶镇	151.38	90.92	4.61
合计	333.94	195.36	9.69

（2）生活污染源

根据《全国水环境容量核定技术指南》《广东省地表水环境容量核定技术报告》等推荐的参数，结合环保部门提供的资料，城镇居民生活人均排污系数取 COD 40 g/d、氨氮取 3 g/d、总磷 0.28 g/d，农村居民生活人均排污系数取 COD 30 g/d、氨氮取 2.25 g/d、总磷取 0.21 g/d。计算得到汤溪水库集水区城镇、农村生活污染物排放量，生活污染物排放量居前三位的分别是饶洋镇、新丰镇和三饶镇（表 5.2-5、表 5.2-6）。

表 5.2-5　汤溪水库集水区城镇居民生活污染物排放量

乡镇	城镇居民/人	城镇居民污染物排放量/（t/a）		
		COD	氨氮	总磷
上饶镇	14 744	215.26	16.14	1.51
饶洋镇	26 401	385.45	28.91	2.7
新丰镇	28 255	412.52	30.94	2.89
建饶镇	6 411	93.6	7.02	0.66
三饶镇	23 388	341.46	25.61	2.39
新塘镇	8 531	124.55	9.34	0.87
汤溪镇	4 590	67.01	5.03	0.47
韩江林场	0	0	0	0
合计	112 320	1 639.87	122.99	11.48

表 5.2-6　汤溪水库集水区农村居民生活污染物排放量

乡镇	农村居民/人	农村居民污染物排放量/（t/a）		
		COD	氨氮	总磷
上饶镇	18 020	197.32	14.80	1.38
饶洋镇	32 267	353.32	26.50	2.47
新丰镇	30 305	331.84	24.89	2.32
建饶镇	7 835	85.79	6.43	0.60
三饶镇	25 085	274.68	20.60	1.92
新塘镇	10 426	114.16	8.56	0.80
汤溪镇	5 610	61.43	4.61	0.43
韩江林场	1 735	19.00	1.42	0.13
合计	131 283	1 437.55	107.82	10.06

（3）畜禽养殖污染源

汤溪水库集水区规模化畜禽养殖以生猪为主，根据污普和环统数据，2013 年汤溪水库集水区规模化畜禽养殖 COD、氨氮和总磷的排放量分别为 209.91 t/a、38.19 t/a 和 12.47 t/a（表 5.2-7）。

表 5.2-7　2013 年汤溪水库集水区规模化畜禽养殖污染物排放量　　　单位：t/a

乡镇	COD	氨氮	总磷
上饶镇	65.14	12.30	3.77
饶洋镇	12.29	2.33	0.80
新丰镇	27.63	5.34	1.62
建饶镇	67.85	11.59	3.81
三饶镇	37.00	6.63	2.47
新塘镇	0.00	0.00	0.00
汤溪镇	0.00	0.00	0.00
韩江林场	0.00	0.00	0.00
合计	209.91	38.19	12.47

（4）农田面源

农田面源系数取值包括对农田径流废水源强系数和农田污染物源强系数的取值。农田径流废水源强系数是指一定时段内（一般为年）单位耕地面积所产生的平均径流量，单位为 kg/（亩·a）。参考《潮州市环境保护规划（2011—2020 年）》研究报告中的取值，汤溪水库集水区农田径流废水源强系数取 589 000 kg/（亩·a）。按照《全国水环境容量核定技术指南》中的推荐，标准农田污染物源强排放系数为：COD10 kg/（亩·a）、氨氮 2 kg/（亩·a）。农田污染物源强系数则需要根据坡度、农作物类型、土壤类型、化肥施用量、降水量五方面进行修正，根据《广东省潮州市乡镇集中式饮用水水源保护区划分可行性研究报告》等有关资料，汤溪水库集水区根据标准农田修正后的 COD 源强系数为 15 kg/（亩·a），氨氮为 3 kg/（亩·a）。基于磷肥施用相关统计数据，取总磷流失率为 3%，得到总磷源强系数为 0.25 kg/（亩·a）。计算得到种植业 COD、氨氮和总磷的排放量分别为 3 718.97 t/a、743.79 t/a 和 61.98 t/a（表 5.2-8）。

表 5.2-8　汤溪水库集水区种植业污染物排放量

乡镇	农田面积/亩	污染物排放量/（t/a）		
		COD	氨氮	总磷
上饶镇	34 005.37	510.08	102.02	8.50
饶洋镇	34 186.79	512.8	102.56	8.55
新丰镇	37 346.59	560.2	112.04	9.34
建饶镇	26 170.74	392.56	78.51	6.54
三饶镇	45 354.23	680.31	136.06	11.34
新塘镇	39 877.41	598.16	119.63	9.97
汤溪镇	25 849.56	387.74	77.55	6.46
韩江林场	5 140.77	77.11	15.42	1.29
合计	247 931.5	3 718.97	743.79	61.98

（5）入河负荷

根据实地调查和资料分析，最终计算得到汤溪水库集水区内入河负荷量结果（表 5.2-9～表 5.2-11）。

表 5.2-9　汤溪水库集水区污染物入河量（分类别）

类别	污染物排放量/（t/a）			入河系数	污染物入河量/（t/a）		
	COD	氨氮	总磷		COD	氨氮	总磷
工业	195.36	9.69	0.00	0.6	117.22	5.81	0.00
城镇居民生活	1 639.87	122.99	11.48	0.6	983.92	73.79	6.89
农村居民生活	1 437.55	107.82	10.06	0.15	215.63	16.17	1.51
畜禽养殖	209.91	38.19	12.47	0.15	31.49	5.73	1.87
种植业	3 718.97	743.79	61.98	0.15	557.85	111.57	9.30
合计	7 201.66	1 022.48	95.99	—	1 906.10	213.08	19.56

表 5.2-10　汤溪水库集水区污染物入河量（分乡镇）　　单位：t/a

乡镇	COD	氨氮	总磷
上饶镇	252.34	29.31	2.95
饶洋镇	370.38	37.65	3.39
新丰镇	427.77	41.75	3.73
建饶镇	365.06	33.99	3.07
三饶镇	186.95	27.67	2.76
新塘镇	181.58	24.83	2.14
汤溪镇	107.58	15.34	1.32
韩江林场	14.42	2.53	0.21
合计	1 906.10	213.08	19.56

表 5.2-11　汤溪水库集水区污染物入河量（分集水区）　　单位：t/a

乡镇	COD	氨氮	总磷
黄岗河上游集水区	960.4	97.1	9.08
九村溪集水区	45.1	5.8	0.50
扬坑溪集水区	45.1	5.8	0.50
黄岗河中游集水区	53.4	6.2	0.55
食饭溪集水区	272.7	24.1	2.19
新塘溪集水区	235.0	31.0	2.68
建饶溪集水区	187.0	27.7	2.76
汤溪水库周边集水区	107.6	15.3	1.32
合计	1 906.10	213.08	19.56

1）各源贡献

根据各污染源对 COD 入河负荷贡献比例，汤溪水库集水区 COD 最大的贡献来自城镇居民生活，占 COD 入河总量的 52%，其次是农业种植面源占 29%，农村生活源占 11%。氨氮最大的贡献来自农业种植面源，占氨氮入河总量的 52%，其次是城镇居民生活占 35%，农村生活源占 7%。总磷最大的贡献来自农业种植面源，占总磷入河总量的 47%，其次是城镇居民生活占 35%，农村生活源占 8%。总体而言，对污染负荷贡献较大的污染源为种植业、城镇居民生活和农村居民生活。

2）各集水区负荷输入

根据各子流域负荷贡献率，对黄岗河 COD 入河负荷贡献最大的 3 个子流域为黄岗河上游集水区、食饭溪集水区及新塘溪集水区，3 个集水区 COD 入河比例分别为 51%、14% 及 12%。氨氮入河负荷贡献最大的 3 个子流域为黄岗河上游集水区、新塘溪集水区及建饶溪集水区，3 个集水区 COD 入河比例分别为 46%、14% 及 13%。总体而言，黄岗河上游集水区、新塘溪集水区、建饶溪集水区及食饭溪集水区的污染入河量占了流域污染负荷量的绝大部分。

3）蓝藻水华风险特征

从历史监测数据看，1997 年以来，汤溪水库频繁在 10—11 月发生蓝藻水华，2003 年蓝藻水华提前在 7 月发生。通过对影响汤溪水库蓝藻水华发生的主要因子的分析结果，汤溪水库的营养物质主要来源于流域降水形成的地表径流，其中 5 月降水多，水库营养盐输入量大，水库浮游植物生长基本不受 N、P 营养盐限制，具备蓝藻水华发生的 N、P 营养盐基础，尤其在 4—11 月，水库表层水温为 25～35℃，适合蓝藻水华的发生，水温与蓝藻、微囊藻的丰度具有显著相关性，较高的水温是蓝藻水华发生的重要条件之一，在具备充分营养盐与适合水温条件下，水体稳定性是控制汤溪水库蓝藻水华发生时间的关键因子（图 5.2-2～图 5.2-7）。

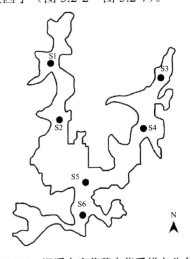

图 5.2-2　汤溪水库蓝藻水华采样点分布

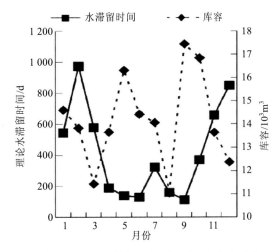

图 5.2-3　汤溪水库水滞留时间与库容动态

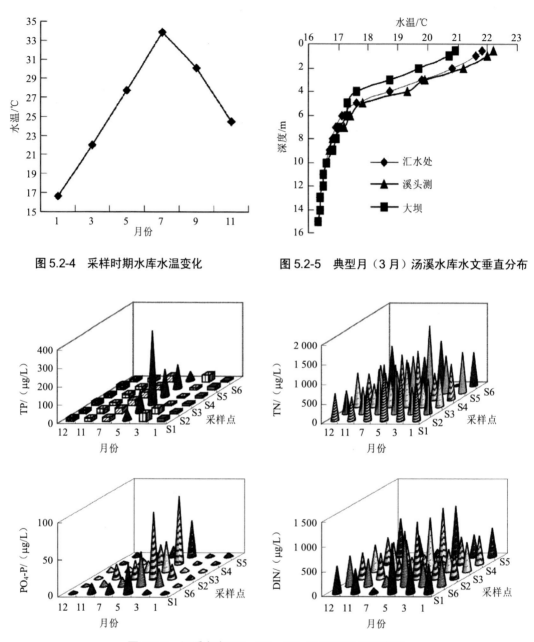

图 5.2-4 采样时期水库水温变化   图 5.2-5 典型月（3 月）汤溪水库水文垂直分布

图 5.2-6 汤溪水库 TP、TN、PO₄-P 和 DIN 动态变化

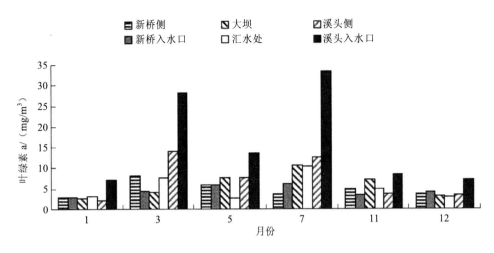

图 5.2-7 汤溪水库叶绿素 a 时空分布

5.2.1.3 水环境质量评价

根据 2012 年 1 月—2013 年 1 月饶平县常规水质监测数据，采用单指标法（水温、pH 除外）和综合污染指数法（总磷、总氮、高锰酸盐指数、溶解氧、化学需氧量、氨氮、五日生化需氧量、氟化物、挥发酚、石油类、粪大肠菌群共计 11 项）进行评价，结果表明，除 2012 年 11 月监测结果中二水库的监测项目总磷出现超标现象，未能满足《地表水环境质量标准》（GB 3838—2002）Ⅱ类水质标准外，其余各监测项目均基本能满足《地表水环境质量标准》（GB 3838—2002）Ⅱ类水质标准；汤溪水库各采样点的平均水质综合污染指数为 0.36～0.43，属轻度污染（表 5.2-12）。九村溪、食饭溪等主要支流水质基本都能达到地表水功能区划要求（Ⅲ类）。

表 5.2-12 汤溪水库水质综合污染指数

日期	采样点名称					平均值
	副坝	主坝	库中	溪头	二水库	
2012/1/9	0.40	0.36	0.34	0.39	0.37	0.37
2012/3/13	0.36	0.35	0.34	0.37	0.37	0.36
2012/5/7	0.39	0.39	0.40	0.43	0.42	0.40
2012/7/9	0.39	0.38	0.41	0.42	0.41	0.40
2012/9/3	0.40	0.37	0.37	0.40	0.35	0.38
2012/11/7	0.40	0.39	0.40	0.46	0.52	0.43
2013/1/7	0.36	0.41	0.35	0.43	0.36	0.38

5.2.2 水资源和水环境存在的问题

（1）水库水质有所下降，恶化趋势亟须遏制

随着集水区内社会经济的快速发展，大量未经处理的生活污水、工业废水及面源污染物排入河道，汤溪水库水质有所下降，流经镇区河段污染物超标率和超标倍数有所上升，部分监测断面处水质综合污染指数呈显著上升趋势。汤溪水库水质要求为Ⅱ类，监测数据表明，虽然水质基本达标，但平均水质综合污染指数为 0.36～0.43，已轻度污染，影响水质的主要污染物为生化需氧量、总氮、总磷、粪大肠菌群等。

（2）污水处理设施建设严重滞后，生活污水处理率低

生活污水处理设施建设明显滞后，截至 2013 年年底，流域内仅有 1 座城镇生活污水处理厂，且处于在建阶段，设计处理能力 2 万 t/d，年污水处理能力仅 730 万 t，现有污水处理厂处理设施规模远远不能满足需求。配套管网建设远远滞后，目前现有在建的唯一一座污水处理设施（三饶镇污水处理厂）设计收集范围也仅仅是三饶镇镇区生活污水，其他周边城镇均没有投入运营的污水处理厂，大量未经处理的城镇生活污水直接排入河道，是导致汤溪水库近年水质下降的直接原因之一。

（3）面源污染问题突出，畜禽养殖和种植业污染排放量大

汤溪水库集水区内畜禽养殖场多，以生猪为主，仅规模化畜禽养殖场（小区）就有 12 家，规模化畜禽养殖 COD、氨氮和总磷的排放量分别达 209.91 t/a、38.20 t/a 和 12.47 t/a，是水库重要污染源之一。集水区内农业面积高达 24.8 万亩，种植业 COD、氨氮和总磷的排放量高达 3 718.97 t/a、743.79 t/a 和 61.98 t/a，是汤溪水库集水区污染的最大贡献者。

（4）生态破坏和农村污染问题逐步显现

集水区生态环境开始受到破坏，生态系统较为脆弱。水土流失现象开始凸显，局部地区水土流失等问题依然严重。森林资源质量不高，结构简单，功能不断退化。农村环境卫生条件普遍较差，缺乏完善的人畜粪尿收集和处理系统，生活垃圾随意堆放，造成河道淤积和水体污染，对集水区内饮用水水源构成威胁。

（5）水环境监管能力不足

水环境监管能力不足，基层尤其是镇、村级环境管理能力尤其薄弱，环境监测、监察等机构标准化建设水平低，与标准化要求尚有较大差距，仪器设备种类、数量配备不全，缺乏必需的应急监测监控设备，环境监测预警及环境应急监测能力不足，无法开展饮用水水源水质全分析，不能适应环境监测需求。企业偷排、漏排现象屡禁不止，环境监管有待加强。

5.2.3　水库集水区水环境压力预测

5.2.3.1　社会经济发展与工业污染预测

（1）国内生产总值

2012 年集水区内 GDP 值为 170.59 亿元，"十二五"期间潮州市 GDP 年均增长率为 12%，集水区位处潮州市东北山区，发展相对较慢，GDP 年均增长率取 11%，"十三五"期间取潮州市 GDP 年均增长率 10%，预计"十四五"期间 GDP 增速有所回升，集水区 GDP 年均增长率取 11%。根据测算结果，2015 年、2020 年、2025 年集水区范围内 GDP 将分别增长到 56.0 亿元、90.2 亿元和 152.0 亿元。

（2）工业增加值

集水区内 2012 年工业增加值为 49.1 亿元，预计"十二五"期间年均增长 15%，"十三五"期间年均增长 13%，"十四五"时期年均增长 11%。根据测算结果，2015 年、2020 年及 2025 年集水区工业增加值分别为 74.7 亿元、137.6 亿元和 231.8 亿元。

（3）工业废水排放量测算

根据集水区工业废水排放量，采用单位GDP排放量法测算2013—2025年的集水区内的工业废水排放量。根据潮州市环境统计数据，2013年集水区内工业废水排放量为333.94万t，测算2015年、2020年及2025年集水区内工业废水排放量分别为376.33万t、468.98万t和611.48万t，其中，新塘镇目前无大型企业排污，现状废水排放量可忽略不计，但在未来设定其有一定程度废水排放，汤溪镇及韩江林场由于其功能定位不建议发展工业，工业废水排放量可忽略不计。

（4）工业化学需氧量排放量测算

采用单位GDP排放量法测算2015年、2020年及2025年集水区工业化学需氧量排放量。在测算时扣除低COD行业工业增加值贡献，集水区10个低COD行业工业增加值增量贡献率为30%，2020年该比例增加至35%，2025年增加至40%，同时，工业COD排放强度年均递减率取5%。根据环境统计数据，2013年集水区内化学需氧量排放量共195.36 t，测算得到2015年、2020年和2025年集水区内的工业化学需氧量排放量分别为225.23 t、240.59 t和274.48 t。

（5）工业氨氮排放量测算

集水区内主要排污行业为日用陶瓷制造业，规划采用该行业的上年度工业 GDP 污染物平均排放量和当年的工业 GDP 进行测算，工业氨氮排放强度年均递减率取 5%。根据环境统计数据，2013 年集水区内工业氨氮排放量共 9.69 t，测算得到 2015 年、2020 年和 2025 年集水区内的工业氨氮排放量分别为 11.07 t、13.80 t 和 18.00 t。

5.2.3.2　人口增长与生活污染预测

（1）人口增长预测

2013 年集水区内各行政区年末常住人数总计 243 803 人，常住人口增长率为 0.68%，根据《潮州市环境保护规划研究报告（2011—2020 年）》，未来集水区内人口增长率预计在 0.5% 以内。测算集水区内 2013 年、2015 年、2020 年和 2025 的年末常住人口数量分别为 24.4 万、24.7 万、25.3 万和 25.8 万。

（2）生活 COD 排放量测算

预计集水区内 2015 年城镇生活 COD 排放量为 1 703.8 t，随着人口的自然增长，城镇生活 COD 排放量呈逐渐增长趋势，2020 年为 1 854.1 t，2025 年达 1 947.5 t。农村生活 COD 在 2015 年排放量为 1 423.9 t，在未来由于城镇率的提高，农村污染排放量逐渐减少，2020 年为 1 375.3 t，至 2025 年达 1 361.0 t。

（3）生活氨氮排放量测算

预计集水区内 2015 年城镇生活氨氮排放量为 127.8 t，随着人口的自然增长，城镇生活氨氮排放量呈逐渐增长趋势，2020 年为 139.1 t，2025 年达 146.1 t。农村生活氨氮在 2015 年排放量为 106.8 t，2020 年为 103.1 t，至 2025 年达 102.1 t。

（4）生活总磷排放量测算

预计集水区内 2015 年城镇生活总磷排放量为 11.9 t，随着人口的自然增长，城镇生活氨氮排放量呈逐渐增长趋势，2020 年为 13.0 t，2025 年达 13.6 t。农村生活氨氮在 2015 年排放量为 10.0 t，2020 年为 9.6 t，至 2025 年达 9.5 t。

5.2.3.3　畜禽养殖污染预测

（1）畜禽养殖规模预测

规划以现状畜禽养殖情况对规划期畜禽养殖排污进行预测。根据《潮州市环境保护规划研究报告（2011—2020 年）》，"十二五"期间潮州市畜禽数量年均增长率为 4.67%，"十三五"期间畜禽数量年均增长率为 2.88%，预计"十四五"期间畜禽数量年均增长率为 2%。

（2）畜禽养殖排污量预测

根据单位排污系数法测算畜禽污染物排放量，2015—2025 年，规模化畜禽养殖场 COD、氨氮和总磷排放量呈上升趋势（表 5.2-13）。

表 5.2-13 规模化畜禽养殖排污量预测 单位：t/a

污染物种类	2013 年	2015 年	2020 年	2025 年
COD	209.91	235.32	277.38	313.05
氨氮	38.19	42.36	49.41	55.21
总磷	12.47	14.28	17.16	19.73

5.2.3.4 种植业污染预测

（1）种植业规模预测

根据《潮州市饶平县土地利用总体规划（2010—2020 年）》，2015 年饶平县农用地占土地总面积的比例为 86.82%，至 2020 年规划调整至 86.43%，减少幅度为 0.39%，耕地、园地、林地面积变化比例很小，总体而言未来农用地面积变化很小，假定未来施肥方式基本不变，种植业负荷排放与现状基本保持一致。

（2）种植业排污量预测

未来种植业排污量相对现状不变，2015 年、2020 年、2025 年 COD 排放量均为 3 718.97 t；2015 年、2020 年、2025 年氨氮排放量均为 743.79 t；2015 年、2020 年、2025 年总磷排放量均为 61.98 t（表 5.2-14）。

表 5.2-14 种植业排污量预测 单位：t/a

乡镇	COD			氨氮			总磷		
	2015 年	2020 年	2025 年	2015 年	2020 年	2025 年	2015 年	2020 年	2025 年
上饶镇	510.08	510.08	510.08	102.02	102.02	102.02	8.5	8.5	8.5
饶洋镇	512.8	512.8	512.8	102.56	102.56	102.56	8.55	8.55	8.55
新丰镇	560.2	560.2	560.2	112.04	112.04	112.04	9.34	9.34	9.34
三饶镇	392.56	392.56	392.56	78.51	78.51	78.51	6.54	6.54	6.54
建饶镇	680.31	680.31	680.31	136.06	136.06	136.06	11.34	11.34	11.34
新塘镇	598.16	598.16	598.16	119.63	119.63	119.63	9.97	9.97	9.97
汤溪镇	387.74	387.74	387.74	77.55	77.55	77.55	6.46	6.46	6.46
韩江林场	77.11	77.11	77.11	15.42	15.42	15.42	1.29	1.29	1.29
合计	3 718.97	3 718.97	3 718.97	743.79	743.79	743.79	61.98	61.98	61.98

5.2.3.5 污染物入河量预测

按照各污染源现状入河系数，未来集水区内污染物排放量保持持续增长（图 5.2-8），2020 年 COD、氨氮、总磷负荷量相对 2015 年分别增长 5%、4% 及 5%，2025 年相较 2020 年再分别增长 9%、8% 及 9%。

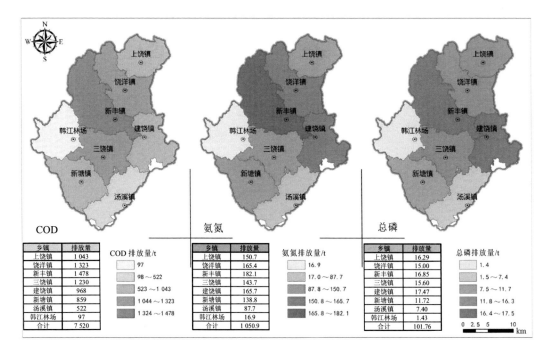

图 5.2-8　2020 年污染物排放量

从集水区 2020 年各乡镇负荷入河量来看（表 5.2-15、图 5.2-9），2020 年 COD 负荷入河量最大的 3 个乡镇分别为新丰镇、三饶镇及饶洋镇，其占总负荷的比例分别为 23%、20% 及 19%，氨氮负荷入河量最大的 3 个乡镇依然是新丰镇、饶洋镇及三饶镇，其占总量的比例分别为 20%、18% 及 16%，总磷负荷入河量最大的 3 个乡镇分别为新丰镇、饶洋镇及三饶镇，其占总量的比例分别为 20%、17% 及 17%。

表 5.2-15　集水区污染物入河量预测　　　　　　　　　　　　　　单位：t/a

乡镇	2020 年污染物入河量			2025 年污染物入河量		
	COD	氨氮	总磷	COD	氨氮	总磷
上饶镇	272.1	31.09	3.21	281.9	31.98	3.34
饶洋镇	401.7	40.19	3.63	416.2	41.46	3.74
新丰镇	465.7	44.83	3.99	486.5	46.7	4.12
三饶镇	402.5	37.29	3.55	424.5	39.52	3.81
建饶镇	197.6	28.78	2.95	203	29.39	3.05
新塘镇	195.9	25.75	2.2	200.8	26.13	2.23
汤溪镇	112.5	15.71	1.35	114.8	15.88	1.37
韩江林场	14.5	2.53	0.21	14.6	2.54	0.21
合计	2 062.6	226.17	21.1	2 142.2	233.6	21.87

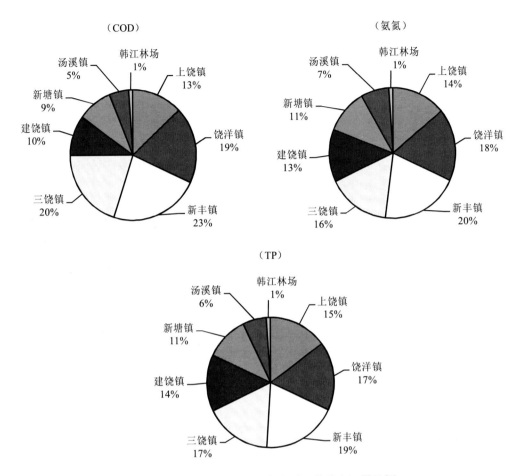

图 5.2-9　2020 年集水区各乡镇污染物入河量比例

5.2.3.6　未来形势与压力

（1）社会经济将继续保持增速发展，环境压力加大

随着粤东西北经济快速崛起，饶平县未来十年内将迎来经济的黄金增长期，2020 年、2025 年集水区范围内 GDP 将分别增长至 90.2 亿元和 152.0 亿元，工业增加值将分别迈过 100 亿元大关和 200 亿元大关。同时，人口增长和城镇化率也将逐年提高，预计到 2020 年和 2025 年，集水区内年末常住人口数量将达到 25.3 万人和 25.8 万人。经济社会持续、快速、城市化发展模式将是饶平县和集水区发展的主旋律，经济社会的发展势必带来更多的污染，将对汤溪水库水质和环境带来巨大压力。

（2）水污染物排放持续增长，污染减排和污染整治任务较重

社会经济的发展必然导致水资源需求和污染物排放量的增加，据测算，2020 年和 2025 年，汤溪水库集水区内工业废水排放量将增加到 468.98 万 t/a 和 611.48 万 t/a，以 COD 为

例，工业 COD 排放量将分别增长到 240.59 t/a 和 274.48 t/a，城镇生活 COD 排放量将分别增长到 1 854.1 t/a 和 1 947.5 t/a，农村生活 COD 排放量将分别达 1 375.3 t/a 和 1 361.0 t/a，畜禽养殖 COD 排放量将增长到 2020 年 277.38 t/a、2025 年 313.05 t/a，种植业 COD 排放量更是保持在 3 718.97 t/a，未来集水区水污染减排和水污染整治任务将十分繁重。

（3）生态环境建设亟待加强，生态服务功能亟待提升

在经济持续较快增长和城市化进程加快的压力下，集水区内生态环境的总体形势仍不容乐观，水污染特别是由城镇居民生活污水和种植业引起的水环境问题将比较突出，局部小河段和小流域水污染加剧的趋势较为明显。森林生态功能减弱，农村环境普遍较差，乡镇企业的大量排污和化学农药的使用，导致农业面源污染负荷加大；生态环境状况整体较好，但局部地区水土流失依然严重，尤其是人为干扰，如土地开发和基础设施项目建设等引发水土流失的危害比单纯的自然因素严重。

（4）环境监管能力建设有待加强，环保投入和投资急需增加

饶平县和汤溪水库集水区社会经济发展仍相对落后，环保投入占 GDP 的比例不高，环保基础设施建设严重滞后，所有镇均未设独立环保机构。集水区环境监测技术能力、环境监察技术能力和环境宣教与信息技术能力与省、市平均水平尚有差距，特别是县、镇一级，人员编制、经费、设备和执法装备等离标准配置要求差距极大，不能满足未来环境监测、监察的任务需求。

5.3　规划方案

5.3.1　水环境容量计算与控制方案

5.3.1.1　水环境容量计算

（1）方法选择

水库、湖泊富营养化数值预测模型可以分为两大类：一类称为箱体模型，这类模型从经验和宏观着手，根据研究对象的流入和流出负荷，预测水库、湖泊的富营养化水平，由于这类模型有些系数是根据水库、湖泊实测资料统计得到的，所以又称为统计模型；另一类模型为动力学模型，这类模型包括营养盐（氮和磷）系统，浮游植物及浮游动物系统，以及生物生长率同营养盐、阳光、温度间的关系，浮游植物与浮游动物生长率之间关系等。

汤溪水库的主要功能是蓄水发电，氮、磷等污染物排入水库水域后，在库流和风浪作用下，在所具有的停留时间内是足够发生充分混合的，库中污染物分布基本均匀。因此，可以把汤溪水库看成是完全均匀混合的水体，应用各种均匀混合的箱式模型进行水质模拟。

为求得在均匀混合条件下湖库水中平均氮、磷浓度，美国学者 Vollenweider、经济合作与发展组织（OECD）、日本学者合田健等分别提出了不同的数学模型。后来 Dillon 为克服 Vollenweider 模型中磷沉积系数测定难的问题，便在 Vollenweider 模型基础上推导出了 Dillon 模型。但对于不同的水体，其特定的气象、水文、地理环境及社会发展状况不同，其适用的氮、磷环境容量模型也不尽相同。根据资料掌握情况，采用 OECD 模型（图 5.3-1）对汤溪水库水质、水环境容量进行模拟和计算，并选取 2012 年进行水质验证。在计算前，需要对汤溪水库集水区水系进行适当概化。

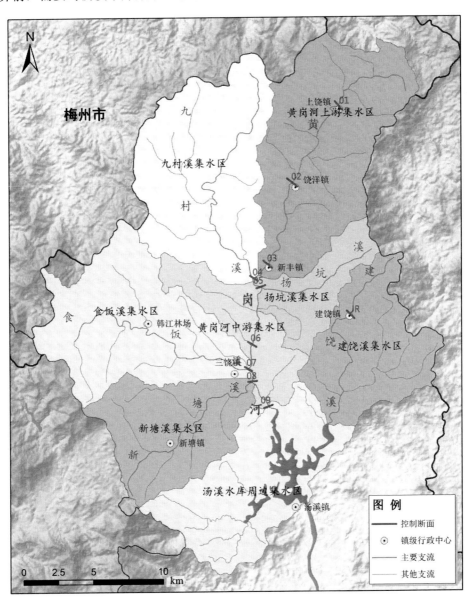

图 5.3-1　汤溪水库集水区模型控制断面分布

①区域水系确定。根据研究区域 DEM 数据获得地表径流源-汇关系，确定主干流、主要支流，划定各河流的集水区范围，选择参与水环境容量测算的河流。

②重要取水口确定。流域内重要的取水口一般有城市自来水厂取水口、大型企业自备水源取水口，流量较小的企业取水口、城镇饮用水取水口可与其他大型取水口合并。同时需要确定的还有各取水口水源来源为河流、湖库还是地下水。

③排污口概化。假定现有排污口位置不变，河流（河段）的支流作为排污口考虑，与排污口距离较近的简化为集中排污口，离河流较远的零散小排污口作面源处理，面源考虑范围包括农村生活源、农田径流、畜禽养殖、城市降雨径流。

④非点源污染处理。非点源污染不作为模型计算的输入条件，在计算可利用的水环境容量中加以扣除。

有关参数和数据见表 5.3-1 至表 5.3-3。

表 5.3-1　汤溪水库有关参数

平均水深/m	年平均表面积/m²	年平均库容/m³	年入库水量/（m³/a）	年出库水量/（m³/a）	单位面积水量负荷/m
111.33	1 329 100	147 970 000	523 497 600	526 651 200	393.87

表 5.3-2　集水区各子流域水资源量

序号	子流域	面积/km²	汇入水量/10⁴×m³	平均流量/（m³/s）
1	黄岗河上游集水区	121.8	3 710.8	1.18
2	九村溪集水区	114.5	3 486.6	1.11
3	扬坑溪集水区	34.1	1 040.1	0.33
4	黄岗河中游集水区	39.6	1 207.5	0.38
5	食饭溪集水区	104.0	3 167.2	1.00
6	新塘溪集水区	67.7	2 062.3	0.65
7	汤溪水库周边集水区	89.4	2 721.7	0.86
8	建饶溪集水区	69.5	2 118.5	0.67
	总计		19 515	6.2

表 5.3-3　汤溪水库近十年库容、降水量、出入库流量

年份	年平均库容/万 m³	年平均入库流量/（m³/s）	年平均出库流量/（m³/s）	年平均降水量/mm
2004	10 443	10.50	10.40	1 380.20
2005	15 399	17.90	18.60	1 567.60
2006	19 199	38.50	39.10	2 773.80
2007	16 073	23.20	23.80	1 759.60
2008	15 613	25.40	24.30	2 148.30
2009	9551	7.40	10.40	1 218.40
2010	14 085	25.30	22.20	2 163.60
2011	13 345	12.90	13.40	1 427.20
2012	14 797	16.60	16.70	1 714.80
2013	19 352	29.80	27.30	2 297.10

各计算单元长度及水环境功能区划统计见表 5.3-4，断面设置位置主要在污水处理厂排污口上游、支流汇入口上游、地表水常规监测点处。

表 5.3-4　一维水质模型计算单元基本情况

所属河流	节点名称	影响因素	与上一点间距/km
黄岗河干流	起始端	源头来水	0.0
	01	上饶镇排水	7.1
	02	饶洋镇排水	7.5
	03	新丰镇排水	6.5
	04	九村溪汇入	1.1
	05	扬坑溪汇入	1.0
	06	黄岗河中游汇入	4.4
	07	食饭溪汇入	1.8
	08	新塘溪汇入	1.2
	09	汇入汤溪水库	2.6
建饶溪	起始端	源头来水	0.0
	JR	建饶镇排水	5.9
	末端	汇入汤溪水库	10.3

（2）计算结果

采用 OECD 模型计算得出的 COD、氨氮、总磷预测结果与实测值较接近（表 5.3-5），相对误差较小，表明该模型适用于汤溪水库水质及容量的计算。

表 5.3-5　汤溪水库 COD、氨氮、总磷模拟值与实测值比较

模型名称	氨氮			总磷			COD		
	模拟值/(mg/L)	实测值/(mg/L)	相对误差/%	模拟值/(mg/L)	实测值/(mg/L)	相对误差/%	模拟值/(mg/L)	实测值/(mg/L)	相对误差/%
OECD 模型	0.104	0.094	10.67	0.027	0.023	17.13	8.37	9.38	−10.80

汤溪水库 COD 环境容量为 4 923.91 t/a，氨氮环境容量为 257.27 t/a，总磷环境容量为 12.26 t/a。

①近期。集水区内河流 COD 天然环境容量为 4 688.5 t/a，氨氮为 152.8 t/a，总磷为 13.7 t/a（表 5.3-6）。与水库容量相比，河流 COD 天然容量与水库差距不大；氨氮方面，由于河流受水环境功能区划限制，氨氮浓度应该不大于 0.5 mg/L，2020 年河流氨氮天然环境容量为 152.8 t，远小于汤溪水库容量限制；同时，由于湖库 II 类总磷浓度限值严于河流，因此入库河流总磷浓度应该低于河流 II 类总磷浓度限值，考虑污染物在河流中的降解作用，2020 年河流总磷天然环境容量也仅有 13.7 t。从各乡镇看，各镇中容量最大的

两个乡镇为新丰镇及三饶镇，容量最小的则为韩江林场。从各子流域看，黄岗河上游集水区的环境容量最大，扬坑溪集水区的环境容量最小。

表 5.3-6　2020 年各子流域环境容量　　　　　　　　　　　　单位：t/a

序号	子流域	天然环境容量			理想环境容量		
		COD	氨氮	总磷	COD	氨氮	总磷
1	黄岗河上游集水区	954.8	31.2	2.8	859.3	28.1	2.5
2	九村溪集水区	897.1	29.3	2.6	807.4	26.4	2.4
3	扬坑溪集水区	267.6	8.7	0.8	240.9	7.9	0.7
4	黄岗河中游集水区	310.7	10.2	0.9	279.6	9.1	0.8
5	食饭溪集水区	814.9	26.6	2.4	733.4	24.0	2.2
6	新塘溪集水区	530.6	17.3	1.6	477.6	15.6	1.4
7	汤溪水库周边集水区	408.2	13.6	1.1	367.4	12.2	1.0
8	建饶溪集水区	504.6	15.8	1.5	454.1	14.2	1.3
	总计	4 688.5	152.8	13.7	4 219.7	137.5	12.3

②远期。2025 年，汤溪水库各河流理想 COD 环境容量为 4 388.1 t，氨氮为 141.4 t，总磷为 12.2 t（表 5.3-7）。各乡镇中容量最大的乡镇依然是新丰镇及三饶镇。

表 5.3-7　2025 年各乡镇环境容量　　　　　　　　　　　　单位：t/a

乡镇	天然环境容量			理想环境容量		
	COD	氨氮	总磷	COD	氨氮	总磷
上饶镇	442.0	17.6	1.5	397.8	15.9	1.4
饶洋镇	609.1	21.2	1.9	548.2	19.1	1.7
新丰镇	1 275.9	35.7	3.3	1 148.3	32.1	3.0
三饶镇	1 021.0	33.9	3.0	918.9	30.5	2.7
建饶镇	518.2	16.5	1.5	466.4	14.8	1.4
新塘镇	594.0	17.3	1.1	534.6	15.5	1.0
汤溪镇	408.2	13.6	1.1	367.4	12.2	1.0
韩江林场	7.3	1.3	0.1	6.6	1.2	0.1
总计	4 875.7	157.1	13.6	4 388.1	141.4	12.2

5.3.1.2　污染物总量控制方案

污染物入河量与集水区各乡镇理想环境容量对比，按照现状排污水平发展，2020 年和 2025 年来各乡镇 COD 容量相对充足，但氨氮及总磷容量则严重不足（表 5.3-8）。

表 5.3-8　集水区 2020 年剩余环境容量　　　　　　　　　　单位：t/a

乡镇	入河负荷量			理想环境容量			剩余环境容量		
	COD	氨氮	总磷	COD	氨氮	总磷	COD	氨氮	总磷
上饶镇	272.1	31.09	3.21	385.7	20.75	2.01	113.5	−10.33	−1.20
饶洋镇	401.7	40.19	3.63	523.3	18.90	1.69	121.6	−21.29	−1.94
新丰镇	465.7	44.83	3.99	1 037.3	27.97	2.51	571.6	−16.86	−1.49
三饶镇	402.5	37.29	3.55	918.9	25.92	2.18	516.4	−11.37	−1.37
建饶镇	197.6	28.78	2.95	454.1	14.22	1.35	256.5	−14.56	−1.61
新塘镇	195.9	25.75	2.20	526.5	16.32	1.48	330.6	−9.43	−0.72
汤溪镇	112.5	15.71	1.35	367.4	12.25	0.98	254.9	−3.46	−0.37
韩江林场	14.5	2.53	0.21	6.6	1.17	0.10	−7.9	−1.37	−0.12
合计	2 062.6	226.17	21.10	4 219.7	137.49	12.30	2 157.1	−88.68	−8.81

按照目前各污染物污染排放情况及现状污染治理水平，规划期还需通过工业废水达标处理后接入城市污水管网、完善城镇污水处理设施、开展农村环境综合整治、畜禽养殖污染整治、种植业生态化发展等措施，强化污染治理，降低各污染源负荷入河率，以环境容量为限制计算各污染源需削减负荷（表 5.3-9、表 5.3-10）。

表 5.3-9　集水区 2015 年污染物允许排放量　　　　　　　　　单位：t/a

乡镇	COD	氨氮	总磷
上饶镇	258.8	29.87	3.04
饶洋镇	380.9	38.47	3.47
新丰镇	441.6	42.68	3.81
三饶镇	379.7	35.01	3.25
建饶镇	190.6	28.03	2.82
新塘镇	189.1	25.22	2.16
汤溪镇	109.1	15.45	1.33
韩江林场	14.5	2.53	0.21
合计	1 964.2	217.26	20.09

表 5.3-10　集水区 2020 年污染物允许排放量　　　　　　　　单位：t/a

乡镇	COD	氨氮	总磷
上饶镇	206.9	20.25	1.98
饶洋镇	186.9	18.43	1.66
新丰镇	277.1	27.47	2.50
三饶镇	247.4	23.52	2.13
建饶镇	128.1	13.30	1.34
新塘镇	138.2	15.44	1.34

乡镇	COD	氨氮	总磷
汤溪镇	46.2	7.16	0.61
韩江林场	6.6	1.17	0.10
合计	1 237.4	126.75	11.66

从污染物允许排放量的变化情况来看，通过加强污染治理，未来集水区负荷排放量不断减少，2020 年集水区 COD、氨氮及总磷负荷排放量相较 2015 年分别降低 37%、42% 及 42%，2025 年集水区 COD、氨氮及总磷负荷排放量相较 2015 年分别降低 50%、48% 及 51%。从 COD、氨氮和总磷的排放情况来看，占比前三的为新丰镇、三饶镇及上饶镇，其比例均为 20% 左右（图 5.3-2）。

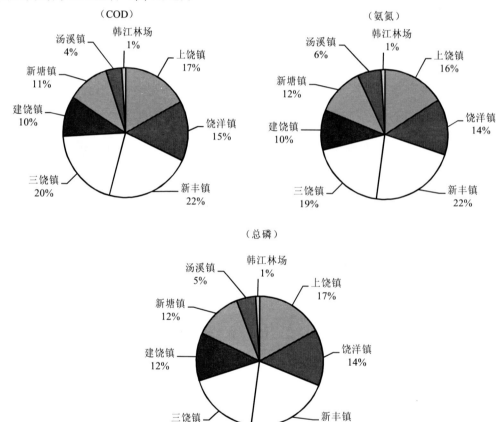

图 5.3-2　2020 年集水区内各乡镇污染排放占比

由于污水处理设施配套尚不完整，在典型枯水年的降雨条件下，湖库总磷限制严格，各乡镇总磷剩余容量很低。集水区内各项污水处理设施建设完善后，点源、面源污染整治效果明显，各镇入河排污量均小于环境容量。

5.3.1.3　总量控制措施

通过流域污染负荷排放现状调查和理想水环境容量分析，汤溪水库集水区已出现污染物入河量大于其理想环境容量的情况，即存在水质下降的风险。为使水质稳定保持 Ⅱ 类，必须对汤溪水库集水区重点水污染物排放实行总量控制，通过不断优化产业结构和布局、积极转变经济增长方式、大力发展循环经济，在保持经济持续平稳增长的基础上，逐步削减水污染物排放总量，有效改善全流域水环境质量。

（1）实施基于环境容量的污染物总量控制制度

集水区内生活和工农业污水的排放，是影响流域水环境质量的根本原因，因此要确立"治水先治陆"的思想理念，制定以环境容量为基础的陆源入河污染物总量控制管理体系，控制和削减点源污染物排放总量，全面实施排污许可证制度，使陆源污染物排放管理制度化、目标化、定量化，为实现汤溪水库集水区水环境保护的理性管理奠定基础。

（2）全面推进居民生活污水处理设施建设

污染源统计分析的结果表明，居民生活是汤溪水库的重要污染来源。目前，汤溪水库集水区范围内尚无建成运行的污水处理厂，生活污水未经处理即就地排放。因此，要全面推进汤溪水库集水区各镇生活污水处理设施的建设，同时逐步开展农村生活污水处理系统的建设。①加快污水处理设施及污水管网的建设，统筹城乡基础设施建设布局，引导污水处理等公共设施在城镇间共建共享和向城镇周边农村地区辐射延伸；②按照"宜建则建、宜输则输"的原则，靠近城市污水处理系统的农村地区污水纳入城镇污水处理厂集中处理。离城镇污水处理厂较远的农村、偏远乡村地区，根据因地制宜的原则，建议采用投资小、施工及管理难度小的生态处理办法，如二级生物处理、氧化塘、人工湿地等处理方式。

（3）排查整顿沿岸餐饮服务业

加强对第三产业污染源的监督管理，有条件的情况下开展沿岸餐饮服务业的排查，对偷排乱排的小店进行清理整顿，水源一级、二级保护区内的餐馆、农庄需限时搬迁或关闭。

（4）加强畜禽养殖污染防治

从污染源统计结果来看，畜禽养殖业是总磷和氨氮的重要来源，要严格控制环境敏感水域的陆地汇水区畜禽养殖密度、规模，并建议划定畜禽禁养区，搬迁或关闭位于禁养区内的畜禽养殖场。适度控制养殖规模，引导畜禽养殖业向消纳土地相对充足的地区转移，走生态养殖道路，减少畜禽废水直接排放，提高畜禽养殖业清洁生产水平及废弃物资源化利用水平，防治结合。

（5）加强面源污染防治

对于农田径流污染的防治，应当积极向生态农业方向发展现代农业，减少各种化学肥料尤其是含氮、磷等的肥料的施用，尽量使用有机肥料、生物农药，利用不同农作物对营养元素吸收的互补性，采取合理的间作套种，结合坑、塘、池等工程措施，减少径流冲刷和土壤流失，并通过生物系统拦截净化污染物。对于城市径流污染防治，应从减少地表堆积物入手，改进清扫方式和提高清扫频率，保持城市地面清洁，优化排水系统设计，加强边坡绿化，建设草地过滤带等。

（6）加快产业结构调整与技术创新

汤溪水库集水区的工业发展应进一步严格环境准入，从源头上减少新项目带来的水污染问题；扩建项目应通过以新带老，做到增产不增污或增产减污。对中小型同行业企业，尽量集中化，推动各集约工业区建设污水处理厂，重点建设同行业集约基地的污水集中处理设施。积极支持发展低污染、低消耗、有利于资源综合利用的环保型项目和循环经济项目，鼓励通过结构调整、技术改造和产品升级换代，不断降低单位产值的排污量。

5.3.2　饮用水水源地保护规划方案

5.3.2.1　饮用水水源地分布及环境现状

（1）饮用水水源地总体情况

根据 1999 年的《关于潮州市生活饮用水地表水源保护区划分方案的批复》（粤府函〔1999〕43 号）及 2007 年的《关于同意调整饶平县饮用水水源保护区的批复》（粤府函〔2007〕50 号），汤溪水库属饶平县饮用水水源二级保护区。汤溪水库集水区内乡镇级集中饮用水水源地共 9 个，其中河流型水源地 1 个、湖库型水源地 4 个、地下水型水源地 4 个。

表 5.3-11　汤溪水库集水区乡镇级饮用水水源地基本信息

序号	水源地名称	水源类型	使用状态	所在乡镇	服务乡镇	服务水厂
1	三饶镇饮用水水源地	河流型	现用	三饶镇	三饶镇	三饶镇水厂
2	新丰镇赤竹坪水库饮用水水源地	湖库型	规划	新丰镇	新丰镇	新丰镇水厂
3	新丰镇新跃进水库饮用水水源地	湖库型	规划	新丰镇	新丰镇	
4	新丰镇田峰山水库饮用水水源地	湖库型	规划	新丰镇	新丰镇	
5	饶洋镇西岩水库饮用水水源地	湖库型	现用	饶洋镇	饶洋镇	饶洋镇水厂
6	上饶镇茂芝大公山饮用水水源地	地下水型	现用	上饶镇	上饶镇	上饶镇茂芝水厂
7	上饶镇坝上东片山饮用水水源地	地下水型	现用	上饶镇	上饶镇	上饶镇坝上水厂
8	新塘镇新楼村刣鹅坑饮用水水源地	地下水型	现用	新塘镇	新塘镇	新塘镇新楼村水厂
9	新塘镇顶厝村饮用水水源地	地下水型	现用	新塘镇	新塘镇	新塘镇顶厝村水厂

（2）饮用水水源地水质状况

从近年水质来看，汤溪水库基本能满足《地表水环境质量标准》（GB 3838—2002）Ⅱ类水质标准，2012 年 11 月监测结果中二水库的总磷未能满足《地表水环境质量标准》（GB 3838—2002）Ⅱ类水质标准，但满足Ⅲ类水质标准，其余各监测项目均基本能满足

《地表水环境质量标准》（GB 3838—2002）Ⅱ类水质标准。9 个乡镇级饮用水水源地中，1 个河流型水源地和 4 个湖库型水源地水质现状均为Ⅱ类，4 个地下水型水源地水质现状为Ⅲ类，均达标。

（3）饮用水水源保护区污染源分析

①城镇级饮用水水源保护区。根据统计数据，汤溪水库饮用水水源保护区范围内主要为农村，由于生活污水处理厂的管网建设不完善，生活污水得不到有效处理，污染主要来源于农村生活污水。

②乡镇级饮用水水源保护区。汤溪水库集水区内的 9 个乡镇级饮用水水源地中，湖库型与地下水型水源地周边均为山林、山地，没有工业、农业及生活污染。

5.3.2.2　饮用水水源保护区划分与调整

（1）城镇级饮用水水源保护区调整

根据《饮用水水源保护区划分技术规范》（HJ/T 338—2007）、《饮用水水源保护区划分技术指引》（DB44/T 749—2010）等技术规范和指引的要求及饶平县经济社会发展的实际需求等，饶平县拟对黄冈河饮用水水源保护区进行调整，已形成可行性报告。

（2）乡镇级饮用水水源保护区划分

根据《广东省潮州市乡镇集中式饮用水水源保护区划分可行性研究报告》，汤溪水库集水区范围内共划定 9 个饮用水水源保护区，其中 1 个为河流型水源地、4 个为湖库型水源地，其余 4 个为地下水型水源地（图 5.3-3）。

表 5.3-12　汤溪水库集水区内饮用水水源地保护区调整情况

保护区所在地	保护区名称和级别	原划定情况		调整后划定情况		变化说明
		水域保护范围与水质保护目标	陆域保护范围	水域保护范围与水质保护目标	陆域保护范围	
饶平县	饶平县饮用水水源二级保护区	黄冈河汤溪水库全部水域；汤溪水库库区北端至一级保护区的上界面的水域；黄冈大桥至东溪水闸的水域。水质保护目标为Ⅱ类	汤溪水库设计水位向陆纵深100 m 的集水区；相应二级保护区水域河堤外坡脚向陆纵深1 000 m 的陆域范围。其中黄冈大桥至东溪水闸为岸线至防洪堤背水坡	黄冈河汤溪水库全部水域；汤溪水库库区北端至一级保护区的上界面（汕汾高速上游3 000 m 处）的水域；一级保护区的下界面（汕汾高速上游 400 m 处）至东溪水闸的水域。水质保护目标为Ⅱ类	汤溪水库设计水位向陆纵深 100 m 的集水区；相应二级保护区水域向陆域纵深至防洪堤背水坡	调整后，饮用水水源二级保护区范围中的"一级保护区的下界面至东溪水闸的水域"调整为"由汕汾高速上游 400 m 起至东溪水闸的水域"，水质保护目标为Ⅱ类；二级保护区水域长度从 2 500 m 调整为6 400 m。二级保护区陆域由"相应二级保护区水域河堤外坡脚向陆纵深1 000 m 的陆域范围。其中黄冈大桥至东溪水闸为岸线至防洪堤背水坡"调整为"相应二级保护区水域向陆域纵深至防洪堤背水坡"

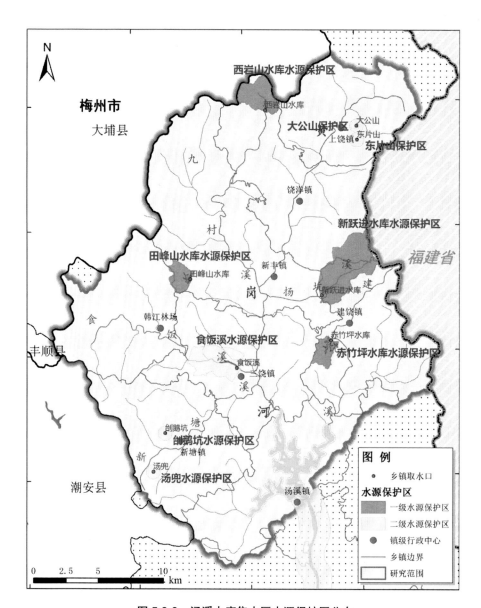

图 5.3-3　汤溪水库集水区水源保护区分布

5.3.2.3　饮用水水源地保护与污染控制方案

（1）严格执行饮用水水源保护法规条例

严格保护饮用水水源保护区，严禁向水源保护区排污，饮用水水源一级保护区内禁止新建、扩建与供水设施和保护水源无关的项目；禁止设置任何旅游设施、码头及向水体排放、倾倒污水的行为；禁止放养畜禽和从事网箱养殖活动；对从事旅游、游泳、洗涤和其他可能污染水源的活动予以严厉惩处。饮用水水源一级、二级、准保护区内禁止新建、扩建排放含有持久性有机污染物和含汞、镉、铅、砷、铬等污染物的项目，禁止设置任何排污口和油类及其他有毒有害物品的储存罐、仓库、堆栈、油气管道和废弃物回收场、加工场；禁止布局占用河面、湖面等饮用水水源水体或者直接向河面、湖面等水体排放污染物的餐饮、娱乐设施；保护区内禁建畜禽养殖场、养殖小区。饮用水水源一级、二级、准保护区内禁止排放、倾倒、堆放、填埋、焚烧剧毒物品、放射性物质以及油类、酸碱类物质、工业废渣、生活垃圾、医疗废物、粪便及其他废弃物，禁止从事船舶制造、修理、拆解作业；禁止利用码头等设施装卸油类、垃圾、粪便、煤、有毒有害物品；禁止运输剧毒物品的车辆通行，杜绝使用剧毒和高残留农药，对破坏水环境生态平衡、水源涵养林、护岸林、与水源保护相关的植被的活动进行严格查处，禁止开山采石和非疏浚性采砂，不得使用船舶运输剧毒物品、危险废物以及国家规定禁止运输的其他危险化学品。县级以上人民政府负责本行政区域内饮用水水源水质保护工作，将饮用水水源水质保护情况纳入政府环境保护责任考核范围，建立饮用水水源水质保护协调领导机制，统筹协调辖区内饮用水水源水质保护工作，可依法征用饮用水水源一级保护区内的土地用于涵养饮用水水源，保护饮用水水源水质。按规范设立保护区标志牌，在人为影响较大的一级水源保护区设置隔离防护设施。

（2）加快水源地污染整治

大力开展饮用水水源环境执法专项行动，全面排查饮用水水源保护区污染源情况，加大执法力度，加强巡查频次，严厉查处水源保护区内企业违法排污行为，依法关闭水源保护区内的违法排污口，对违法违规建设的项目要责令停建并限期治理或拆除。及时清理水源保护区内的暴露垃圾，严控违法养殖回潮，合理控制桉树种植规模，加强水源涵养林建设，推广生态农业、生态林业，减轻面源污染。

（3）严格水源地环境监管

严格饮用水水源保护区环境监管，加强对饮用水水源、水厂供水和用水点的水质监督，对取水、供水实施全过程管理，建立健全饮用水水质通报制度。结合饮用水水源保护区安全保障的需要，在水源保护区已有监测系统的基础上，进行饮用水水源保护区水量（或水位）、水质监测站网及监测体系建设，监测、控制水源保护区水质、水量（或水位）安全状况，提高水源保护区污染事故、水量（或水位）水质变化风险预警预报能力。制定饮用水水源保护区应急预案，提高饮用水水源保护区应急能力。

5.3.3　产业环境优化方案

5.3.3.1　产业发展现状

（1）位处潮州东北经济区，以黄三发展轴为发展纽带

从潮州市整体空间发展战略上来看，汤溪水库集水区位于饶平县北部，属潮州市东

北经济区，东临福建市，西北侧为梅州市，以黄岗河沿线村镇、路网为基础形成黄三发展轴，以三绕镇、新丰镇为中心重点发展陶瓷产业及种植业。

（2）饶平县经济总量稳步提升，占潮州市比例有上升趋势

饶平县及潮州市近年来 GDP 变化状况见图 5.3-4，潮州市及饶平县 GDP 保持持续增长，2008 年饶平县 GDP 为 101.34 亿元，至 2012 年，GDP 上升至 170.59 亿元，提高了68.3 个百分点，相对而言，潮州市 GDP 在这几年提高了 61.3 个百分点。

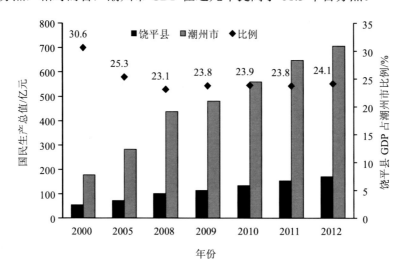

图 5.3-4　饶平县近年 GDP 变化情况

从饶平县 GDP 占全市比重来看，2000 年饶平县 GDP 占全市 GDP 的 30.6%，至 2005年下降至 25.3%，至 2008 年下降至 23.1%，在 2008 年之后，该比例有所回升，至 2012年上升至 24.1%。

（3）三次产业比例较稳定，经济发展以第二、第三产业为主

饶平县三次产业比例变化情况见图 5.3-5，2008—2012 年饶平县三次产业比例变化较小，大体保持在 18∶44∶38 的结构，相对早期 2000 年 32∶36∶33 的结构，第一产业的比例下降至 18%，第二产业比例增长至 44%。目前饶平县经济发展以第二产业及第三产业为主，两者占 GDP 比例为 82%。

（4）城镇规模处饶平县第二梯队，工农业发展状况相对落后

根据统计数据（表 5.3-13），汤溪水库集水区范围内，饶洋镇、新丰镇、上饶镇及三饶镇人口在饶平县排名 4~8 名，在饶平县所有乡镇中处第二梯队，其他 3 个乡镇及韩江林场排名较后。从工业产值排名来看，人口最多的 4 个乡镇排名靠前。从农业产值排名来看，排名在前 10 的乡镇有 3 个，分别为建饶镇、新丰镇及上饶镇。

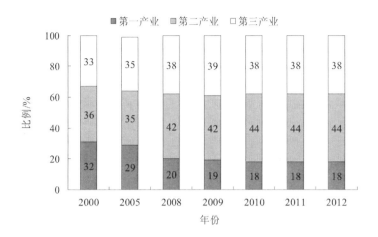

图 5.3-5　饶平县近年三次产业比例变化情况

表 5.3-13　集水区内各镇工、农业产值

序号	乡镇	人口/人	人口数量排名	工业		农业	
				产值/亿元	排名	产值/亿元	排名
1	上饶镇	63 350	6	3.2	7	1.46	8
2	饶洋镇	68 219	4	5.7	5	0.88	13
3	新丰镇	68 093	5	15.59	4	1.97	7
4	三饶镇	56 364	8	22.7	2	1.28	10
5	建饶镇	16 565	20	—	—	2.68	4
6	新塘镇	22 043	16	0.79	14	0.6	15
7	汤溪镇	11 861	21	1.12	10	0.42	16
8	韩江林场	1 735	22	—	—	0.12	17
	合计	1 034 172		116.88		38.11	

　　汤溪水库集水区内人口总数为 103 万人，占全县的 29.8%，工业总产值为 117 亿元，占全县的 26.6%，农业总产值 38 亿元，占全县的 24.7%，从占比来看，集水区内工、农业发展状况相对南部区域稍显落后。

　　（5）工业以陶瓷为主导，农业以茶叶为特色

　　据 2012 年统计数据（表 5.3-14），汤溪水库集水区内七镇一林场工业产值共 49.1 亿元，工业主导产业为陶瓷产业，乡镇特色农业产业为茶叶种植业。区内新丰镇和三饶镇地理位置优越，成为粤东、闽西南地区的交通枢纽，工业发展规模最大，工业产值分别为 15.59 亿元及 22.7 亿元。农业产值最大乡镇为建饶镇，建饶镇大部分区域为丘陵、山区，共种植茶叶 8 650 亩，农业产值达 2.68 亿元。建饶镇及韩江林场主导产业分别为种植业及林业，工业产值可忽略不计。

表 5.3-14 集水区内各镇工、农业产值   单位：亿元

乡镇	工业产值	农业产值
上饶镇	3.2	1.46
饶洋镇	5.7	0.88
新丰镇	15.59	1.97
三饶镇	22.7	1.28
建饶镇	—	2.68
新塘镇	0.79	0.6
汤溪镇	1.12	0.42
韩江林场	—	0.12
总计	49.1	9.41

从工业产值分布来看，三饶镇和新丰镇占比最大，二者占比共达 78%，其次为饶洋镇，占比为 12%，其余几个乡镇工业产值占比均在 10%以内；从农业产值分布来看，农业产值占比较大的乡镇共有 4 个，分别是建饶镇、新丰镇、上饶镇及三饶镇，其占比分别为 29%、21%、16% 及 14%（图 5.3-6）。

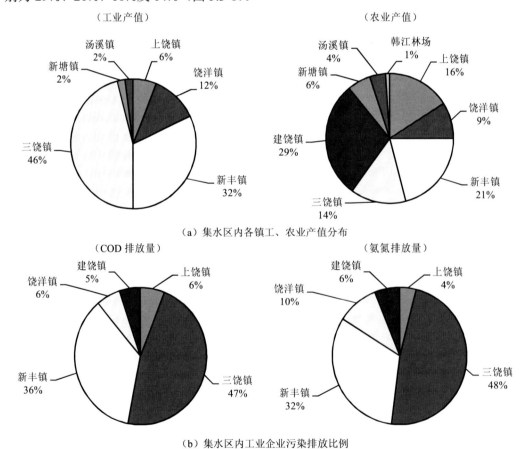

（a）集水区内各镇工、农业产值分布

（b）集水区内工业企业污染排放比例

图 5.3-6 集水区各镇工农产值及工业企业污染排放

5.3.3.2　污染排放现状

（1）重点排污企业集中于三饶镇、新丰镇

根据环境统计结果（图 5.3-7），纳入统计范围内的企业数量共 43 家，涉及 5 个乡镇，包括三饶镇（17 家）、新丰镇（16 家）、饶洋镇（7 家）、上饶镇（2 家）及建饶镇（1 家）。集水区内主要排污企业年废水排放量达 333.9 万 t，COD 排放量达 195.4 万 t，氨氮排放量达 9.7 万 t（表 5.3-15）。从 COD 排放来看，三饶镇、新丰镇排放比例共达总量的 83%，饶洋镇、建饶镇及上饶镇分别为 6%、5% 及 6%，从氨氮排放来看，三饶镇、新丰镇排放比例共达总量的 80%，饶洋镇、建饶镇及上饶镇分别为 10%、6% 及 4%（图 5.3-8）。

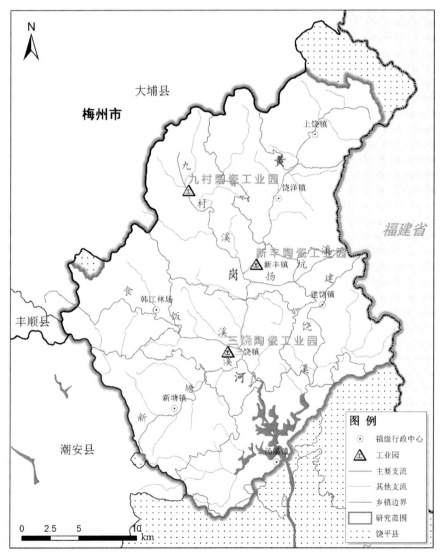

图 5.3-7　汤溪水库集水区工业园分布

表 5.3-15   集水区内工业企业污染排放统计

乡镇	废水排放量/(万 t/a)	COD 排放量/(t/a)	氨氮排放量/(t/a)
三饶镇	151.4	90.9	4.6
新丰镇	146.7	70.5	3.1
饶洋镇	17.5	12.3	1.0
建饶镇	11.3	9.5	0.6
上饶镇	7.1	12.2	0.4
总计	333.9	195.4	9.7

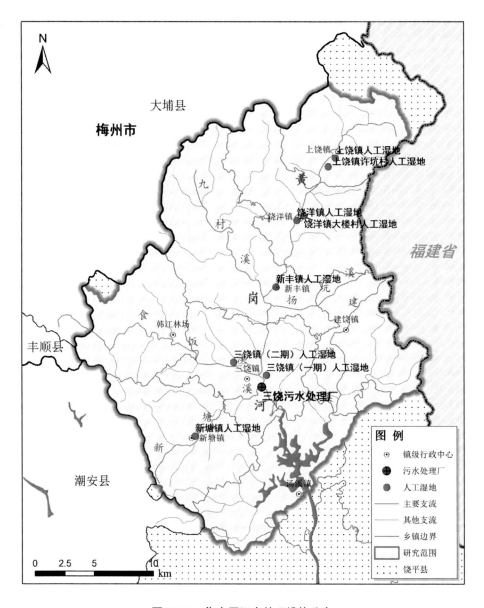

图 5.3-8   集水区污水处理设施分布

（2）重点排污行业为日用陶瓷制品制造业

按行业进行统计，集水区内纳入环统的企业包含两个行业，分别为日用陶瓷制品制造业及其他玻璃制品制造业，其中日用陶瓷制品制造企业 41 家，其他玻璃制品制造企业 2 家，从废水排放量、COD 排放量及氨氮排放量来看，日用陶瓷用品制造企业的排放量也均占绝大部分比例，该行业 3 项排放量占总量的比例分别为 99.4%、99.0% 及99.4%（表 5.3-16）。

表 5.3-16　集水区内工业企业污染排放分行业统计

行业名称	企业数量/家	工业废水排放量/（万 t/a）	COD 排放量/（t/a）	氨氮排放量/（t/a）
日用陶瓷制品制造	41	331.8	193.4	9.6
其他玻璃制品制造	2	2.1	2.0	0.1
总计	43	333.9	195.4	9.7

5.3.3.3　存在的问题

（1）区域环境容量不大，未来污染排放仍持续增长

汤溪水库是饶平县重要的水源地，水源地水质要求为 Ⅱ 类，近几年对水库主坝、副坝、库中、溪头及二水库 5 个点位进行常规监测，其中二水库曾出现总磷超标现象，就目前而言汤溪水库水质基本达标，但以 Ⅱ 类水质标准计算集水区内水环境容量，集水区内环境容量不大。未来随着潮州港经济区及产业转移带动饶平发展，集水区内城镇人口将持续增长，工业规模可能也会进一步增大，污染排放量将持续增长。

（2）乡镇发展不平衡，工业发展后劲不足

从目前的经济发展状况来看，集水区内仅三饶镇、新丰镇发展程度较高，以日用陶瓷产业为工业发展的支撑，同时已建立陶瓷工业园区，工业产值已达一定规模，在饶平县所有乡镇中排名前列，其他乡镇工业相对落后，三产中农业占较大比例，若要发展工业还需经过一段比较长的起步时间，发展后劲不足。

（3）支柱产业单一，传统行业做大、做强困难重重

陶瓷产业是集水区内工业的支柱产业，饶平陶瓷是广东省四大陶瓷产区之一，同时在全国的陶瓷出口份额中也占据重要地位，但饶平陶瓷在做大、做强、做专的过程中仍伴随着许多问题。日用瓷中低端市场饱和、竞争激烈，设计人员不足，创新能力不强，设计开发与市场不能对接等问题无法有效解决，进军跨越高端产品难度较大，陶瓷企业无法做大、做强。同时，受近年来原材料价格上涨的影响，瓷土等原料价格随之上升，陶瓷生产成本日益攀升，多重的外部因素均制约着饶平陶瓷产业进一步做大、做强。

5.3.3.4 产业优化方案

（1）优化产业空间布局

禁建区禁止所有破坏生态、污染环境的工业企业及相关开发活动，所有新建企业项目不予环评批复，现有企业实行清洁生产一级标准，或通过土地置换、税收减免等调控手段，引导污染企业迁出，切实保障禁建区生态安全。新建企业原则上要求入园进区，现状已建但未入园、排污量较小的工业企业，须配套污水处理设施，加强废水排放达标控制；排污量较大又未配套污水处理设施的，必须入园进区。新建或外市转入企业，原则上不批复园区外建设方案，要求企业就近在几大工业园开展建设，形成产业集中管理、资源集约利用、污染统一处理的空间格局。

（2）加强工业污染整治

重点加强日用陶瓷制品制造业清洁生产，以三绕镇、新丰镇为重点整治区域，加强陶瓷企业技术工业、设备配备、生产过程管理，优选高效节能设备及工艺，如优化窑炉结构、采用高效燃烧装置、使用节能长寿筑炉材料等，厂区排水采用清污分流，减少新水用量，减少水污染物排放量。在工业园区配套收集管网，要求企业废水经处理稳定达标后，接入污水处理设施，实行污水统一收集、统一处理，严格限制集水区工业污染随意排放。

（3）大力推进生态环保型产业发展

充分利用饶平县农业大县的环境资源基础和优势，大力推进铁皮石斛、茶叶、水果等产业发展高效生态农业，推广丘陵立体种养模式、物能循环再生模式、庭院立体经营模式等种植模式，通过生物链加环和产业链延长，形成种植业-养殖业-加工业良性转化增值的"农户+公司"的模式和以无公害农产品生产为主的龙头企业，建立以市场为导向、以加工业为龙头、产加销贸一体化的格局。大力开展中、低产田改造和25°以下坡耕地的综合治理，推广配施肥技术、病虫害综合防治技术和节水灌溉技术，提高大中型畜牧场池污水治理率、废弃物利用率，扩大无公害农产品生产基地建设，鼓励绿色食品标志认证、有机食品认证，建立现代农业新体系。大力推进生态旅游，以茶叶种植观赏、陶瓷制作观赏等为特色，推广山茶庄、陶瓷制作体验等生态农业、生态工业旅游。

5.3.4 污水收集与集中处理系统规划工程方案

5.3.4.1 现状及问题

集水区内共有 10 处污水处理设施（表 5.3-17），处理规模为 3.96 万 t/d，其中 7 个已建成，处理规模共 1.56 万 t/d，另有三饶污水处理厂已完成招标工作、上饶镇人工湿地生活污水处理系统在建、汤溪镇人工湿地污水处理工程仍在选址，建饶镇及韩江林场无污水处理设施。

表 5.3-17　集水区污水处理设施基本情况

序号	乡镇	项目名称	项目情况	设计规模/（万 t/d）	建设状况
1	饶洋镇	饶洋镇人工湿地污水处理系统	位于饶洋镇祠东村盘石楼，占地 7 100 m²，项目投资 238.6 万元。2009 年 5 月建成投入使用	0.3	已建
2		饶洋镇大楼村人工湿地污水处理系统	项目投资 92 万元，占地 2.5 亩，2011 年 7 月完工，现正申请验收	0.05	已建
3	新丰镇	新丰镇人工湿地污水处理系统	位于新丰镇下档铺沙墩荒草地段，占地 6 207 m²，项目投资 230 万元。2007 年 3 月建成投入使用	0.5	已建
4	三饶镇	三饶镇（一期）人工湿地污水处理系统	位于三饶镇东门溪畔，占地 11 137 m²，项目投资 350 万元。2007 年 1 月建成投入使用	0.5	已建
5		三饶镇（二期）人工湿地污水处理系统	2012 年 9 月竣工投入使用，总投资 116 万元，占地面积 4.1 亩，设计用地 1 700 m²	0.1	已建
6		三饶污水处理厂	第一期设计处理污水量为 20 000 t/d，投资估算为 5 663 万元。第二期为人工湿地处理系统及部分污水管渠系统，投资估算约为 632 万元，开工时间视一期工程运行情况而定	2	在建
7	新塘镇	新塘镇水环境综合整治系统	位于新塘镇镇区，一期工程总投资 129 万元。2012 年 11 月建成投入使用	0.06	已建
8	上饶镇	上饶镇许坑村湿地生活污水处理系统	项目占地 2 664 m²，总投资 86 万元，2012 年 11 月底完工，现正申请验收	0.05	已建
9		上饶镇人工湿地生活污水处理系统	位于上饶镇许坑村，建设用地面积 14 000 m²。2012 年 11 月开工，现已基本完工，正进行试运行	0.3	在建，主体工程已完工
10	汤溪镇	汤溪镇人工湿地污水处理工程	2010 年申报省级环保专项资金	0.1	规划选址中
	合计			3.96	

计算各乡镇镇区排水状况，其中污水日排放量为城镇生活污水排放量及工业废水排放量之和，计算得所有镇区每日平均排放污水量共 2.60 万 t，其中排放量最大的为新丰镇，达 0.83 万 t，按 50%的污水处理率计算各镇所需污水处理设施最小规模，根据《室外排水设计规范》确定污水总变化系数，再计算各镇污水处理设施最小规模，集水区内仍至少有 2.43 万 t/d 的处理能力缺口。

除人工湿地处理设施规模不足外，镇区污水收集率较低也是不容忽视的问题，如三饶镇，目前三饶镇污水处理排水系统为雨污合流，基本上是路面直排或由明沟顺地势排放，部分汇集到设有占地 20 多亩的人工湿地经污水处理后排入东门溪及黄冈河，但由于镇区未能形成集污系统管网，大部分生活污水及农田排灌污水、工业处理后的污水，最终集中排往黄冈河及东门溪，对水源地的保护造成了严重影响。同时，由于缺乏运营资金和专业人员的指导，人工湿地污水处理工程的处理系统一直未能得到及时的维护和更新，已出现老化现象。

5.3.4.2 需求分析

对各乡镇排水状况及污水处理设施规模需求进行测算，2015 年集水区内需污水处理设施规模共 3.03 万 t/d，2020 年为 4.42 万 t/d，2025 年为 5.28 万 t/d，未来集水区城镇生活污水处理需求越来越大，除三饶镇外其他乡镇污水处理能力无法满足未来需求。

5.3.4.3 主要整治任务

（1）大力完善污水管网

加快推进已建人工湿地配套管网建设，近期优先完成部分已建人工湿地配套管网设计建设，重点推进三饶污水处理厂、新塘镇人工湿地及汤溪镇人工湿地配套管网建设，按照厂网并举的原则，新建污水处理设施和配套管网必须同步设计、同步建设、同时投入运营，保证各镇区污水收集率达到规划目标。新城区建设时应同步铺设雨污分流管网，减少后期管网改造难度。

（2）切实加强污水处理设施建设与监管

加快饶洋镇污水处理厂、建饶镇人工湿地、新塘镇人工湿地（二期）、汤溪镇人工湿地（二期）等污水处理设施建设，加大监督检查力度，加大执法监察频次，每月对现场环境管理、治污设施运行状况、达标排放情况、污泥处置情况、在线监控系统运行、数据传输有效率及有效性审核、自行监测及网上平台填报等开展现场检查。加强监测频次，对污水处理厂处理水量水质、污泥浓度、溶氧量、加氯、曝气及污泥处置情况进行实时监控，各污水处理设施尾水排放执行《城镇污水处理厂污染物排放标准》（GB 18918—2002）一级 A 标准，对进出水水质、水量和污泥等进行定期监测，确保水质达标排放。加强污泥监管，因地制宜采用堆肥、强化脱水后填埋等方式无害化处理处置，或通过转运等方式，由潮州市城市污泥处理处置中心集中处理。

5.3.5 面源污染控制方案

5.3.5.1 面源污染现状

农业是汤溪水库集水区经济发展的支柱产业，从农业产业结构来看，传统农业仍占很大比重，特别是种植业的比重很大，化肥、农药用量较大。汤溪水库集水区属于亚热带地区，降水量大，并且属于山区，坡地较陡，局部水土流失严重，且人为侵蚀在集水区分布较广，雨季氮、磷营养元素容易随径流进入水体，最终造成水库氮、磷浓度升高，水库水质下降。根据污染物入河量估算结果，农业种植面源分别占汤溪水库集水区 COD、氨氮、总磷入河量的 29%、52% 和 47%，是氨氮和总磷入河量贡献最大的污染源。

截至 2012 年，饶平县各镇均未建立生活污水处理厂，农村生活污水分散自流，部分直接进入汤溪水库入库支流，部分排入农田。实地调研发现，部分养殖场距离入库河流较近，乡镇居民的生活垃圾多弃于入库河流两侧，在降水量较大时地表累积的畜禽粪便、生活垃圾等污染物易被冲入河流并被带入水库。

自 20 世纪 90 年代末，汤溪水库多次发生蓝藻、水华，影响供水安全。为保障黄冈河流域饮水安全，必须加强汤溪水库集水区面源污染整治，以种植业化肥农药源头减量与工程治理、畜禽养殖污染整治、农村生活污水垃圾处理为重点，形成源头减排、过程控制、末端治理相结合的全过程污控与管理体系。

5.3.5.2　面源污染控制规划方案

（1）加快推进种植业面源污染防治

通过管理措施与工程措施相结合、源头减量与污染治理相结合推进种植业面源污染防治。鼓励农民使用生物农药或高效、低毒、低残留农药，积极推进测土配方施肥，大力推广节药、节肥技术，积极推进环境友好型种植业示范工程建设，探索保护性耕作方法，通过免耕或少耕减少对土壤系统的扰乱，减少土壤侵蚀和土壤养分流失，提高有机质，改良土壤结构。因地制宜推广梯田、缓冲带、人工湿地、水陆交错带等工程措施，实现面源污染物输移控制与过程拦截。加强农业管理，科学调整农业产业结构，积极探索实践生态循环农业发展模式，推进绿色食品和有机食品基地建设，推动传统农业向现代生态农业转变。

（2）强力推进畜禽养殖污染控制

严格落实《饶平县畜禽养殖禁养区、禁建区划定方案》，禁养区范围内禁止建设任何养殖场（区），对禁养区内禽畜养殖场进行限期搬迁与关闭。建立违章养殖回潮防范机制，严控违章养殖反弹。根据水体水环境容量和污染消纳能力及粪污处理水平，严格控制、合理确定集水区内畜禽养殖种类和规模。新（扩、改）建规模化畜禽养殖场（区）应严格执行环境影响评价和环保"三同时"制度，依法办理排污申报登记。鼓励畜禽养殖业规模化、集约化经营，推广集中饲养、集中治污、统一管理的标准化、生态化养殖方式，推进规模化养殖场污染物处理和资源化工程，督促其采取污染治理措施，对产生的粪便进行资源化、无害化处理，积极引导和推广现有养殖场向生态健康养殖转变。

（3）加大农村生活污水和垃圾治理力度

因地制宜开展村庄生活污水治理，污水纳入邻近的集中污水处理厂处理，人口规模小、地形条件复杂且污水不易集中收集的村庄，宜采用庭院式小型湿地、污水净化池和小型净化槽或氧化塘等分散处理技术；布局相对密集、人口规模较大、经济条件好且企业或旅游业发达的村庄，推广采用活性污泥法、生物膜法和人工湿地等集中处理技术。积极推进农村生活垃圾收集处理，全面清理垃圾乱堆乱放点，鼓励农村垃圾分类回收，实现生活垃圾资源化和减量化，增加农村垃圾收集处理设施配备，按照区域实际建立不同类别的垃圾处理系统模式，县城周边镇村建立"户分类、村收集、镇运转、县处理"系统，远离县城的镇村建立"户分类、组收集、村运转、镇处理"系统，远离城镇、村庄分散的村组建立"户分类、村收集、连片村处理"的农村实用垃圾处理模式。

5.3.6　集水区生态保护规划

5.3.6.1　生态现状与存在的问题

（1）生物多样性与自然保护区

集水区动植物资源丰富，其中珍稀物种有国家一级重点保护野生动物蟒蛇、穿山甲，国家二级重点保护野生动物虎纹蛙、国家二级重点保护植物苏铁蕨和金毛狗。饶平县建饶等 6 镇 2001 年建立市级自然保护区山门山苏铁蕨自然保护区，总面积 43.17 km²，其核心区、缓冲区、实验区分别占保护区总面积的 13%、61%、26%，以苏铁蕨等野生动植物为主要保护对象，同属国家重点生态公益林。

近年来饶平县快速推进城镇化进程，交通网络和水土工程等大规模建设，自然生态系统带来较大影响，生物多样性衰退。山门山苏铁蕨自然保护区隶属林业局，现有保护站 1 座、界碑 28 个、界桩 30 个、监测站点 2 个，科技人员比率 20%，建设和管理水平相对较低，保护区占集水区陆地面积约 7%，低于《广东省环境保护规划》（2004—2020）确定 2010 年、2020 年自然保护区建设目标为占陆地面积 8%、10%的要求，集水区许多珍稀物种及其栖息地环境未得到有效保护。

（2）水源涵养区

集水区植被覆盖良好，森林覆盖率高，主要土地利用类型为林业用地，森林覆盖率达 63.30%。集水区西北部为韩江林场，山地面积 68.00 km²，至 2012 年年底全场森林活立木蓄积量为 19 万 m³，森林覆盖率 82%。

据统计，潮州市生态公益林比例低，林相、林龄结构均不合理，纯林多、混交林少，针叶林多、阔叶林少，人工林多、天然林少，树种单一，林相单层，林龄以幼龄林和中龄林为主。同时，集水区水源涵养区矿产丰富，由于人为不合理的经营活动，造成植被严重破坏，而流域内降雨比较充沛，4—9月多发洪水，局部水土流失严重。

（3）矿山生态

集水区采矿区主要分布在新丰镇（图 5.3-9），以高岭土为优势矿山，是饶平县饶北山区重要的陶瓷生产基地，也是饶北山区经济最为发达的乡镇之一，以其"历史久、瓷窑多、规模大、品种全、产量高"而闻名。随着经济建设的迅速发展，矿产资源的开发利用大幅增长，开采规模扩大，开采矿种增加，自然景观和生态环境遭到不同程度的破坏，不少地段暴雨季节因采矿引发滑坡、水土流失、采矿区山体崩塌、尾矿污染水源等问题，对生产和生活构成了威胁。

图 5.3-9 集水区采矿用地分布

（4）水土流失

集水区水土流失区域主要分布在新丰镇北部、饶洋镇西北部。自然侵蚀主要集中在新丰镇北部和饶洋镇西北，为中度侵蚀，上饶镇、三饶镇、新塘镇、汤溪镇局部有发生，多为中度-轻度侵蚀。人为侵蚀在集水区分布较广，侵蚀剧烈-中度主要发生在上饶镇东部、饶洋镇西北、新丰镇北部、建饶镇及新塘镇南部。

5.3.6.2 集水区生态建设方案

（1）提升自然保护区建设水平和质量

增加自然保护区面积与数量，提高自然保护区建设和管理水平，建立起与集水区丰富的珍稀物种、自然景观和生态系统类型相适应的自然保护区体系。加强山门山苏铁蕨自然保护区管护基础设施建设，以明确分清保护区的范围、边界，根据保护区内不同地域特点（核心区、缓冲区、实验区）设置保护管理站，加强保护区内主要物种种群动态、物种行为、栖息地和环境条件、社会经济状况监测，落实保护区管理人员编制，提升保护区科技人员比率，建立环保、林业等多部门相结合的自然保护区管理体制。加快汤溪水库市级湿地自然保护区建设，加强西岩山森林公园、望海岭森林公园建设。

（2）加强水源涵养林及水土保持林建设

加大生态公益林保护力度，将集水区水源涵养林和水土保持林等生态公益林建设成具有良好、稳定生态功能的森林生态系统。保护现有植被，严禁以任何理由、任何方式采伐水源涵养林。加强疏林地抚育，改造低质林地，对由商品林改造的生态公益林实施林种结构改造，提高低质林地的生态防护功能和生物多样性。限制一切导致保护区生态功能继续退化和各种灾害继续发生的生产建设和其他人为破坏活动，在改善生态环境和生产条件的同时，做好水土保持监督和管护工作，综合运用工程措施和生物措施，不断增强水源涵养与防止侵蚀的能力，坡度25°以上山体或平原、丘陵区100 m等高线以上的山体除了必要的水利防灾设施以外，严禁开发建设。

（3）加强矿山生态环境保护

加强对矿产资源开发的宏观调控，坚持"谁开发，谁保护""边开采，边复绿"的原则，将矿山生态环境治理保证资金作为矿山开发投资的一部分，由矿山开采业主提供，由政府生态环境治理职能部门和财政部门共同监管，并在矿山开采前到位。矿山开采停止，由矿山开采业主申请返还保证金，政府职能部门和监管部门对矿山生态环境治理进行验收，对环境治理达到要求的返还保证金，如治理达不到要求则动用保证金治理矿山生态环境。加紧开展矿山复绿工作，石壁治理应根据采石场的岩性、石壁坡度和石壁表面粗糙程度等采取相应的措施。

（4）加强水土流失治理

根据土壤侵蚀敏感性程度，合理安排水土流失治理时序，封山育林、植树种草，采取工程措施、生物措施以及水土保持耕作措施相结合进行水土流失综合治理。重点推进新丰镇水土流失治理。坡耕地，水源条件较好、坡度较缓（坡度≤15°）、分布较为集中的进行坡改梯。抓好采石取土、开发区建设、道路建设、采矿等水土流失易发区监督管理，积极预防新的水土流失。到2020年，流域水土流失治理率达到85%以上，水土保持设施防御标准达到10年一遇，现有人为水土流失全部得到治理，新开工建设项目实施水土保持方案申报审批率达100%，新开工建设项目实施"三同时"制度达100%。

5.3.7　集水区环境监管能力建设规划方案

5.3.7.1　现状及存在的主要问题

饶平县环境监测站于 2014 年顺利通过验收，达到《全国环境监测站建设标准》，取得了明显成效，但集水区内环境监管能力与广东省经济社会发展对环境监管提出的要求相比，仍有较大差距。截至 2014 年，集水区的环境监测能力不能满足新形势下加强环境监管的需要，环境执法监督能力薄弱，污染事故应急响应能力亟待提高，环境信息、宣教等支撑能力滞后于环境保护需要，风险源排查尚未完成，风险源监控机制尚未完善，环境风险防范能力薄弱。

5.3.7.2　环境监管能力建设方案

（1）加强水环境监测能力建设

重点加强饶平县环境监测站能力建设，强化基本仪器设备配置，加强环境监测业务用房建设，大幅提升县环境监测站软硬件水平，全面提升县级站监测能力。进一步优化和完善集水区水环境质量监测点位，加大对汤溪水库及主要支流、重要饮用水水源地以及工业园等环境敏感区水质断面监测频次和监测密度。建立健全土壤和生态环境质量监测网，试点开展具有代表性的镇、村水环境质量常规监测点。

（2）推进环境监察机构标准化建设

全面提升饶平县环境监察机构工作能力和标准化建设水平，将环境执法机构向乡镇、街道延伸，完善镇（街）环境保护工作体系。完善污染源自动监控网络，以列入国家重点监控范围的重污染行业和重点企业以及城市污水处理厂为重点，不断完善流域重点污染源自动监控网络，强化自动监控设备稳定运行和正常维护。

（3）加强环境预警与应急能力建设

加强环境预警网络建设与环境应急响应能力建设，建立健全环境风险源数据库，加强对辖区范围重大环境风险源的动态监控与风险控制，提高对环境风险的应对能力。加强集水区环境应急响应能力建设，建立健全集水区水污染联防联治机制，强化联合监测和信息数据共享，建立跨界跨部门应急联动机制，强化水污染事故应急处置预案。提高集水区环境应急装备水平，饶平县环境监测站具备较强的应急监测能力，建立健全突发环境事件应急预案，定期开展突发环境事件的应急演练。

第6章 快速城市化新区水环境治理规划编制实践——以芙蓉新区为例

韶关芙蓉新区位于广东省韶关市中部,总面积为 490 km²,交通条件优越,是沟通粤港澳和内陆腹地的重要战略节点。随着韶关市加快区域中心城市建设和城镇化步伐,芙蓉新区利用自然禀赋和生态优势,逐步融入快速城市化车道。2013 年,韶关市启动芙蓉新区环境保护综合规划编制研究,水环境治理为其中的一个重要专题。本章即基于该专题研究成果,以芙蓉新区为例,介绍典型城市快速化发展新区水环境治理规划编制实践,规划于 2014 年编制完成,规划近期至 2017 年,中期至 2020 年,远期展望至 2030 年,数据基准年为 2013 年。

该规划采用了本书第 1 篇中的相关理论方法,在编制过程中,以建设人与自然和谐发展的"美丽山水新区"为总目标,围绕新区生态文明建设主题,划定区域空间开发生态红线,提升产业发展绿线,强化环境质量基线,保障环境安全底线,实施包括水环境保护等重点任务和工程,推动新区在快速发展过程中实现产城柔性融合,努力开创一条经济社会跨越发展与山清水秀的优美生态格局交相辉映的新道路。规划在具体编制过程中,坚持全面系统的同时,针对识别出的芙蓉新区范围内部分断面水质较差、水质下降快(如马坝河和昌山变电站),饮用水水源保护区范围有待调整、水污染物排放压力增大,个别区域(如重阳镇)超环境容量排放、水环境承载力有限,新区建设和社会经济发展用水的供需矛盾突出、万元产值耗水量指标大、再生水重复利用率低,水源单一、应急和备用水源建设滞后、抗风险能力差等问题,设置了多个专题开展研究,致力逐个予以解决。基于研究成果,规划提出了"落实供排水通道环境管理要求""严格保护饮用水水源""深化重点行业污染综合整治""继续推进污水处理厂及管网建设"等主要任务措施。

近年来,芙蓉新区建设发展驶入"快车道",逐渐从地理位置偏僻的"西郊"蝶变成为现代化城区。与此同时,其生态环境质量总体保持优良,正努力打造生态文明建设示范区。芙蓉新区水环境综合整治规划实施至今,为其提供了重要配套的环保和治水决策参考,起到了较好的助力效果,新区内水环境越来越好,绿水青山成为常态,芙蓉新区呈现出处处高颜值、步步皆美景的景观。

6.1　区域概况

6.1.1　自然与经济社会概况

韶关市地处粤北，位于东经 112°50′～114°45′、北纬 23°5′～25°31′，西北面、北面和东北面与湖南郴州市、江西赣州市交界，东面与河源市接壤，西连清远市，南邻广州市、惠州市，被称为广东的北大门，从古至今都是中国北方及长江流域与华南沿海之间最重要的陆路通道，战略地位非常重要。韶关芙蓉新区北起桂头机场，南至广乐高速公路白土段，西至广乐高速重阳段往西 1.5 km，东至国道 G106 线大塘段往东 2 km，总规划面积约 490 km²，包括武江区西联镇、西河镇、重阳镇、龙归镇，浈江区乐园镇、新韶镇、十里亭镇、犁市镇，曲江区马坝镇、白土镇、大塘镇以及乳源县桂头镇的部分区域（图 6.1-1）。

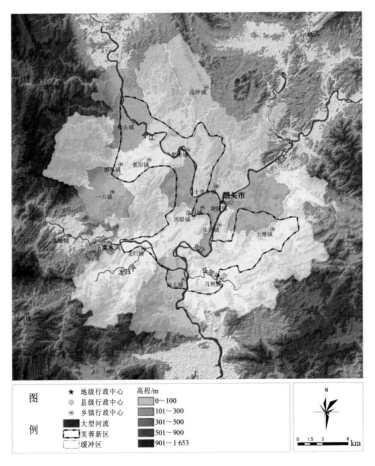

图 6.1-1　芙蓉新区乡镇分布

气候属中亚热带湿润型季风气候，一年四季均受季风影响，冬季盛行东北季风，夏季盛行西南和东南季风，年平均气温 18.8～21.6℃，年均降雨 1 400～2 400 mm。区域位于南岭多金属成矿带上，自然资源十分丰富。

2012 年，韶关市全市常住人口总数为 286.87 万人，城镇化率为 53.3%，其中，芙蓉新区的人口规模为 27.8 万人，韶关市 GDP 为 888.48 亿元，芙蓉新区约为 130 亿元，占全市经济总量的 14.6%，三次产业结构约为 5∶80∶15。

6.1.2 水资源开发与利用格局

6.1.2.1 水资源现状

（1）降水量

根据韶关市 2012 年水资源公报，2012 年全韶关市年降水量为 2 114.6 mm，折合年降水总量为 388.77 亿 m³。与多年均值相比，各县（市、区）降水量均偏多，芙蓉新区中浈江区偏多 35.1%，武江区、曲江区、乳源县偏多 10.9%～33.8%。从水资源分区看，芙蓉新区基本上属于北江上游，年降水量与多年均值比较，偏多 24.3%。与上年比较，偏多 35.4%（表 6.1-1）。根据年降水量等值线图（图 6.1-2），2012 年降水中心出现在乳源县坪溪（年降水量 2 983.0 mm）与曲江区罗坑（年降水量 2 977.0 mm）。降水量高区（年降水量大于 2 400 mm）主要出现在北江上游的南水，降水量低区（年降水量小于 1 600 mm）主要出现在武江上游，其中全区降水量最小为坪石站 1 269.0 mm。降水量高低区出现的位置基本位于芙蓉新区，从逐月趋势来看（图 6.1-3），各区县 4—6 月降水量偏高。

表 6.1-1　2012 年芙蓉新区所在水资源年降水量

水资源分区	计算面积/km²	年降水量		上年降水量/mm	多年平均降水量/mm	与上年比较/%	与多年均值比较/%
		mm	亿 m³				
北江上游	3882	2 315.1	89.87	1 709.8	1 862.2	35.4	24.3
全市	18 385	2 114.6	388.77	1 565.8	1 682.3	35.0	25.7

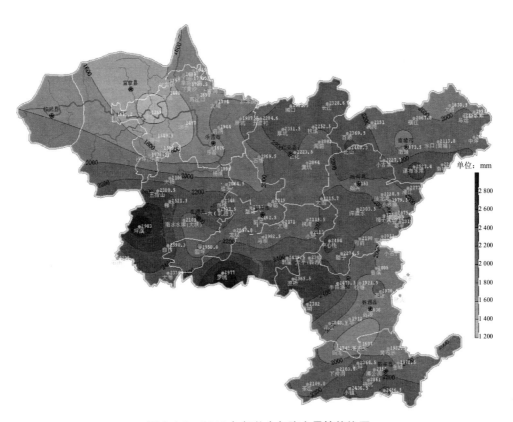

图 6.1-2　2012 年韶关市年降水量等值线图

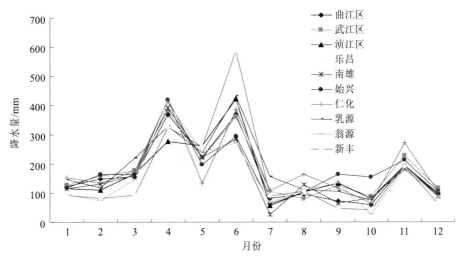

图 6.1-3　2012 年芙蓉新区月降水量比较

（2）水系特征

韶关市内水系众多，水资源丰富，境内水系主要由珠江流域北江水系上游和东江流域新丰江水系西部上游组成（表 6.1-2）。

表 6.1-2　韶关市境内集水面积 100 km² 及以上河流情况

河流名称	河流等级	长度/km	集水面积/km²	河流名称	河流等级	长度/km	集水面积/km²
北江水系							
北江	干	262	18 385	九峰河	二	50	292
新龙水	一	27	109	西坑水	二	24	100
南山水	一	32	219	廊田水	二	49/51 [a]	363/365 [b]
江头水	一	22	106	杨溪河	二	64	498
凌江	一	73	365	新街水	二	46	339
瀑布水	一	35	174	重阳水	三	41	153
大坪水	一	33	101	南水	一	104	1489
都安水	一	60	256	龙溪洞水	二	35	250
墨江	一	89	1367	龙归河	二	49	524
罗坝水	二	56	339	续源洞水	三	28	111
沈所水	二	25	129	马坝水	一	46	345
百顺水	一	59	392	樟市水	一	42	298
灵溪水		38	116	瀼江		92/173 [a]	2 703/4 847 [b]
锦江	一	104/108 [a]	1 625/1 913 [b]	九仙水	二	23	127
扶溪水	二	27	132	贵东水	二	31/49 [a]	281/463 [b]
城口水	二	46/47	233/515 [b]	大坪水	三	33	264
大麻溪	三	23	152	龙仙水	二	36	217
塘村河	二	47	257	周陂水	二	38	314
董塘水	二	38	297	涂屋水	二	44	252
大富水	一	33	158	横石水	二	37.5/54 [a]	445/642 [b]
枫湾水	一	56	526	回龙河	二	32/49	190/325 [b]
大塘水	二	31	132	烟岭河	二	61	1 029
武江	一	152/260 [a]	3 617/7 097 [b]	沙田河	三	35.5/46 [a]	190/239 [b]
南花溪	二	30/117	304/1 188 [b]	遥田河	三	22.3/31 [a]	140/235 [b]
辽思水	三	41/49	115/235 [b]	白沙水	三	31	50/235 [b]
宜章水	二	Nov-47	42/278 [b]	连江	一	275	10 061
白沙水	二	Dec-66	64/529 [b]	大潭河	二	46.7	460/991 [b]
梅花水	二	23	147	月坪水	三	75	104
田头水	二	34/70 [a]	226/235 [b]	黄洞河	二	17	82/394 [b]
太平水	二	20/26 [a]	144/160 [b]				
东江水系							
新丰江	一	77.4/163 [a]	1 096/5 813 [b]	姜坑河	二	28	181
梅坑河	二	26	105	层坑河	二	29	163
双良河	二	26	125	大席河	二	14/73 [a]	100/630 [b]

注：锦江是一条跨市河流，下同。

a 表示韶关市境内长度/总长度，下同；b 表示韶关市境内集水面积/总集水面积，下同。

韶关市芙蓉新区内的水系主要包括武江七星敦村至塘湾村段、北江上游下乡村以上、桂头镇五官庙河、西联镇沐溪村赤水河、重阳镇新街水、重阳镇重阳河、犁市镇下陂水、龙归镇龙归村龙归水、曲江孟洲坝南水河、新韶镇莲花村大陂水和马坝镇梅花河及马坝水等。芙蓉新区内无大型水库，主要有沐溪水库、井坑水库、狮被窝水库和白芒水库。沐溪水库位于武江区，水库总库容 1 266 万 m³。

（3）水资源量与构成

2012 年全韶关市地表水资源量为 226.81 亿 m³，折合年径流深为 1 233.7 mm，芙蓉新区中，乳源县地表水资源量最多，占到全市 14.3%，其次为曲江区，占 8.7%，武江区和浈江区最少，约占 3%（表 6.1-3）。

表 6.1-3 2012 年芙蓉新区地表水资源量

行政分区	计算面积/km²	地表水资源量/亿 m³	占全市比例/%	多年平均地表水资源量/亿 m³	与多年平均值比较/%	单位面积地表水资源量/（万 m³/km²）
曲江区	1 618	19.80	8.7	15.37	28.8	122.37
武江区	689	8.43	3.7	6.61	27.5	122.35
浈江区	567	6.94	3.1	5.22	33.0	122.40
乳源县	2227	32.34	14.3	27.29	18.5	145.22
全市	18 385	226.81	100.0	179.93	26.1	123.37

从水资源分区来看，2012 年芙蓉新区所在的北江上游地表水资源量为 54.33 亿 m³，占全市总量的 24%，多年平均地表水资源量为 37.01 亿 m³。

2012 年全韶关市地下水资源量为 54.07 亿 m³（不含中深层地下水），芙蓉新区中，乳源县和曲江区地下水资源量最多，分别占全市总量的 13.6% 和 8.8%，多年平均地下水资源量也以以上两个区最多，从单位面积地下水资源量看，曲江区、武江区、浈江区和乳源县相差不大，乳源县相比其他 3 个区稍大，为 33 万 m³/km²（表 6.1-4）。

表 6.1-4 2012 年芙蓉新区地下水资源量

行政分区	计算面积/km²	地下水资源量/亿 m³	占全市比例/%	多年平均地下水资源量/亿 m³	与多年平均比较/%	单位面积地下水资源量/（万 m³/km²）
曲江区	1 618	4.74	8.8	3.65	29.9	29.30
武江区	689	2.02	3.7	1.56	29.5	29.32
浈江区	567	1.66	3.1	1.30	27.7	29.28
乳源县	2 227	7.35	13.6	5.14	43.0	33.00
全市	18 385	54.07	100.0	44.05	22.7	29.41

从水资源分区上看，芙蓉新区所在的北江上游地下水资源量为 12.81 亿 m³，占全市总量的 23.7%，与多年均值比较，地下水资源量北江上游偏多 43.8%。

从水资源结构上看，芙蓉新区水资源主要来自地表水，2012 年水资源量为 83.28 亿 m³，地下水资源量相对较少，约为地表水资源量的 1/4。其中地表水资源量为 67.51 亿 m³，占水资源总量的 81%，地下水资源量为 15.77 亿 m³，占水资源总量的 19%，区内分布不均。

6.1.2.2 水功能区划

水功能区划是进行水资源保护管理的基础工作，也是制定水资源保护规划的基础。经批准的水功能区划是核定水域纳污能力、提出限制排污总量意见、将水质管理目标落实到具体水域和入河污染源的主要依据；是加强水资源调度，维持江河合理流量和湖泊、水库的合理水位，维护水体的自然净化能力，强化陆域污染源管理，优化产业布局，科学确定和实施污染物排放总量控制的主要依据；是明晰水权的重要依据。

根据《广东省水功能区划》和《韶关市水资源综合规划》，结合韶关市区域水资源开发利用现状和社会经济可持续发展对水资源量、质和生态环境的需求，《广东省韶关市水功能区划》（2011 年）对韶关市原有水功能区划进行了复核和调整，根据复核结果，芙蓉新区内共划分一级水功能区 8 个、二级水功能区 8 个，其中河流一级水功能区 7 个、水库一级水功能区 1 个、河流二级水功能区 8 个。新区内的河流一级水功能区全为开发利用区，可用于工业、农业、渔业、景观用水及饮用水；水库一级水功能区为保留区，总库容为 1 093 万 m³，无保护区和缓冲区。

6.1.2.3 水环境功能区划

芙蓉新区内地表水共被划分为 13 个水环境功能区，其中 12 个为河流、1 个为水库。功能区水质目标中，II 类水质 3 个、III 类水质 6 个、IV 类水质 4 个（表 6.1-5、表 6.1-6）。

表 6.1-5 韶关市芙蓉新区地表水环境功能区（河流部分）

序号	编号	功能现状	水系	河流	起点	终点	长度/km	水质目标
1	22030	综	北江	北江	沙洲尾	白沙	30	IV
2	22100	综	北江	赤水河	韶关沐溪	韶关河口（赤水）	7	III
3	22200	综	北江	大陂水	韶关莲花	韶关黄金村	8	IV
4	22402	综	北江	梅花河	韶钢排污口	韶钢龙岗（河口）	6	IV
5	25102	饮农	北江	武水	乐昌城	梨市（曲江）	41	III
6	25104	饮农	北江	武水	梨市（曲江）	西河桥	21.6	II
7	26300	综		新街水	乳源牛角岭	武江沙园	46	III
8	26400	综		重阳水	乳源茶坪上	武江黄土坛	41	III

序号	编号	功能现状	水系	河流	起点	终点	长度/km	水质目标
9	26502	饮发	北江	南水	南水水库大坝	曲江孟洲坝	32	III
10	26700	综	北江	龙归水	乳源乐古坳	曲江龙归	49	II
11	26915	综	北江	马坝水	安山村（铁路桥）	韶关龙岗	6	III
12	26920	综	北江	马坝水	韶关龙岗	韶关白土(河口)	4	IV

表 6.1-6　韶关市芙蓉新区地表水环境功能区（水库部分）

序号	编号	功能现状	水系	河流	水库	库容/万 m³	水质现状	水质目标	行政区
1	25110	农	北江	武水	沐溪水库	1 266	II	II	武江区

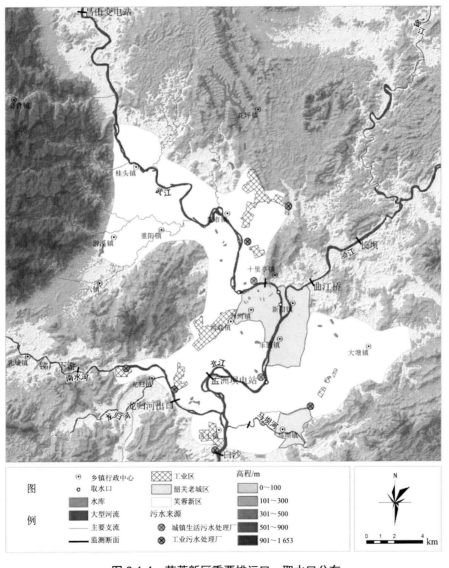

图 6.1-4　芙蓉新区重要排污口、取水口分布

6.1.2.4 水资源总体格局

根据分析结果（表 6.1-7、图 6.1-5），韶关市芙蓉新区中，乳源县水资源量最多，是曲江区的 2 倍、武江区和浈江区的 5 倍，但开发利用最多的为曲江区，约为其他区（县）的 2 倍。耗水上，芙蓉新区 2012 年总耗水量约 2.7 万 m³，耗水率为 41.4%，最高为乳源县 46.4%，最低为曲江区 40.9%。

表 6.1-7 2012 年芙蓉新区供水量、用水量、耗水量　　　　单位：m³

行政分区	地表水资源总量	总供水量	总用水量	总耗水量	耗水率/%
曲江区	198 000	22 790	22 790	9 313	40.9
武江区	84 300	14 670	14 670	5 052	34.4
浈江区	69 400	12 340	12 340	5 468	44.3
乳源	323 400	15 120	15 120	7 013	46.4
合计	675 100	64 920	64 920	26 846	41.4

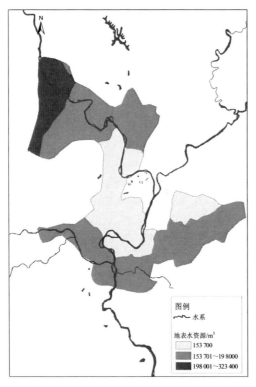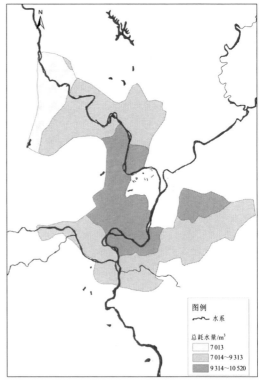

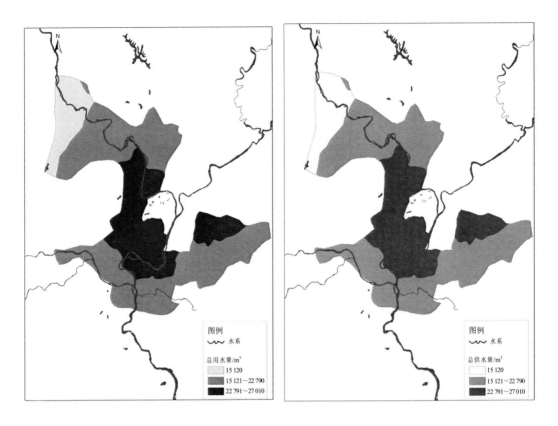

图 6.1-5　芙蓉新区水资源总体格局

6.2　水环境质量与污染排放

6.2.1　监测点位布设

6.2.1.1　饮用水水源地

芙蓉新区以武江水源地作为城市饮用水水源，根据《地表水和污水监测技术规范》和《城市集中式饮用水水源地水质监测、评价与公布方案》（环发〔2002〕144号），经多次监测和实地调查，在武江十里亭布设 1 个监测点，每月上旬分别于左右两个垂线采样，全年 12 个月共获得有效监测数据 2 439 个。由于韶关市有计划将饮用水水源变更为南水水库，在水环境容量计算中需将南水水库供水量及供水水质纳入计算参数，因而对南水水库水环境质量进行调查。南水水库监测断面设在水库出口，每月上旬采样一次，2012 年共获得有效监测数据 273 个。

6.2.1.2　常规水质监测

芙蓉新区地表水常规水质监测断面共有 10 个，各河流沿程断面设置、断面级别、获取的监测样品数量见表 6.2-1。

表 6.2-1　芙蓉新区地表水常规监测断面设置

河流名称	断面名称	断面级别	监测样品数
北江	孟洲坝电站	国控断面	36
	白沙	省控断面	36
	高桥	省控断面	36
浈江	长坝	省控断面	18
	曲江桥	市控断面	12
武江	昌山变电站	市控断面	6
	武江桥	市控断面	12
南水河	锑厂下游	市控断面	6
	龙归河出口	市控断面	12
马坝河	马坝河出口	市控断面	6

6.2.1.3　产业转移园

按季度对产业园区各监测断面开展水质监测（表 6.2-2），采集产业转移园瞬时水样，分析项目为《地表水环境质量标准》（GB 3838—2002）中的表 1 基本项目（24 项）。

表 6.2-2　芙蓉新区产业转移园监测断面设置

园区名称	断面名称	地理坐标		所在河流	断面所在位置
		经度	纬度		
中山三角（浈江）产业转移园首期	浈江河	113°35′41″	24°49′04″	浈江	待建排污口下游 500 m
东莞（韶关）产业转移工业园：东莞（韶关）园区	龙归（南水河出口）	113°30′21″	24°42′00″	南水	排污口下游 2 100 m（甘棠片区）
	京珠高速公路上游 100 m	113°30′30″	24°44′15″	北江	排污口下游 2 000 m（沐溪片区）
东莞（韶关）产业转移工业园：广东韶关曲江经济开发区	白沙	113°30′17″	24°38′05″	北江	排污口下游 2 000 m

6.2.1.4 工业园周边水系

2012 年 3 月下旬至 4 月上旬，对芙蓉新区 6 处工业园周边水系水质进行补充监测，补充监测断面设置见表 6.2-3 和图 6.2-1。

表 6.2-3　工业园周边水系补充监测断面

序号	对应工业片区	水体	断面名称
1#	浈江片区	黄竹水	黄竹水与大富水交汇前 500 m 黄竹水断面
2#		大富水	黄竹水与大富水交汇前 500 m 大富水断面
3#			大富水控制断面
4#			大富水入浈江断面
5#		浈江	浈江对照断面
6#		枫湾水	枫湾水对照断面
7#		浈江	大富水排污浈江削减断面
8#			帽峰大桥断面
9#			东河桥断面
10#			曲江桥断面
11#		武江	武江桥断面
12#		北江	北江桥断面
13#	龙归片区	铣鸡坑	铣鸡坑水背景断面
14#		南水	寺前断面
15#	沐溪—阳山片区 甘棠片区	龙归河	马渡断面
16#		南水	龙归镇断面
17#			南水河双头
18#		北江	鲤鱼村断面
19#	白土片区	北江	北江孟洲坝
20#			白土北江大桥
21#			砖瓦厂
24#	钢铁深加工片区	梅花河	韶钢排污口上游 500 m
25#			梅花河汇入马坝河前断面
26#		马坝河	梅花河汇入马坝河口下游 500 m
27#			马坝河汇入北江前断面

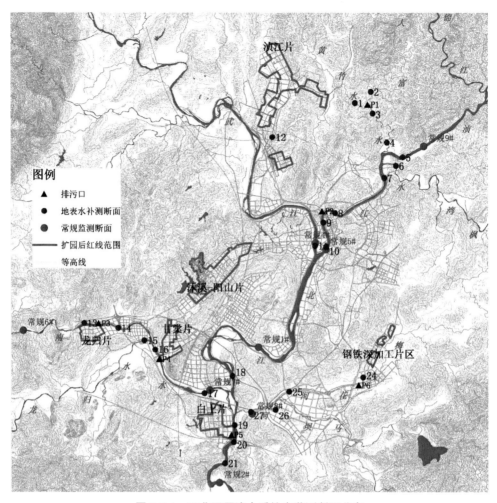

图 6.2-1　工业园周边水系补充监测断面分布

　　补充监测断面的监测因子由常规污染因子+特征污染因子构成，根据各工业片区主导产业设置特征污染因子，特征污染因子有所不同，各片区监测因子详见表 6.2-4。

表 6.2-4　工业园周边水系补充监测指标统计

片区名称	规划主导产业	补充监测调查因子
浈江片区	机械装备制造和综合性现代通关物流	水温、pH、DO、COD_{Mn}、COD_{Cr}、BOD_5、$NH_3\text{-}N$、TP、TN、铜、锌、氟化物、硒、砷、汞、镉、六价铬、铅、氰化物、挥发酚、石油类、阴离子表面活性剂（LAS）、硫化物、SS
龙归片区	机械装备制造业	水温、pH、DO、COD_{Mn}、COD_{Cr}、BOD_5、氨氮、总磷、总氮、铜、锌、氟化物、硒、砷、汞、镉、铬（Cr^{6+}）、铅、氰化物、挥发酚、石油类、阴离子表面活性剂、硫化物、硝基苯、苯胺、苯

片区名称	规划主导产业	补充监测调查因子
沐溪—阳山片区	重点发展装备制造业，辅助发展玩具、电子信息产业	水温、pH、DO、COD$_{Mn}$、COD、BOD$_5$、氨氮、总磷、总氮、铜、锌、氟化物、硒、砷、汞、镉、铬（Cr^{6+}）、铅、氰化物、挥发酚、石油类、阴离子表面活性剂、硫化物、硝基苯、苯胺、苯
甘棠片区	重点发展装备制造业，辅助发展环保涂料产业	水温、pH、DO、COD$_{Mn}$、COD$_{Cr}$、BOD$_5$、氨氮、总磷、铜、锌、氟化物、硒、砷、汞、镉、六价铬、铅、氰化物、挥发酚、石油类、阴离子表面活性剂、硫化物、硝基苯、苯胺、苯
白土片区	重点发展与装备制造所需的金属材料加工、LED 照明产业等与其他园区相配套的产业	pH、DO、SS、COD$_{Cr}$、COD$_{Mn}$、BOD$_5$、NH$_3$-N、TP、铜、锌、氟化物、硒、砷、汞、镉、六价铬、铅、氰化物、挥发酚、石油类、阴离子表面活性剂、硫化物
钢铁深加工片区	主要发展汽车配件、装备制造、粉末冶金和钢铁深加工产业	pH、氨氮、总硬度、硝酸盐、亚硝酸盐氮、高锰酸盐指数、挥发酚、石油类、六价铬、铅、镉、硫化物、硫酸盐、氯化物、苯、甲苯、乙苯、二甲苯

6.2.2　水质评价结果

以达标情况、水质类别和综合污染指数对饮用水水源水质、主要江河水质进行综合分析评价。根据要求，某项污染物某频次监测值为未检出时则用该污染物监测分析方法检出限值的一半进行统计计算。综合污染指数反映水质现状对应评价标准的污染情况，统一采用《地表水环境质量标准》（GB 3838—2002）Ⅲ类标准为评价标准（标准表 1 中除去水温、总氮、粪大肠菌群以外的 21 项指标）。水质类别反映所处的水域功能区类别状况，定性评价按中国环境监测总站《地表水环境质量评价有关问题的技术规定（暂行）》统一要求及《地表水环境质量评价办法》进行。同时，以污染物污染分指数反映各类污染物浓度与相应水质标准的比较结果，显示污染物对水体污染的贡献，并结合项目超标情况表征水质污染的特征。

针对全市产业转移园排污水质调查结果，由于监测频率为每季度一次，且产业转移园监测的目的在于检验工业园内污水处理效果，而不是对长时间的水质变化情况进行评价，因而将监测数据与各断面环境功能区划标准对比是否超标，若有超标则计算指标超标倍数。对芙蓉新区 6 处工业园周边水系补充监测结果，用多次监测数据平均值计算各指标单因子污染指数。

6.2.2.1 水源地

（1）总体结果

在 2012 年 12 个月的测定结果中，十里亭断面 12 个月水质均达到Ⅱ类标准（水质优），综合污染指数均值为 0.15，与上年持平，全年取水总量合计 6 833.0 万 m^3，达标总水量 6 833.0 万 m^3，达标率为 100%，水质状况保持优。南水水库全年 12 个月水质均达到Ⅱ类标准（水质优）以上，其中有 11 个月水质达到Ⅰ类标准，综合污染指数均值为 0.13，与上年持平，达标率为 100%，水质状况保持优。与 2011 年相比，韶关市 2012 年饮用水水源水质整体状况为优（水温、总氮、粪大肠菌群未参与评价），达标率为 100%。

（2）主要污染物分析

对十里亭断面、南水水库化学需氧量、氨氮、总磷的监测数据进行统计并计算单指标污染指数。从污染指数来看，南水水库氨氮及总磷污染很轻，十里亭断面污染较重，而化学需氧量的含量则是南水水库略高于十里亭断面。

将十里亭断面与南水水库的水质最大值、最小值及均值作图对比如图 6.2-2 所示，可明显看出南水水库水质波动较小，十里亭断面处河水水质波动相对更大，说明上游城市、工业发展等人为活动对十里亭断面水质有一定影响，若将水质稳定作为饮用水水源的选择标准，则南水水库更适合作为城市水源地。

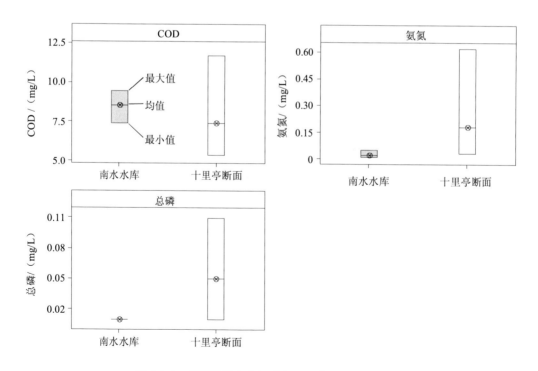

图 6.2-2　韶关饮用水水源地主要污染物监测数据统计

（3）全指标监测结果分析

2012 年 7 月上旬按要求对十里亭断面开展水质全分析监测工作，分析项目为《地表水环境质量标准》（GB 3838—2002）中的基本项目（24 项）+补充项目（5 项）+特定项目（80 项）的全部 109 个项目，全分析监测共获得 331 个有效监测数据，能准确、全面地反映水源地水质状况。

十里亭断面基本项目（水温、总氮、粪大肠菌群除外）监测结果均低于《地表水环境质量标准》（GB 3838—2002）Ⅱ类标准限值，对其进行单因子评价表明，除高锰酸盐指数、总磷指标（达到Ⅱ类标准）外，其余指标水质类别均达到Ⅰ类标准，水源地水质类别为Ⅱ类，水质状况优，该月取水量 563.0 万 t，月达标水量 563.0 万 t，水质达标率 100%，达到饮用水水源地所属水域使用功能要求。断面补充项目和特定项目的监测结果均低于目标限值。

6.2.2.2　地表水

2011 年、2012 年芙蓉新区地表水污染指数最高的断面均为马坝河，该断面位于马坝老城区下游，且河流流量不大，污染程度相对较高，其他断面综合污染指数则基本在 0.25 以下，水质较好。从综合污染指数看，大部分断面水质在 2012 年相较 2011 年有一定改善，仅浈江长坝断面、武江的武江桥水质略有恶化，从水质类别来看，大部分断面水质类别没有变化，其中昌山变电站水质由Ⅱ类变为Ⅲ类，龙归河出口处水质由Ⅲ类变为Ⅱ类。

计算 COD、氨氮、总磷的单指标污染指数（表 6.2-5），大部分河流 COD、氨氮及总磷单指标污染指数均达标，但各断面 3 个单指标污染指数均大于其综合污染指数，COD、氨氮及总磷污染指数最高的断面均为马坝河出口断面。

表 6.2-5　2012 年芙蓉新区主要污染物单指标污染指数对比

河流	断面名称	目标水质	综合污染指数	单指标污染指数		
				COD	氨氮	总磷
北江	孟洲坝电站	Ⅳ	0.18	0.44	0.33	0.38
	白沙	Ⅳ	0.22	0.69	0.28	0.43
	高桥	Ⅲ	0.19	0.51	0.26	0.34
浈江	长坝	Ⅲ	0.16	0.45	0.32	0.48
	曲江桥	Ⅲ	0.17	0.37	0.26	0.38
武江	昌山变电站	Ⅲ	0.31	0.68	0.45	0.31
	武江桥	Ⅱ	0.15	0.39	0.21	0.28
南水河	锑厂下游	Ⅲ	0.22	0.60	0.39	0.50
	龙归河出口	Ⅲ	0.19	0.66	0.25	0.51
马坝河	马坝河出口	Ⅳ	0.54	1.23	0.96	0.77

统计 2012 年各断面 COD、氨氮、总磷波动范围及平均值，马坝河出口断面水质最差（图 6.2-3），而从波动性来看，COD、氨氮、总磷波动性最大的断面分别为马坝河出口断面、马坝河出口断面及昌山变电站断面。

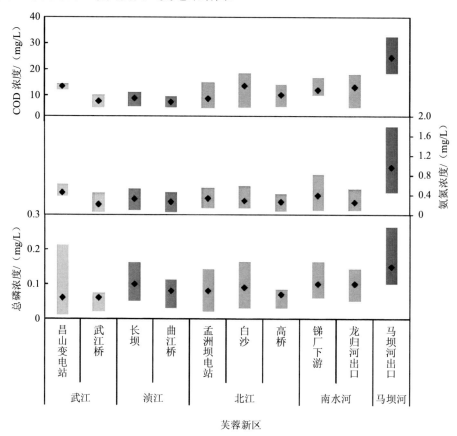

图 6.2-3 芙蓉新区地表水主要污染物监测数据统计

6.2.2.3 产业转移园及工业园周边水系

从产业转移园 4 个季度的监测数据上看，每个季度水质基本都能达到相应水域使用功能类别标准，4 个季度浈江、龙归（南水河出口）、京珠高速公路上游 100 m 和白沙断面的基本项目（水温、总氮、粪大肠菌群除外）监测结果均低于 GB 3838—2002 Ⅲ类标准限值，第三、第四季度浈江和京珠高速公路上游 100 m 断面均达到水域使用功能的 Ⅱ类标准。

从工业园周边水系 COD、氨氮及总磷 3 项常规指标污染指数来看，枫湾水入浈江监测断面、龙归片区及甘棠片区上游监测断面、钢铁深加工片区排污口至马坝河入北江监测断面的水质较差，污染指数超过 0.5，梅花河汇入马坝河前断面的氨氮污染指数超过水环境区划标准限值。

6.2.3　污染排放现状及预测

6.2.3.1　工业源

2012 年，韶关市芙蓉新区产业园区废水排放量约为 540 万 t，其中 COD 和氨氮排放量分别为 507.3 t 和 66.3 t。采用单位面积产污系数、万元产值废水产生量等相关方法，根据产业园区发展规划、开发面积、产值规模等，测算莞（韶）产业园新增废水排放量。规划到 2017 年、2020 年、2030 年新增工业废水排放量分别达到 414 万 t、663 万 t 和 928 万 t。

按出水 COD 60 mg/L、氨氮 8 mg/L 计算新增 COD 和氨氮排放量，并扣除"以新带老"的污染物削减量，预测到 2017 年、2020 年和 2030 年芙蓉新区 COD 排放量分别达到 532 t、681 t 和 840 t；氨氮排放量分别达到 71 t、91 t 和 112 t。

6.2.3.2　生活源

以芙蓉新区人口发展规模趋势为基础，根据人均生活污水排放量定额，预测规划目标年份生活污水排放量；再以规划生活污水目标处理率和出水排放浓度预测 COD 和氨氮在目标年份的排放量。预测到 2017 年、2020 年、2030 年生活源 COD 排放量分别为 3 406 t、2 562 t 和 3 942 t；氨氮排放量分别为 454 t、342 t 和 526 t。

6.2.3.3　农业源（畜禽养殖）

根据韶关市环保规划，韶关市区及周边地区主要污染源为点源，其他地区非点源负荷排放量虽然很大但实际入河量并不高，核算结果为市区点源 COD、氨氮入河量分别占总污染入河量的 98.9%及 99.2%，浈江、武江比例与之相近但点源负荷入河比例也均在 94%以上，因此本研究中面源负荷只考虑规模化畜禽养殖排放。

2012 年芙蓉新区内有超过 80 家规模化畜禽养殖场（小区），其 COD 和氨氮年排放量分别为 1 968 t 和 338 t，其中主要的 20 家养殖场的 COD 和氨氮累计排放量占规模化畜禽养殖场（小区）排放量总数的 70%以上。农业并不是芙蓉新区的主导产业方向，韶关市大塘、重阳、犁市等镇畜禽排放较集中，规划 2017 年芙蓉新区内大塘镇、重阳镇畜禽排放总负荷削减 2/3，其余乡镇削减 50%，随着新区的快速发展，新区内的养殖场治理水平不断提高，至2020 年再削减 50%，至 2030 年大部分畜禽养殖企业逐步被清理，或搬离出新区。

6.2.3.4　汇总

汇总芙蓉新区各源排放情况，从污染物排放预测的情况来看，未来芙蓉新区的水污染物排放变化情况并没有随着经济的快速增长而大幅增加。从长期来看，其排放量出现下降，这主要是因为随着生活污水处理率的提高、工业园的"以新带老"削减等措施，现有污染源的污染排放削减潜力较大，在一段时间内可以抵消新增源排放量。但是，污染物排放预测是建立在规划目标指标达成的基础之上的：即生活污水处理率从 2012 年的 50%提高到 2017 年的 80%，到 2020 年之后提高到 100%；所有工业废水完全达标排放；农业源逐步从新区内清退。这也充分说明了未来芙蓉新区环境治理和建设的任务十分繁重。

6.3　水环境容量计算

6.3.1　水域概化

根据研究区域 DEM 数据获得地表径流源-汇关系，确定主干流、主要支流，划定各河流的集水区范围，选择参与水环境容量测算的河流，流域内重要的取水口一般有城市自来水厂取水口、大型企业自备水源取水口，流量较小的企业取水口、城镇饮用水取水口可与其他大型取水口合并，小型自备水厂除韶关冶炼厂考虑外，其他小型自备水厂均忽略不计，参考常规监测断面、主要污染源位置设置水环境模型控制断面，如图 6.3-1 所示。各计算单元长度及水环境功能区划统计见表 6.3-1，断面设置位置主要在水厂及大型企业取水口上游、污水厂排污口上游、支流汇入口上游、地表水常规监测点处。

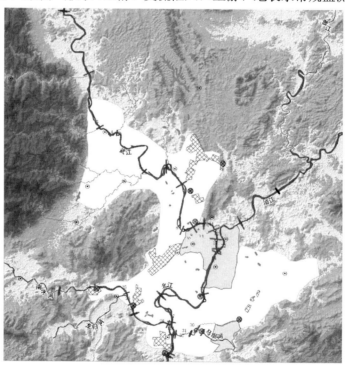

图 6.3-1　芙蓉新区水环境模型控制断面设置

表 6.3-1 韶关市芙蓉新区水环境模型计算单元基本情况统计

	起始编号	末端编号	长度/km	断面设置原因	水环境功能区划
武江段	1	2	13.5	起点为昌山变电站监测断面，末端杨溪水入流	III
	2	3	8.5	五官河入流	III
	3	4	3.46	北部一支流入流	III
	4	5	11.23	新街水入流	III
	5	6	4.7	下陂水入流	II
	6	7	3.26	铣鸡坑污水厂排污	II
	7	8	7.09	西河二水厂、五里亭水厂取水	II
	8	9	1.99	韶关市第一污水厂排污	II
	9	10	1.62	武江桥监测断面	II
	10	11	1.81	帽子峰水厂取水口	II
	11	12	1.36	西河一水厂取水口	II
	12	13	1.83	武江入北江	III
北江段	14	15	6.61	起点为武江、浈江汇流，末端为韶关市第二污水处理厂排污、韶关冶炼厂取水	IV
	15	16	8.9	孟洲坝电站监测断面	IV
	16	17	5.8	南水河入流	IV
	17	18	2	马坝河入流	IV
	18	19	2.78	白土污水厂排污	IV
	19	20	0.51	白沙监测断面	IV
浈江段	21	22	7.03	起点为曲江桥监测断面，末端浈江入北江	III
南水河段	23	24	6.19	起点为锑厂下游监测断面，末端为龙归污水厂排污	III
	24	25	5.41	龙归河入流	III
	25	26	1.67	甘棠污水厂排污	III
	26	27	1.53	龙归河出口监测断面	III
	27	28	5.9	南水河入北江	III
马坝河段	29	30	0.89	起点处韶关市曲江区鑫田污水厂排污，末端为韶钢污水入流	II
	30	31	2.01	马坝河监测断面	IV
	31	32	2.67	马坝河入北江	IV

6.3.2 模型选择

计算水环境容量可用的模型包括零维、一维及二维水质模型。在计算河流水环境容量时，一般采用一维水质模型。对有重要保护意义的水环境功能区、断面水质横向变化显著的区域或有条件的地区，可以采用二维模型。

零维模型常用于稀释模型，即河流的稀释作用起主要效果，如重金属、有毒物质等持久性污染物传播模拟。符合下列两个条件之一的环境问题可概化为零维问题，采用零维模型求解：①河水流量与污水流量之比大于 10～20；②无须考虑污水进入水体的混合距离。另外在初步估算水环境容量时也常用到零维模型。

一维模型仅考虑沿水体流向的水质差异，对于同时满足以下条件的河段采用一维模型求解：①宽浅河段；②污染物在较短的时间内基本能混合均匀；③污染物浓度在断面横向方向变化不大，横向和垂向的污染物浓度梯度可以忽略。本研究对浈江、武江、北江等河流采用一维模型计算环境容量。

当河道水面较宽使得污染物分布在横向上有明显差异时，污染物在河道一侧会形成明显的污染带，此时推荐使用二维模型计算环境容量，根据全国水环境容量核定技术指南要求，大江大河河道水面宽大于 200 m 时的水环境容量计算必须采用二维混合区长度控制法进行，以岸边混合区水环境容量作为可以利用的水环境容量数据。

北江、浈江、武江干流河道平均宽度在 400 m、200 m、220 m 左右，属于污染排放后在河道横向有明显浓度差异并形成污染带的河流，本研究在计算北江、浈江、武江干流水环境容量时采用二维模型计算水环境容量，其余支流采用一维模型。

6.3.3 参数选取

6.3.3.1 流量

各河流（河段）流量优先采用 90Q10（近 10 年最枯月平均流量）或 90V10（近 10 年最枯月平均库容），有常规水文控制站的河段可直接采用水文部门提供的有关数据，没有水文控制站的河段通过水文学方法求得。对于近年来已撤销的水文站，采用 90%保证率最枯月流量为设计流量。对于丰、平、枯时期水量相差明显的河流，以及按照最枯流量计算没有水环境容量的河流，分丰、平、枯时期分别计算容量，得到全年水环境容量，同时在容量分配上注意总量分配的季节性特点。

对于没有水文站数据的河流，采用流域面积比例法或径流系数法折算河流径流量，采用面积比例法推算河流径流量时，需要两河流流域坡度变化、地表覆盖类型相似，韶关曲江区内山地较多，与其他区域有明显区别，因而本研究采用径流系数法折算无水文数据河流的90%保证率最枯月流量。

　　径流系数指单位面积上、单位降水强度产生的地表径流量，对武将、浈江、韶关市区3个没有成型河流的散流区径流系数取0.6，而对其他山地、农田地区，径流系数主要考虑两方面因素，一方面曲江区山地较多，另一方面降雨强度对应取年最低降水量，在降水量很少时土壤含水率减少，蓄水能力增强，因而径流系数会有所降低，综合考虑以上因素，其他地区径流系数取0.27。

　　根据1956—2000年韶关市3个水文站的数据获得武江下游、浈江下游、南水水库出口的90%保证率最枯月流量，3个水文站基本统计特征见表6.3-2。

表6.3-2　芙蓉新区主要河流水文站基本统计特征

水文站名称	所在河流	天然年径流量				
		最大径流量/亿 m³	出现年份	最小径流量/亿 m³	出现年份	多年平均径流量/亿 m³
长坝	浈江	109.1	1973	21.98	1963	61.89
南水水库	南水	13.64	1994	4.101	1963	8.369
犁市	武江	107.4	1973	23.26	1963	61.64

　　犁市、长坝水文站逐年最低月流量统计见图6.3-2，从图中可看出，在枯水季节，大部分情况下浈江流量比武江大。

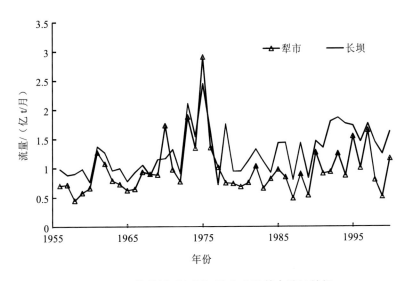

图6.3-2　芙蓉新区主要河流水文站基本统计特征

考虑到芙蓉新区内城镇生活污水、工业废水主要排入北江,因而以犁市、长坝水文站流量之和作为北江流量,计算北江 90% 保证率的最枯月流量,并得到对应时间的浈江、武江流量。北江逐年最枯月流量见图 6.3-3,北江最枯月流量出现在 1965 年 2 月,流量为 53.7 m³/s,同一时间武江流量为 23.9 m³/s,浈江为 29.9 m³/s。

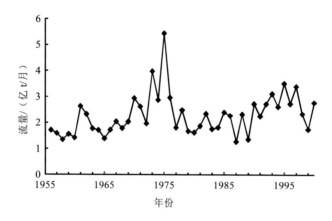

图 6.3-3 芙蓉新区北江 1956—2000 年最枯月流量

对其他没有水文站数据的河流,首先根据 DEM 数据识别分水岭,划分集水区,获得各支流集水面积,再根据径流系数法折算支流流量,各支流集水区划分见图 6.3-5。

降水强度选择 1965 年 2 月降水量,与北江流量 90% 保证率最枯月一致,站点选择韶关气象站,统计 1951—2012 年多年平均降水量(图 6.3-4),韶关气象站多年平均降水量 1 574 mm,最大降水量 2 132 mm,出现在 1994 年,最小降水量 1 105 mm,出现在 1963 年。各子流域月均流量按 1965 年 2 月降水量折算,该月降水量为 67.4 mm。

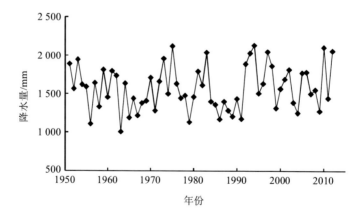

图 6.3-4 韶关气象站多年平均降水量统计

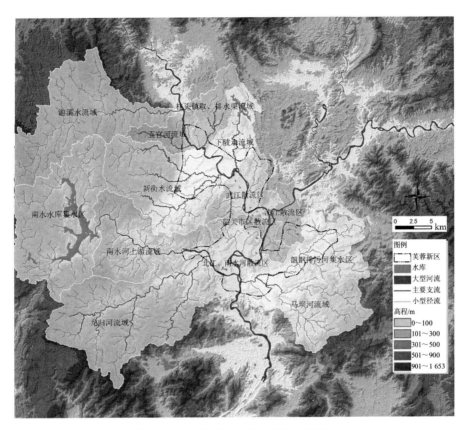

图 6.3-5　芙蓉新区主要河流集水区划分

根据降水量及各子流域面积计算该区域自然水资源量，对人口密集的几个区域径流系数设置为 0.6，其他区域设置为 0.27，折算各集水区径流汇入上一级干流水量，结果见表 6.3-3，除表中各支流流量外，参考韶关市工业园扩园环评报告，浈江片区工业园东部拟建污水厂纳污河流大富水流量取 3.72 m³/s。

表 6.3-3　芙蓉新区主要河流 90%保证率流量估算

集水区	面积/km²	降水量/万 m³	径流系数	汇入水量/（m³/s）
杨溪水流域	415.6	3 449.48	0.27	2.92
五官河流域	77.9	646.57	0.27	0.55
桂头镇取、排水渠流域	98.6	818.38	0.27	0.69
新街水流域	375.8	3 119.14	0.27	2.64
下陂水流域	123.5	1 025.05	0.27	0.87
武江散流区	137.9	1 144.57	0.6	2.15
浈江散流区	65.9	546.97	0.6	1.03
韶关市区散流区	53.2	441.56	0.6	0.83

集水区	面积/km²	降水量/万 m³	径流系数	汇入水量/（m³/s）
北江、南水河散流区	159.5	1 323.85	0.27	1.12
南水河上游流域	269.7	2 238.51	0.27	1.89
龙归河流域	557.4	4 625.59	0.27	3.91
梅花河集水区	214.6	1 781.18	0.27	1.51
马坝河流域	265.7	2 205.31	0.27	1.87

6.3.3.2 系数取值

根据广东省地表水环境容量核定报告的调研成果，河流 COD 衰减系数取 0.15/d，氨氮衰减系数为 0.05/d。其他水力参数如曼宁系数、糙度，水质参数如扩散系数等根据国内经验参数确定。

6.3.4 目标约束条件确定

结合新区内主要河流水质现状、地表水环境区划及《韶关市环境保护规划研究报告（2006—2020 年）》，设定规划年内目标水质（表 6.3-4）。将相邻水环境功能区划相同的计算单元合并进行水质控制，根据韶关市水源地调整方案，武江段中断面 6 到断面 7 包括调整后的一级水源保护区及部分二级水源保护区，其中一级水源保护区内水环境功能区划为Ⅱ类，武江在芙蓉新区内其余河段水质功能区划为Ⅲ类，因而将武江段分为三部分，而马坝河在梅花河支流汇入前水质功能区划为Ⅲ类，汇入后区划要求为Ⅳ类，故马坝河分为两部分，最终武江分为 3 段，马坝河分为 2 段，北江、浈江、南水河所有计算单元均统一确定水质控制目标。

表 6.3-4　韶关市芙蓉新区水质控制目标

	起点*	终点*	长度/km	水环境功能区划	水质控制目标
武江段	1	6	41.39	Ⅲ	Ⅱ
	6	7	7.16	Ⅱ	Ⅱ
	7	11	11.8	Ⅲ	Ⅲ
北江段	11	17	26.6	Ⅳ	Ⅳ
浈江段	18	19	7.03	Ⅲ	Ⅲ
南水河段	20	25	20.7	Ⅲ	Ⅲ
马坝河段	26	27	0.89	Ⅱ	Ⅱ
	27	29	4.68	Ⅳ	Ⅳ

注：*起点、终点编号对应表 6.3-1。

在设定水质控制目标时，考虑到武江水源保护河段严格要求水质达到Ⅱ类水平，因而首先对水源地上游河段及支流控制目标进行大致核算。根据 2012 年监测结果，武江上游昌山变电站处 COD 平均浓度 13.5 mg/L、氨氮平均浓度 0.45 mg/L，均已接近Ⅱ类标准限值，若水源地上游按Ⅲ类水进行目标控制，没有大型支流汇入清水的情况下水源地处水质必然超标，因此武江干流按Ⅲ类目标控制时水源地水质超标风险很大。对于支流控制目标，设定水源地上游几条支流入武江水质为Ⅲ类水，此外武江不接纳其他污染负荷，初步核算在水源地处武江 COD 浓度达 15.59 mg/L，氨氮浓度达 0.63 mg/L，均超过Ⅱ类标准限值，考虑到武江水源保护区上游支流所接纳的污染负荷相对较少，主要污染源为乡镇生活污染源、农业面源及少数规模化畜禽养殖，支流水质控制目标设定为Ⅱ类可行性较高，最终在计算过程中将武江水源保护区上游河段及汇入支流控制目标设置为Ⅱ类，保护区下游河段控制目标与水环境功能区划一致。此外，其余北江、浈江、南水河等河流水质控制目标也均与水环境功能区划要求保持一致。

6.3.5　计算结果

假定计算单元内污水在本单元始端汇入并瞬时全混，各支流汇入干流时水质刚好达到对应干流环境区划要求、干流污染物浓度逐渐升高并在末端控制断面刚好达到水质功能要求，按照上述假定计算北江及其支流的水环境天然容量。

根据以上假定计算支流天然容量时，河流污染物在到达汇入口处刚好降解至水质功能要求，而实际上支流汇入口上游水质则全部处于水质超标状态，不符合水环境容量总量控制的初衷，因而对这些支流将天然容量的 0.8～1.0 倍作为计算单元的理想环境容量；同时，对于河道较宽的河流，岸边污染物排入后实际并不会扩散至对岸，而是局限在一定范围内，因而会出现河道一边水质比另一边差的情况，造成水质超标的现象，此时也需要在天然容量的基础上加乘不均匀系数计算理想环境容量。

从理想环境容量中扣除非点源入河量即得到某个控制单元的可利用环境容量。将可利用环境容量减去区域点源排放量即得到剩余环境容量，当剩余环境容量为负时说明对应区域内污染排放超过为其分配的水环境容量，此时需要采取对应措施减少城镇生活、工业及畜禽养殖负荷排放，在采取更严厉的措施增加区域内负荷削减量以后，对规划区内负荷排放量进行更新，得到新的剩余环境容量结果，若还有区域超标则继续增加减排措施，直至各镇环境容量高于污染排放量。

设定北江出芙蓉新区水质达Ⅳ类标准，武江、浈江及南水河上游来水水质取昌山变电站、曲江桥、锑厂下游 3 处监测断面 2012 年水质平均值，梅花河、大富水上游来水水质参考 2012 年韶关市工业园周边补充监测数据，采用一维水质模型按照段尾控制法计算干流、支流环境容量并分配至各镇，得到芙蓉新区相关乡镇水环境容量，与北江水系相关但不在新区内的游溪镇、一六镇等乡镇环境容量不在此列出。

芙蓉新区各镇 COD 理想环境容量为 26 888 t/a，氨氮为 1 568 t/a，其中西河镇、乐园镇、西联镇及犁市镇环境容量最大，4 个镇的 COD 容量占全区总容量的 58.7%，氨氮容量占全区的 60.8%。武江上游的桂头镇、重阳镇由于地处水源地上游，污染排放相对限制更大，因而环境容量较小（表 6.3-5）。

表 6.3-5 芙蓉新区各乡镇理想水环境容量

镇街名称	天然环境容量		理想环境容量	
	COD/（t/a）	氨氮/（t/a）	COD/（t/a）	氨氮/（t/a）
桂头镇	587	29	528	26
犁市镇	3 469	201	3 122	181
重阳镇	898	43	808	39
西河镇	5 626	346	4 501	277
十里亭镇	2 183	128	1 746	103
乐园镇	6 652	413	5 321	330
西联镇	3 563	206	2 851	165
龙归镇	1 523	81	1 370	73
白土镇	2 041	125	1 632	100
马坝镇	3 190	160	2 552	128
大塘镇	1 246	74	1 121	67
新韶镇	1 668	100	1 334	80
合计	32 645	1 907	26 888	1 568

将理想环境容量扣除面源负荷得到可利用环境容量，这里面源负荷主要指畜禽养殖污染负荷，芙蓉新区农业种植负荷相对较小，在核算可利用环境容量时不予考虑。2017 年，各乡镇扣除面源、点源负荷后的剩余环境容量均为正值，其中位于北江水源地上游的桂头镇、重阳镇及浈江西侧的大塘镇剩余容量较小，西河镇、乐园镇、犁市镇毗邻北江、武江干流，水资源丰富，因而剩余容量最大（表 6.3-6）。

表 6.3-6　芙蓉新区各乡镇 2017 年剩余环境容量

镇街名称	理想环境容量		可利用环境容量		剩余环境容量	
	COD/（t/a）	氨氮/（t/a）	COD/（t/a）	氨氮/（t/a）	COD/（t/a）	氨氮/（t/a）
桂头镇	528	26	528	26	433	13.1
犁市镇	3 122	181	2 990	158	2 590	104.6
重阳镇	808	39	734	25	618	10.0
西河镇	4 501	277	4 427	264	4 273	243.2
十里亭镇	1 746	103	1 746	103	1 188	29.0
乐园镇	5 321	330	5 321	330	4 794	260.2
西联镇	2 851	165	2 851	165	2 321	94.4
龙归镇	1 370	73	1 355	70	1 146	42.5
白土镇	1 632	100	1 575	90	1 184	37.4
马坝镇	2 552	128	2 530	125	1 577	32.0
大塘镇	1 121	67	943	35	745	8.1
新韶镇	1 334	80	1 306	80	885	23.4
合计	26 888	1 568	26 307	1 470	21 754	

2020 年面源负荷量在 2017 年的基础上削减一半，因而各镇可利用环境容量相较 2017 年进一步增长，而由于污水处理设施处理力度有所增强，新区内点源负荷排放相较 2017 年有所降低，因而 2020 年各镇剩余容量相较 2017 年有小幅增长，COD 剩余容量增加近 1 000 t，氨氮剩余容量增加 100 余 t（表 6.3-7）。

表 6.3-7　芙蓉新区各乡镇 2020 年剩余环境容量

镇街名称	理想环境容量		可利用环境容量		剩余环境容量	
	COD/（t/a）	氨氮/（t/a）	COD/（t/a）	氨氮/（t/a）	COD/（t/a）	氨氮/（t/a）
桂头镇	528	26	528	26	456	16.3
犁市镇	3 122	181	3 056	169	2 731	126.1
重阳镇	808	39	771	32	683	20.5
西河镇	4 501	277	4 464	271	4 348	255.0
十里亭镇	1 746	103	1 746	103	1 325	47.1
乐园镇	5 321	330	5 321	330	4 925	277.6
西联镇	2 851	165	2 851	165	2 308	92.7
龙归镇	1 370	73	1 363	72	1 190	48.7
白土镇	1 632	100	1 604	95	1 218	43.3
马坝镇	2 552	128	2 541	126	1 668	44.1
大塘镇	1 121	67	1 032	51	883	30.7
新韶镇	1 334	80	1 320	80	1 003	37.5
合计	26 888	1 568	26 598	1 519	22 739	

2030 年畜禽养殖逐步清退，因而可利用环境容量与理想环境容量一致，同时由于人口增长导致点源负荷增加，因而各乡镇剩余环境容量再次减小，桂头、重阳等镇依旧是剩余容量最小的镇。

6.4 规划方案

6.4.1 水资源和水环境存在的问题

（1）水环境质量现状总体较好，但部分纳污河流存在污染物超标现象

芙蓉新区范围内主要饮用水水源地和主要河流断面水质现状均能达到其对应的水环境功能区划水质要求，但部分断面水质较差，为Ⅴ类或劣Ⅴ类，个别断面水质呈下降趋势，如马坝河断面和昌山变电站两个监测断面存在不同频次的化学需氧量、氨氮及总磷超标现象，浈江的昌山变电站监测断面的水质由 2011 年的Ⅱ类下降为Ⅲ类，需引起足够重视。部分河段水质目标设置不明确，不利于水质保护。根据芙蓉新区内水功能区（偏重水资源）和水环境功能区划（偏重水环境）的分析对比结果，部分河段未能严格执行其水功能，个别河段还存在水质保护目标不一致现象，如新街水乳源上司庙电站至曲江沙园段水功能定位为农业用水，但是目前被用作综合用水；北江沙洲尾至白沙段水功能目标定位为Ⅲ类，而水环境功能区划的水质目标为Ⅳ类；北江南水水库至曲江孟洲坝段水功能目标定位为Ⅱ类，而水环境功能区划的水质目标为Ⅲ类。武江现有饮用水水源保护区准保区水质目标设定为Ⅱ~Ⅲ类，根据调查，武江韶关市武江区和浈江区段执行水质目标Ⅱ类，乳源县和乐昌市段执行水质目标Ⅲ类，但并未在水源保护区划分中明确。

（2）水污染物排放负荷增大，饮用水水源水质保障压力增大

目前武江饮用水水源保护区共长 62.6 km（一级 14 km，二级 7.6 km，三级 41 km），范围过大、过长，且基本位于韶关市区，其中一级区位于韶关市中心城区，是韶关市最大规模聚居地，一级、二级区陆域范围内中心城区的城镇居住用地和交通用地所占比重较大，准保护区中北部乐昌市城镇居住用地和交通用地所占比重较大，沿岸仍有许多居民区、工矿企业、饮食服务等污染源，如乐昌市污水处理厂排污口仍设在饮用水水源保护区的准保护区内（无迁建计划），加上污水管网的配套建设相对滞后，对城市污水的收集尚未达到全覆盖，仍存在污染源废水直排现象，虽然武江河段基本能达到Ⅱ类标准，但近年来个别指标偶尔超出Ⅱ类标准（粪大肠菌群有时超Ⅲ类标准）现象越来越普遍，饮用水水源水质保障压力大；根据污染源污染物排放预测分析，规划实施近、中、远期废水排放量分别到 6 431 万 t/a、7 796 万 t/a、10 361 万 t/a；化学需氧量和氨氮等主要水污染物的排放量在规划实施的近、中、远期分别达到 4 563 t/a 和 573 t/a、3 868 t/a 和 480 t/a、

5 407 t/a 和 685 t/a，给新区饮用水水质保障带来严峻挑战。

（3）部分区域水环境承载力有限，需采取更严格的水污染控制措施

目前新区内个别区域（如重阳镇）已经在超环境容量排放，随着未来新区的快速发展，水污染物排放负荷仍将激增，而河流剩余水环境容量十分有限，部分区域将存在污染排放负荷重与环境容量不足之间的矛盾，对这些重点敏感区域须加强水资源节约、严格控制水污染物排放，同时加快区域污水处理设施建设，提高污水的收集和处理能力，并加强农业面源污染控制，切实减少水污染物的排放。

（4）可利用水资源量有限，加强节水调配刻不容缓

根据水污染源强分析，新区建设将新增需水量约 35 万 m^3/d（年需水量 1.3 亿 m^3）。而根据《印发韶关市最严格水资源管理制度实施方案的通知》（韶府办〔2012〕128 号），广东省下达韶关市的 2015 年水资源总量控制为 23.2 亿 m^3，韶关市目前已利用 20.67 亿 m^3，余量 2.53 亿 m^3，而未来新区建设和社会经济发展的供水需求总量将占用大量韶关市可利用水资源的余量。此外，目前新区范围仍存在部分工业生产技术和工艺不够先进、万元产值耗水量指标大、水的重复利用率低的问题，居民生活用水浪费现象依然突出。为推进芙蓉新区的可持续发展，应进一步加强节水工程建设，大力提高水资源利用效率和工业企业水重复利用率，并优化水资源的调配措施，减少水资源的供应量。

（5）水源结构单一，抗风险能力有待提升

芙蓉新区主要是以武江为主要供水水源，其中武江和浈江片区全部以武江为水源，水源较为单一，未形成多水源多途径的格局。由于武江韶关市区上游有国道、省道、珠港澳等多条高速公路，京广铁路，武广高铁等交通枢纽，加上上游湖南省境内采矿等原因，武江水源存在非常大的污染事故风险。而目前新区范围各水厂的应急和备用水源建设严重滞后，在突发性水源事故或取水河段遭遇自然灾害时，抗风险能力差，将严重影响市区居民正常生活生产。

6.4.2　水环境保护目标指标

以保障饮用水安全为目标，优先保护武江、南水水库、北江干流等饮用水水源，大力推进重点工业、居民生活、畜禽养殖及面源污染综合整治，积极推进重点工业行业水污染综合整治，加快完善污水处理设施及配套管网，加快浈江韶关市区河段、武江市区河段、马坝河等重点河段综合治理，为新区人民提供安全优质的供水保障和良好的水生态环境。

①武江饮用水水源、南水水库、北江干流水质保持优良，饮用水水源地水质达标率保持 100%。

②区域内水环境质量明显改善，至 2020 年，95% 以上的地表水环境功能区水质达到

环境功能要求，优良水质断面比例达 85% 以上，水环境污染问题基本得到解决。

③重点行业水污染综合治理成效显著，工业废水全面达标排放。

④污水处理能力显著提升，到 2017 年，各区、工业园区和中心镇建成污水处理厂，全区城镇生活污水集中处理率达到 75%，2020 年达到 85%，2030 年达到 90% 以上。

⑤饮用水监测预警应急能力和风险防范能力得到明显加强，备用水源和应急水源地规范化建设水平得到切实提高。

6.4.3　水环境保护重点任务

6.4.3.1　严格落实生态保护红线

依据《广东省环境保护规划（2006—2020 年）》，芙蓉新区（含协调发展区）陆域严格控制区、有限开发区、集约利用区的面积分别为 150.65 km²、468.71 km²、1 191.30 km²，分别占新区总面积的 8.3%、25.9%、65.8%。

陆域严格控制区包括两类区域：一是自然保护区、典型原生生态系统、珍稀物种栖息地、集中式饮用水水源地及后备水源地等具有重大生态服务功能价值的区域；二是水土流失极敏感区、重要湿地、生物迁徙洄游通道与产卵索饵繁殖区等生态环境极敏感区域。按照国家有关法律法规和建设规划批复要求，严格控制区禁止一切与保护无关的开发建设活动，通过实施天然林保护、生态公益林建设、自然保护区建设、水土流失治理和生活污染控制等生态环境保护工程，促进区域生态环境改善和生态功能恢复。

有限开发区指生态系统的敏感区和重要的生态功能区，可以容纳一定的人口规模和开发活动，但需重点维护其生态服务功能。在确保区域主导生态服务功能持续改善的前提下，选择轻污染、环境友好型、不造成大规模地表破坏的产业进行发展，选择不危害区域主导生态服务功能的地区集中发展城镇，实施点状开发。支持生态农业发展和传统产业的生态转型，支持区域开展生态公益林建设、水土流失治理和矿山生态恢复，促进主导生态功能的改善与提高，维护区域生态安全。

集约利用区指为芙蓉新区提供生活资源与生产生活空间的区域，包括集中的农业开发区和城镇开发区。农业开发区主要包括河谷平原或与河谷平原相接的低山丘陵区，以农业开发利用为主，其中部分土地将作为未来城市扩展备用地。城镇开发区主要以新区现有建成区、城镇建设区和未来发展区为主，是重点开发或以开发为主的区域。农业开发区要坚持生态优先的原则，协调城市发展与生态保护的关系。减少与控制化肥和农药使用量，加强生态农业建设，建设农田防护林体系，控制畜禽养殖场污染。城镇开发区需完善城镇绿地系统，加强环境基础设施建设，严格制造加工业产业准入，提高经济发展水平，改善人居环境质量。

本规划将黄岗山、莲花山、芙蓉山国家森林公园，同古洲、车头洲湿地公园，武江饮用水水源保护区等主体功能区规划确定的禁止开发区域和广东省环境保护规划划定的严格控制区纳入生态红线进行严格管理，依法实施强制性保护。红线范围内禁止建设任何有污染物排放或造成生态环境破坏的项目，逐步清理区域内现有污染源；除文化自然遗产保护、森林防火、应急救援、环境保护和生态建设以及必要的旅游交通、通信等基础设施外，原则上不得在生态红线区域内建设基础设施工程；受工程和自然条件因素限制，确需穿越广东省环保规划划定的严格控制区但不会对重要自然景观和生态系统造成分割和损害的交通、电网等省重点基础设施项目，须经省人民政府同意。严格控制风景名胜区、森林公园、湿地公园内人工景观建设。依法取缔饮用水水源一级、二级保护区内非法排污企业和排污口。

6.4.3.2　落实供排水通道环境管理要求

严格实施《南粤水更清行动计划（2013—2020年）》和《韶关市"南粤水更清行动计划"实施方案》，供水通道严禁新建排污口，关停涉重金属、持久性有机污染物的排污口，严格监控影响供水通道水质的支流和污染源，现有排污口不得增加污染物排放量，汇入供水通道（表6.4-1）的支流水质要达到地表水环境质量标准Ⅲ类要求。排水通道（表6.4-2）应严格控制污染物排放总量，严格新建、改建或扩建排污口设置审批，所有污染源必须稳定达标排放，确保水质达到功能目标要求。结合水环境功能区划达标倒逼管理，引导新区内产业发展、城镇建设和土地利用等经济开发格局的优化调整，供水通道和水质超标的控制单元禁止接纳其他区域转移的污染物排放总量指标，鼓励向环境容量充裕的非敏感河段转移总量指标。

表6.4-1　芙蓉新区主要供水通道

流域	水系名称	主要供水通道	主要服务区域
北江	北江	白沙断面至与英德交界断面河段	曲江区
	浈江	瀑布水支流、横水支流、百顺水支流	南雄市、始兴县
	武水	武水干流	乐昌市、韶关市区
	南水	南水水库—乳源县城河段	乳源瑶族自治县

注：汇入供水通道的支流水质要达到地表水环境功能区划目标要求。

表6.4-2　芙蓉新区主要排水通道

流域	水系名称	主要河段	主要服务区域
北江	北江	沙洲尾—白沙河段	浈江区、武江区、曲江区
	浈江	浈江干流	市区、南雄市、始兴县、仁化县
	南水	乳源县城—北江河入口河段	乳源瑶族自治县

6.4.3.3 严格保护饮用水水源

（1）合理调整饮用水水源保护区范围

根据《关于韶关市生活饮用水地表水源保护区划分方案的批复》（粤府函〔1998〕358号），武江韶关市西河桥至乐昌城区河段均被划分为武江饮用水水源保护区（表6.4-3），保护区范围过大，且陆域保护区范围绝大部分属于韶关市区，随着社会经济的发展，给水质保护带来巨大压力。根据保护饮用水水源的实际需要，结合韶关市社会经济发展、水环境功能利用现状、存在问题及水功能利用格局，拟取消西河一水厂、帽子峰水厂取水口，并对饮用水水源保护区范围进行合理调整，优化韶关市的水资源配置，确保饮用水安全。具体调整方案（表6.4-4）如下：

表 6.4-3　韶关市武江河段饮用水水源保护区原划分方案

水源地名称	保护区级别	保护区面积/km²	保护区河长/km	水域保护区范围	陆地保护范围
韶关市区武江饮用水水源地	一级保护区	37.3	14	武江西河桥至什石园河段及其支流，水质目标为Ⅱ类	相应一级保护区水域的两岸正常岸线向陆纵深1 000 m的陆域范围
	二级保护区	18.9	7.6	武江什石园至犁市河段及其支流，水质目标为Ⅱ类	相应二级保护区水域的两岸正常岸线向陆纵深500 m内的陆域范围
	准保护区	152.2	41	武江犁市至乐昌河段及其支流，水质目标为Ⅱ～Ⅲ类	相应准保护区水域的两岸正常岸线向陆纵深500 m内的陆域范围

表 6.4-4　韶关市区武江饮用水水源保护区调整方案（建议）

水源地名称	保护区类型	水质保护目标	水域保护范围	陆域保护范围
韶关市区武江饮用水水源地	一级保护区	Ⅱ类	西河二水厂取水口下游100 m处至上游1 500 m的水域范围	该河段两岸正常岸线向陆纵深50 m的陆域范围
	二级保护区	Ⅲ类	西河二水厂取水口下游300 m处至上游4 000 m除一级保护区外的武江水域范围，以及汇入该河段的支流从汇入口上溯2 000 m的河段	二级保护区河段两岸正常岸线向陆纵深1 000 m内的陆域和一级保护区陆域边界外延1 000 m的陆域范围
	准保护区	Ⅲ类	西河二水厂取水口上游4 000 m至上游9 000 m的武江水域范围，以及汇入该河段的支流从汇入口上溯2 000 m的河段	准保护区河段两岸正常岸线向陆纵深1 000 m内的陆域范围

1）饮用水水源一级保护区

水域范围：西河二水厂取水口下游 100 m 处至上游 1 500 m 的水域范围，水质保护目标为 II 类。

陆域范围：相应一级保护区水域的两岸正常岸线向陆纵深 50 m 的陆域范围。

2）饮用水水源二级保护区

水域范围：西河二水厂取水口下游 300 m 处至上游 4 000 m 除一级保护区外的武江水域范围，以及汇入该河段的支流从汇入口上溯 2 000 m 的河段，水质保护目标为 II 类。

陆域范围：相应二级保护区水域的两岸正常岸线向陆纵深水平距离 1 000 m 内的陆域和一级保护区陆域边界外延至水平距离 1 000 m 的陆域范围。

3）饮用水水源准保护区

水域范围：西河二水厂取水口上游 4 000 m 至上游 9 000 m 的武江水域范围，以及汇入该河段的支流从汇入口上溯 2 000 m 的河段。

陆域范围：准保护区河段两岸正常岸线向陆纵深 1 000 m 内的陆域范围。具体调整可行性和调整方案应按照程序报有关部门批准。

（2）加快南水水库饮用水水源地建设和保护

南水水库位于乳源瑶族自治县龙南乡（现东坪镇）鸡公歧附近的南水河上，是乳源县城在用饮用水水源地。南水水库控制流域面积 608 km²，总库容 12.46 亿 m³，有效库容 7.14 亿 m³，水库多年入库流量为 30.4 m³/s，相应水量为 9.61 亿 m³，设计枯水年来水量 52 800 万 m³，设计年供水量 18 250 万 m³。南水水库水质优良，水质指标中除总氮、总磷偶有超标外均达到国家 II 类水质标准，因此南水水库作为饮用水水源在水量和水质方面均具有优势。

为保障饮水安全，防止单一饮用水水源地水体污染带来的影响，同时考虑到南水水库自身条件和优势，规划将南水水库作为韶关市区饮用水水源地，建议加快启用南水水库为韶关市区饮用水水源地，与韶关市区武江饮用水水源地一同向市区供水。

加强南水水库饮用水水源地强制保护，严格执行《饮用水水源保护区污染防治管理规定》和《广东省饮用水源水质保护条例》，按照标准水源地建设要求加强南水水库水源地建设，明确划定水源保护范围，增加保护区界桩、界牌等警示标志，严禁在保护区内新建任何向水体排污的企业，加强面源污染防治，严格控制库内水产养殖项目的规模，加强绿化隔离带、乔草带、灌草带种植和保护，维护库区生态安全。

1）加大库区保护力度

限制或禁止库区内的各种开矿、采石、伐木等行为，在必要情况下应该实行封山育林，从源头上对水库水源进行保护，防治水土流失。

2）采取非工程措施

加强水源地保护区的监控与管理，建立和健全供水范围内各项用水管理制度，并对各项用水进行优化配置。为了加强南水水库水源保护，韶关市政府于 1997 年 11 月 26 日颁布了《南水水库饮用水源保护规定》，对于这一制度要严格遵守和执行。

3）加强水库污染治理

水库污染包括内源污染和外源污染。内源污染的主要因素是底泥污染。南水水库已经建成并运行了 40 多年，由于建设年代早、库区面积大，有必要定期进行库底清理，并妥善处理清理的淤泥；全面排查水库内违规水产养殖，加大治理力度。饮用水水源保护区内禁止新建畜禽养殖场，原有养殖场要限期搬迁或者关闭。外源污染主要为直排入库的污水和堆放库区附近的固体废物、生活垃圾等，另有水库上游河道水质污染原因，应加强外源污染的环境监管力度，加强环境监察和执法，根据当地实际情况，因地制宜建设污水和垃圾处理设施。

（3）推进备用和应急水源建设

1）小坑水库备用和应急水源建设

小坑水库位于曲江区东南部，在北江支流枫湾河的上游，距韶关中心城区 33 km。水库控制集雨面积 139 km²，总库容为 11 316 万 m³，正常年份产水量 1.3 亿 m³，年可供水量约为 6 000 万 m³，是集防洪、供水、灌溉、发电于一体的大型水库。小坑水库水质优良，达到国家标准 II 类，正常蓄水位库容为 5 425 万 m³。小坑水库对市区供水铺设管道到韶关学院只有 15 km，而从水库供水点新陂到韶关学院只有 7 km，未来作为应急水源供给韶关市区南郊片和东郊片极为方便，且小坑水库输水洞口海拔高程为 195.5 m，大大高于韶关市区的平均高程（约 65 m），使小坑水库供水给市区不需要进行加压。当全城性饮用水安全应急事件发生时，负责韶关市东郊片河南郊片的应急供水；假如出现武江河水质下降不再适宜供水，而南水水库的水源也由于其他因素不能或不足为市区供水时，可考虑启用小坑水库作为备用水源，对市区和芙蓉新区供水。

2）沐溪水库备用和应急水源建设

沐溪水库位于武江区西联镇沐溪村委境内，库区总面积 13 000 多亩，其中水面 1 800 多亩，是离韶关市城区最近的一个中型水库。沐溪水库集雨面积 16.5 km²，总库容 1 086 万 m³，正常蓄水位 86.7 m，正常库容 926 万 m³，设计调节水量 1 430 万 m³，设计年可供水量 720 万 m³。由于沐溪水库距离城区最近，在武江区域内，且是中型水库，位置在市区西部，当武江出现饮用水安全事件时作为应急水源具有方便快捷的特点。沐溪水库水质经过检测，除大肠杆菌超标外，其他指标符合国家水质标准 II 类，因此沐溪水库必须严格限制水上养殖项目，进行水质恢复治理，适合充当韶关市区与芙蓉新区的应急水源。由于沐溪水库集雨面积和库容有限，可以供给韶关市区水量不大，近期只能是作为应急水源。当武江水发生水质事故或出现重大的供水系统故障时，启动沐溪水库作为应急水源，紧急供水给市区，可独立保证市区能够有半个月左右的应急水，以缓解市区发生饮用水安全事件的用水压力。当启动南水水库作为市区饮用水水源地后，沐溪水库将作为与南水水库配合的水源地为市区供水。

（4）加快水源地污染整治

严格限制水源地周边土地开发利用，加强北江干流、武江等重要饮用水水源周边土地控制力度，杜绝沿河两岸污水偷排漏排入供水河道。加大水源地工业污染源治理力度，严格监控饮用水水源地内工业污染源分布及污染物达标排放情况。加大饮用水水源地环境违法行为查处力度，加大对武江、北江干流等流域内工业项目的检查力度，严厉打击超标准排放污染物的环境违法企业，对存在重大污染隐患的企业，一律停产整治。积极推行清洁生产，大幅提高工业用水重复利用率，最大限度地减少废物排放，实现工业污染源全面达标排放。加大生活源污染治理，结合韶关市区河堤建设等工程，做好饮用水水源保护区陆域范围内的截污和引流工作，芙蓉新区逐步采用雨水、污水分流制的排水体系。加快推进畜禽养殖和农业面源污染综合整治，全面开展禁养区内畜禽养殖场（区）清理整顿工作，严格执行环境影响评价和环保"三同时"制度，鼓励养殖小区建设、完善养殖场雨污分离污水收集系统，推广干清粪工艺。到2017年，芙蓉新区规模化畜禽养殖场和养殖小区均配套建设有固体废物和废水贮存处理设施，实施废弃物资源化利用。建立健全饮用水水源安全预警制度，受上游污染、城市面源污染等因素影响较大的饮用河段，要建立相应的污染预警制度，完善饮用水水源安全预警体系。

6.4.3.4 深化重点行业水污染综合整治

（1）强化重点行业水污染整治

加大造纸、纺织印染、制革、电镀、化工、食品、饮料等重点行业企业工艺技术改造和污染治理力度，武江区重点加强化学药品制剂制造、包装装潢及印刷、金属冶炼、电池制造、汽车零部件及配件制造等工业企业的排污监控；浈江区重点加强肥皂及合成洗涤剂制造、电池制造、稀有金属冶炼、钢压延加工等工业企业的污染治理；曲江区重点推进印制电路板制造、炼钢、有机化学原料制造、铜矿采选等落后产能淘汰及污染源监控。强化中水回用，降低主要污染物排放总量。

重点工业和产业园区要按照园区定位优选入园企业，加快推进工业园区污水集中处理工程建设和提标改造，园区废水原则上应实行集中收集、集中处理。严格水污染物排放标准，工业废水厂内治理不能达到标准或总量控制要求的，必须引入片区污水处理厂进一步深化处理，各入区企业内部的排水管网均应按环保要求进行规范化设计与实施。建立和实施对入园企业的污染物监管制度，加强污染达标排放管理，确保污染治理设施稳定运行。

（2）加快推行工业节水

调整产业结构和布局，严格限制建设高耗水项目，关闭布局不合理、耗水量大、经济效益差、水污染严重的企业，东莞（韶关）产业转移园区的浈江片区、沐溪—阳山片区、白土片区、龙归片区、甘棠片区、华南钢铁深加工产业片区均应按"雨污分流、清污分流、中水回用"的要求规划建设给排水系统，同步规划设计和建设新区内产业各片区污水处理厂及其管网和中水回用设施，统一采用分质供水体系，公厕用水、车辆冲洗用水、城市景观绿化和清洗道路用水等市政杂用水优先采用污水处理厂出水等中水系统供应，提高企业用水重复利用率和园区中水回用率，提高水资源利用效率，2020 年，园区内各生产企业的单位新鲜耗水量要达到国际先进水平，中水回用达到相关要求，芙蓉新区工业用水重复利用率达到 75%以上。

（3）加大环境监管力度

严格执行重污染行业统一规划、统一定点的相关政策要求，鼓励企业入园。全面推行企业清洁生产，完善企业自愿实施清洁生产和强制实施清洁生产审核相结合的双重机制。严格排污许可证制度，完善环境监控系统，建立环境应急监测和处理处置机制，2015 年重点污染源要求实现在线监控。

（4）大力推行清洁生产

积极推广循环经济理念，扶持相关产业发展，建立区域性生态产业链，减少废水及污染物排放量。优先推行清洁生产，引导企业采用先进的生产工艺和技术手段，降低单位工业产值废水和水污染物排放量。重点推进东莞（韶关）产业转移园区的浈江片区、沐溪—阳山片区、白土片区、龙归片区、甘棠片区、华南钢铁深加工产业片区的清洁生产水平，入区企业要达到国内先进清洁生产水平。鼓励入区企业选用安全的原料，使用先进的生产工艺，生产附加值高、污染物产生量小、市场前景广阔的高新技术产品，加大污染物治理力度，加大资源、能源回收利用，加强废物循环再生利用，实现经济与环境的可持续发展，努力创建生态企业。同时，鼓励企业开展清洁生产的审计和 ISO 14000 环境管理体系的建立工作。

1）严格控制入区企业类型

按照园区的产业定位，严格控制入区企业类型，各片区产业定位见表 6.4-5。

表 6.4-5 园区产业定位

序号	片区	产业定位
1	浈江片区	以机械制造和现代物流为主、电子信息和汽车配件生产为辅
2	白土片区	重点发展与装备制造所需的金属材料加工、LED 照明产业等与其他园区相配套的产业
3	龙归片区	重点发展装备制造产业
4	沐溪—阳山片区	重点发展装备制造、电子信息和玩具产业
5	甘棠片区	重点发展装备制造业、环保涂料等产业
6	华南钢铁深加工片区	重点发展以汽车配套、机械锻造、粉末冶金和钢铁深加工产业为主导的加工工业

2）使用清洁安全原材料和燃料

对于入区的企业，在建设过程中使用的材料尽量为环保材料，企业生产过程中使用的原料应采用清洁安全原料，禁止使用国家及地方明令禁止使用的原料，避免有毒有害原料的使用。

3）加大资源、能源的回收利用

入区企业必须加大资源及能源的回收利用，努力做到废物的减量化、资源化和无害化。各类固体废物特别是危险废物必须做到安全处置。积极探索园区内废水的回用措施及途径，减少废水排放对水环境的影响。

4）清洁生产指标要求

根据国家环境保护有关的法规、标准及类比提出一些宏观清洁生产控制指标（表 6.4-6），从资源能耗、生产工艺、污染治理水平等方面提升芙蓉新区企业清洁生产水平。

表 6.4-6　园区清洁生产控制指标

序号	类别	主要指标	控制水平
1	资源能耗	耗水量	达到国内先进水平
		能耗	达到国内先进水平
2	生产工艺	工艺技术水平	达到国内先进水平
3	水污染宏观控制	工业废水处理率	100%
		工业废水达标排放率	100%

6.4.3.5　持续推进重点污染河段综合整治

（1）浈江韶关市区河段环境综合整治

①全面治理浈江两岸工业污染源，沿河重点工业污染源全面达标，废水中各项污染物达到广东省地方标准《水污染物排放限值》（DB 44/26—2001）中规定的排放标准，对限期不能完成达标任务的企业，实行关、停、转、迁。

②在完成南雄市区、始兴县城生活污水处理厂建设，市区生活污水处理率超过 70% 的基础上，逐步推进浈江两岸建制镇污水处理设施建设。

③继续实施堤路改造工程，通过合理拆迁、堤围砌护、铺设排污管道等措施，敷设两岸雨污管、截流生活污水通过管网进入生活污水处理厂集中处理。

④开展武江区林桥坑、曲江区梅花河综合整治。治理区域工业污染源，实施筑堤、截污、清淤和绿化工程。

⑤加快临江采石场复绿工程，强化浈江流域水土流失治理。提高浈江沿岸各县（市、区）森林覆盖率，按照省森林资源的保护和发展目标责任制，逐步提高活立木蓄积量。

⑥加强孟洲坝水电站及浈江河各梯级电站统一的调度机制建设，保证各电站下游河道的最小生态下泄流量。

（2）武江市区河段环境综合整治

①按照"统一规划、统一定点"的要求，实行合理的流域工业布局和产业调整。对可能造成较大环境影响的区域开发项目、重大工业项目和工业园区建设，实施沿岸各县（市、区）政府和有关部门共同参与的联合审批制度。

②加大对工业污染源的整治力度。武江河沿岸所有工业企业污染物实现全面、稳定达标排放。重点企业安装废水在线监测系统。对限期内不能完成达标任务的企业，依法采取关停、搬迁等强制性措施。

③完善韶关市第一污水处理厂二期工程，韶关市第二污水处理厂二期，乳源县桂头镇、浈江区犁市镇污水处理厂建设，配套完善生活污水截污管网建设。

④加强农业生态建设和农村环境保护。提高畜禽粪便无害化处理率，在农村地区大力推广使用沼气。

⑤定期开展多部门环境联合执法行动，加强环境监察执法，对位于饮用水水源一级、二级保护区的排污口坚决予以取缔。依法责令所有饮食船只上岸经营，并配套完善废水处理等环保设施。

⑥建立健全孟洲坝水电站及武江各梯级电站统一的调度机制，保证各电站下游河道的最小生态下泄流量。建立重大污染事故的防控体系。制定污染事故紧急处理预案，建立跨界污染事故信息通报制度。

（3）马坝河环境综合整治

①整治流域内对水源地有重大污染风险的重污染型和劳动密集型企业，加强流域生活污染处理设施建设力度，加大畜禽养殖清理整顿和农业面源污染治理力度，结合清淤、截污、疏浚、补水、景观生态改造等工程，改善水环境。

②合理划分排污渠道，制订详细的排水通道设置方案，且须经科学论证。对进入排污渠道的污水必须通过处理达标后方可排放。建设截污工程，禁止向内河涌直接排放污水，要求自然汇入主河道的水达到Ⅲ类水的要求。

③对河道进行清淤、疏浚和拓宽，清除河道内源污染，改善河涌排水条件。严禁向河涌倾倒生活垃圾和施工废料，清除河道上和河岸两边的违章建筑，杜绝污染物直接入河。

④采取河道曝气充氧、底泥生态修复、生化处理设施及人工湿地等河道生态修复技术对河道进行治理，尽量避免硬化河底的做法，使河涌的整治做到标本兼治。

⑤采用生态护岸措施，结合河道两岸的生态和城市景观的建设，种植适宜的植被，保护和改善河岸环境，建设自然统一的水生和陆生生态系统。

第 3 篇

总 结 与 展 望

第 7 章　空间发展战略与水环境的协调规划

编制流域水环境综合整治规划等顶层设计方案，是开展流域治理的重要先决条件。整体来看，广东省目前治水成效仍然是阶段性的、不稳固的，与长治久清还存在较大差距（曾凡棠，2020），随着水污染防治攻坚战的不断深入，流域水环境综合整治规划的编制和实践也必将得到广泛而深入的发展。目前，国内外同类研究主要落脚在多环境规划决策、水环境承载能力、水资源水环境模型优化等专题方法技术研究或某个流域水污染控制应用研究与探讨上，而对流域水环境综合整治规划方法体系的系统集成介绍及其多案例的实证研究较少，流域水环境综合整治规划编制依然面临着集成、系统的方法体系比较缺乏，重要关键性环节的技术要点不够精细，针对不同典型的水体和污染问题的规划案例及关注度依然不够等问题。本书从流域水环境综合整治规划的相关理论和方法体系着眼，详细解析了技术步骤和关键技术要点，并选取了广东省境内典型入海河流、水库、河网水系、经济新区等不同水体开展了应用实践研究，做出了有益探索，为流域综合治理实践提供了重要科学支撑。由于篇幅所限，书中选取的单个类型水体的典型案例数量仍然偏少，且时间跨度较长，广东实践依然任重道远，随着绿色发展理念的逐步深入和人们环保意识的逐渐增强，流域规划方法、治理方案设计、实施落地路径、动态反馈机制、新型手段设备等的理论、探索、实践也在日新月异，未来流域水环境综合整治规划理论方法与实践也必将得到持续的发展和完善。

在我国迈上民族全面复兴的第二个百年奋斗目标的新征程上，生态环境保护战略政策也进入推进环境质量改善和美丽中国建设的生态文明战略阶段。这就要求立足于整个环境系统的空间优化，运用更加宏观的视角关注国土空间规划等空间发展战略与环境系统之间的关系，从而更好地对环境的生态功能进行保护、开发和利用。党的十八届三中全会通过的《中共中央关于全面深化改革若干重大问题的决定》中提出加快生态文明制度建设，建立空间规划体系，划定生产、生活、生态空间开发管制界限，落实用途管制。2017 年，国务院发布关于印发《全国国土规划纲要（2016—2030 年）》的通知（国发〔2017〕3 号），提出大力推进生态文明建设，加快转变国土开发利用方式，全面提高国土开发质量和效率。坚持保护优先、自然恢复为主的方针，以改善环境质量为核心，分类分级推进国土全域保护，维护国家生态安全和水土资源安全，提高生态文明建设水平。2019 年，党中央、国务院发布《建立国土空间规划体系并监督实施的若干意见》，对原国土空间规划体系做出了重大改革调整，标志着国土空间治理进入生态文明时代，生态环境保护的工作重心需要由污染防治设施建设等末端治理，逐步转移至优化空间布局等前端管控，与国土空间规划紧密衔接，扭转被动"守势"。生态环境保护规划与国土空间规划的关系十分密切，不是简单的包含关系，而是交叉关系，不仅起到生态警戒的作用，更重要的是指引生态环境健康发展，是国土空间中高质量发展的决定要素（刘贵利等，2019）。在广东，《珠江三角洲环境保护规划纲要》和《广东省环境保护规划纲要》首次提出了生态环境空间管控的概念，将珠三角14.13%、广东省20%的区域划为生态严控区，实施严格保护，是我国最早的生态保护红线的实践（王金南等，2018），生态严格控制区是全国首次在省级层面上的生态空间管控实践，为广东省生态空间管控体系建设奠定了基础，也为我国出台主体功能区规划、划定生态保护红线等提供了实践经验（吴锦泽等，2021），开创了广东省探索空间发展战略与环境协调编规划的先河。

目前我国已形成了以"三线一单"（生态保护红线、环境质量底线、资源利用上线和生态环境准入清单）为核心的生态环境空间管控体系，即以区域生态功能定位和经济发展需求确定环境质量目标指标底线，按生态空间分布和水、大气、土壤等环境要素的评价结果开展分区管控，以环境准入清单为成果出口的格局（图 7-1），这为生态环境空间规划参与国土空间治理提供了较好的工作基础。水生态环境保护的空间管控基本构建起了以控制单元为核心的流域空间管控模式方法，并在《水污染防治行动计划》和重点流域水污染防治"十三五"规划中得到全面应用（文宇立等，2020）。

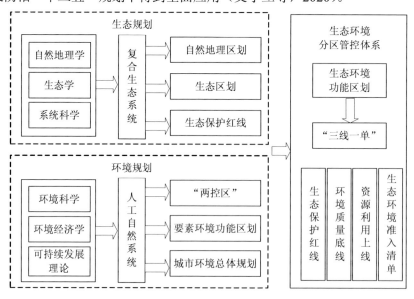

图 7-1　我国生态环境规划的学科基础与理论实践演进（吴健等，2021）

　　空间管控是个复杂、综合而又系统的课题，在水环境规划领域，目前仍存在较多问题需要在持续研究和实践过程中推进解决，如水环境空间数据基础仍普遍薄弱，监测、污染源、河道基本属性等基础数据的缺乏依然较大制约了水质变化与源之间交互响应关系的方法构建；部分敏感目标、保护区、功能区等空间上的定位不准确、边界范围不清晰，给城市规划、土地规划与水环境规划实现"多规合一"与精细化匹配带来不确定性；环境空间管控制度仍有待完善，实践操作仍存在较多技术难度。

第8章　水量水质的联合控制规划

水量和水质是水资源的二重属性，二者相互影响、不可分割，由于水资源优化配置属于水资源开发利用领域，而水质改善属于环境科学研究领域，两个领域长期以来结合不够紧密，随着流域水环境治理的系统性和整体性不断加强，人们逐渐意识到水污染控制与水资源开发利用统一考虑才能实现水环境质量的根本改善（游进军等，2010）（图 8-1）。水量水质联合调度是实现社会经济与生态环境协调发展的有效举措，其目的是通过改变现有水利工程或拟建水利工程的调度运行方式，发挥水利工程兴利避害的综合功能和综合效益（王浩等，2004；董增川等，2009），达到充分利用各种可利用的水资源，增加生产、生活的可利用水量，兼顾改善河道水质，实现水生态、水环境和水景观的修复、改善和保护，确保以水资源的可持续利用保障社会经济的可持续发展。

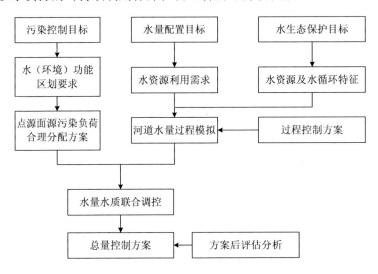

图 8-1　水量水质联合调控总体思路（游进军等，2010）

国外于 20 世纪 60 年代初期开始对水量水质联合调控开展研究，70 年代后研究成果不断增多。随着水污染和水危机的加剧，80 年代以来，很多国家制定了地表水和地下水的水质标准，颁布了国家水资源管理办法，建立了河流、湖泊和水库的各类水质模型，将大系统分析理论、数学规划和模拟优化技术等应用于水资源优化配置中，并试图将水质研究与水量研究联合起来，以实现水资源调度管理中的水量和水质的统一描述和联合调控。王浩等（2004）提出了水量水质综合模拟与分析技术路线（图 8-2）。进入 90 年代后，特别是 1992 年联合国环境与发展首脑会议后，可持续发展观念深入人心，各国充分认识到水资源利用和水生态环境保护的相互关系、经济发展和生态环境保护的关系（赵璧奎，2013），传统的单水资源配置方式已不能满足研究和现实治污的需求，因此开始在水资源配置中考虑水质的影响，将水动力模型与水质模型耦合，并在耦合模型中考虑多种因素的影响以研究水质水量的联合调控（严军等，2013），在水量水质联合研究方面成果丰富，如 Willey 等（1996）综合考虑洪水控制、水利水电、河流流量和水质等控制目标，模拟水库下泄水量对下游水质的影响；Hayes 等（1998）集成了水量、水质和发电的优化调度模型，研究了 Cumberland 流域中水库的日常调度规则以满足下游的水质目标要求；Sharon 等（2001）利用水量水质模型 MODSIM 模型研究了无色鱼类种群生长对水量水质的要求；Cai 等（2003）构建了集流域经济、农业、水文和水质于一体的模型，模拟研究了灌溉水量分配所引起的土壤盐碱化问题，并分析了研究区域的环境和经济的响应关系；Mohammad 等（2004）在综合考虑了水质、地下水的回流和供水系统的规划的前提下，建立了研究区域的灌溉系统地表水和地下水资源动态规划模型；Vink 等（2009）对 Bowen 盆地进行研究发现了水质与水量的管理存在脱节的现象，而水质问题作为环境问题日益明显，水质水量问题必须作为一个综合系统进行管理；Salla 等（2014）采用 AQUATOOL 决策系统，将水量模型（SIMGES）和水质模型（GESCAL）集成建模，将其应用于巴西 Araguari 河流域的综合管理。

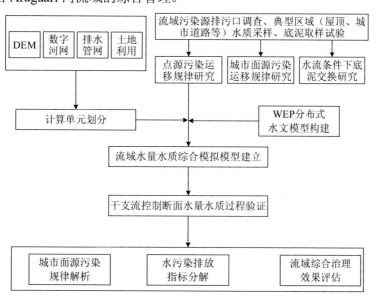

图 8-2　流域水量水质综合模拟与分析技术路线（王浩等，2020）

我国的水量水质联合调控模型的研究始于考虑水质因素的水量配置模型，主要集中在经济发达的平原河网地区，侧重于利用水动力学模型模拟河网地区的水量和水环境演变数值模拟计算分析（王船海等，2000）。

徐贵泉等（1996）根据感潮河网的水流、水质复杂多变的特点，建立了感潮河网水量水质数学模型，模拟了感潮河网水体受各种因素影响下的水量、水质变化规律，尤其是感潮河网水体分别处于好氧、缺氧、厌氧状态下的各水质组分间相互制约、相互影响的变化规律，并在上海浦东新区河网水环境引调水工程中得到了应用，开创了我国利用水利工程改善水环境调水的先例。从 20 世纪 90 年代开始，基于河网水量水质模拟计算指导水环境改善试验和水环境容量调配取得了广泛应用，尤其是在长江三角洲河网、珠江三角洲河网、淮河流域等。如董增川等（2009）针对太湖流域存在的主要水环境问题，在引江济太原型试验引水控制模式分析的基础上，建立了区域水量水质模拟与调度的耦合模型，研究解决引水分配不合理问题；胡开明等（2015）通过构建西太湖区域水量水质数学模型，估算了区域水环境容量，并依据水环境功能区的水质目标与水域面积将水环境容量分配到了各市/区；江涛等（2011）通过建立西北江三角洲潮汐河网水量水质数学模型，定量评估闸泵站联合调度引水情景下的水质改善效果；刘玉年等（2009）通过构建淮河中游水量水质联合调度模型，预测和评价各种调度方案的水质改善效果。此外，夏星辉等（2004）通过建立流域水资源数量与质量联合评价的方法，提出了水资源功能容量与水资源功能亏缺的概念，对黄河流域的水资源进行了水质水量综合评价；夏军等（2006）针对流（区）域水资源总量中不同水质的水量分布与变化情况，分别从单元（集总）系统和复合（分布）系统出发，建立了水资源数量和质量联合评价的体系与方法，直观反映出流（区）域水资源数量和质量的时空分布状况；张永勇等（2010）将闸坝水量水质联合调度模型、遗传算法耦合到流域综合管理模型 SWAT 中，从流域尺度探讨了闸坝的合理调度模式，并在北京市温榆河流域进行了实例研究；张守平等（2014）针对当前水资源配置对水质因素考虑不足等问题，进行了流域/区域水量水质联合配置研究，通过构建供需平衡、耗水平衡和基于水资源优化配置的水质模拟系统，提出了水量水质联合配置方案设置、识别缺水类型和污染物总量控制分配的决策思路；裴源生等（2020）开发了基于 SWAT 模型的水量-水质-水效联合调控模型 SWAT_WAQER，并以广西南流江流域为例，从国民经济用水量、河道径流与水质等方面对模型进行校验，并在此基础上划分了 2030 年"三条红线"控制指标。

目前，水量水质联合调控仍存在不足，需要在实践中做进一步改进和完善。一是水量水质联合调控实践主要是以减污和环境流量控制的应用为主，多偏重于水量方面的分配（梁云，2013），或以水质目标为约束进行水量分配调控研究为主，水量调控和水质模拟的过程结合不足，未能反映出水量、水质与经济社会发展之间的关系，存在机理层面的分离；二是现有水量水质联合调控研究主要集中于平原河网地区，侧重于利用水动力学模拟提出对局部区域治理目标的应对措施，对流域整体调控研究存在一定的不足；三是宏观目标和微观控制措施之间缺乏有机的耦合关联，流域层面目标控制与模拟层面具体措施影响效应之间的作用方式和关联效应有待进一步研究；四是缺乏对调控方案有效性评估方面的深入研究，建立经济社会发展、生态环境保护、水资源可持续开发利用间的动态平衡，实现水资源综合效用最大化具有较大的研究空间（严军等，2013）；五是水质水量联合调控研究经常侧重于"时间序列"（当代和后代、人类未来）方面的认识，而对"空间分布"上的认识，如区域资源的随机分布、环境格局的不平衡、发达地区和落后地区社会经济情况的差异等内容却较少涉及（李玉河，2008）。"三水统筹"理念的深入人心，必然将带来水环境规划方式的深刻变革，水资源、水环境、水生态将融合得更紧密。

第9章　更加突出精细化管控需求

9.1 "流域-控制区-控制单元"治理体系

流域水环境管理的主要目标是协调流域内不同地区之间在资源开发利用、社会经济发展、水环境保护等方面的关系，有效解决人类活动对流域水环境的累积和叠加影响问题（彭盛华等，2001）。但流域人类活动及水环境问题存在显著的空间差异性，因此开展水环境分区，将复杂的水环境问题按特定区域进行分解，并设置相对明确的任务目标，有的放矢地施行相关管理措施，是解决流域水环境问题的关键。基于控制单元的流域水污染分区管理是国外流域治理优秀经验的凝练（金陶陶，2011），控制单元概念最早来自美国，初衷是以流域为控制单元，对单元内污染排放浓度和总量提出控制措施，最终达到恢复和维护流域水质目标，其中以 TMDL（Total Maximum Daily Load）计划最具代表性。TMDL 就是通过识别及提出具体污染控制单元的总量控制措施，从而引导执行最好的流域管理计划（王彩艳等，2009）。TMDL 是先识别受损水体，结合超标河段、超标水质状况，根据流域的汇流特征来划分控制单元，并对单元内点源和非点源排放实施总量控制措施（US EPA，2008）。国内控制单元概念是在"六五"、"七五"开展水环境容量与总量控制技术研究时最早提出的，并在淮河流域水污染防治"九五"规划编制中首先得到了应用，当时提出了规划区、控制区、控制单元三级分区管理的概念，并建立了以控制单元为最小单元的流域水污染分区防治的管理雏形（吴舜泽等，2016），使我国水污染控制由浓度控制进入目标总量控制。"十五"期间，建立了以水环境容量为基础的水污染防治管理体系（杨桐等，2011）；"十一五"期间，从流域控制单元角度提出的"分区、分类、分级、分期"理念受到广泛认可，形成了相对系统的理论体系，我国逐渐从一致性管理向差异性管理转变，将控制单元划分推广应用，国家"十一五"水体污染控制与治理科技重大专项在全国多个流域同时展开实践、探索与示范，在理论和技术层面逐步深化和发展我国的水污染管理体系；"十二五"期间，我国正式进入"控制单元的总量控制技术"落实和改善水环境质量的关键时期，国家全面实施流域水环境分区管理，形成了结合行政分区与水资源分区的水环境管理体系，综合考虑了地域特征、汇水特征、行政区划、控制断面等因素，同时体现了流域属性和区域属性，提升了控制单元划分的科学性（徐敏等，2013）；"十三五"期间，流域水污染防治规划提出要加强流域分区，通过划定控制单元实施分级分类管理的要求，"流域-控制区-控制单元"系统治理思路基本成熟。

控制单元划分是根据流域管理主体、污染源分布、产流汇流过程来确定影响河段水质的污染源分布区域。在控制单元划分过程中，要综合考虑流域污染源分布、产流汇流过程和行政单元，保证各控制单元污染源相对独立，并明确各行政主体的治理责任（单保庆等，2015）。流域控制单元划分是编制流域水污染防治规划或方案的重要基础内容，其目的是使复杂的流域水环境问题分解到各控制单元内，将规划的目标和任务逐级细化，并突出重点，从而实现整个流域的水环境质量改善，科学划定流域控制单元，对于制定和落实流域水污染防治规划方案的目标和任务具有重要意义，以控制单元为基本管理单元开展流域水污染防治的思路已逐渐受到国内外普遍重视和认可，基于控制单元的流域水污染防治分区管理已成为国际水环境保护领域的趋势之一。

根据不同管理模式和划分依据，控制单元主要分为基于行政区的控制单元、基于水文单元的控制单元和基于水生态区的控制单元等三类。其中基于行政区的控制单元以行政区划为基础，有利于政府的水质管理，我国早期以该种单元为主。基于行政区的控制单元能够在现有的行政区域划分体系下契合国家的行政管理需求，因为行政区是水环境管理长期以来的基本责任主体。然而，由于行政区边界与流域边界之间存在不协调，基于行政区的水环境管理较少考虑水生态环境系统的空间差异性，割裂了生态系统的流域自然特性，难以在流域内统筹，在多地都不同程度地存在上下游和左右岸之间的矛盾，无法解决行政区跨界纠纷问题（段学军等，2006）。

基于水文单元的控制单元通常体现了汇集到某个汇总点以上的径流，而径流决定了该流域的特性，因此比较适合流域水污染控制研究。具体来说，水文单元是由地表水系包括河流和湖泊的分水岭所包围的集水区域，水文单元符合河流的自然汇流特征，在实质上是属于基于流域的水质管理（Omernik et al.，2017），目前多数发达国家都使用流域方法来管理本国的水质。例如，美国国家环境保护局（USEPA）一直建议采用美国地质勘测局（United States Geological Survey，USGS）绘制的水文单元地图系统来解决复杂的水环境污染问题，其实质上是识别不同等级流域的集水区，最初的水文单元地图系统将美国划分为 4 个等级共 2 150 个流域或子流域，且每个水文单元都有唯一的水利单元编码。随着 GIS 技术的深入发展以及分区技术的不断深化，单元划分不断细化，美国联邦地理数据委员会（Federal Geographic Data Committee，FGDC）在 2004 年公布了《描述水利单元边界的联邦标准》，建立了包括 6 个等级的流域边界数据库（WBD），为流域水质规划的制定提供了基础数据技术平台。水文单元地图系统采用 6 级分区体系（表 9.1-1），将美国全域划分为 21 个一级区（Region）、222 个二级区（Subregion）、352 个三级区（Basin）、2 150 个四级区（Subbasin）以及大约 2.2 万个五级区（Watershed）和 16 万个六级区（Subwatershed）（US EPA，2008）。

表 9.1-1 水文单元系统分级

水文单元	边界描述	编码示例	平均面积/km²
地区	最大的排水区域，包括一条或者几条主要河流的排水区域	05	46 万
子地区	组成地区的排水区域，包括一条主要河流的排水区域	0509	4.3 万
流域	组成或者等同于子地区的排水区域	050902	2.7 万
子流域	组成流域的排水区域，具有部分或者全部的地表排水系统、一个或多个水利特征相近的排水区域	05090203	4500
小流域	组成子流域的排水区域，通常范围在 160~1 000 km²	0509020304	440
子小流域	组成或者等同于小流域的排水区域，通常范围在 40~160 km²	050902030401	60

　　基于水生态区的控制单元从流域内生态承载力出发，通过进行水生态分区而确定不同水生态区的水环境保护目标，需要更多地考虑流域水生态系统类型与自然影响因素之间的因果关系，通过不同空间尺度下的气候、水文以及地形地貌类型等要素来反映流域水生态系统的基本特征（黄艺等，2009）。"生态区"一词由 Crowly 于 1967 年首次提出（Crowly，1967），此后生态区的概念日益为人们所接受，随后 Omernik（1987）提出了水生态分区的方法，在分析植被、土壤、土地利用和地形 4 个指标的基础上，将相对同质的单元划为一个生态区；美国国家环境保护局以淡水生态系统为对象制定了水生态区划，陆续完成并发布了三级、四级水生态区划分方案；Unmack（2001）利用淡水鱼类的区系分布特征进行了澳大利亚水生态区的划分；Harding 等（1997）则基于新西兰的植被覆盖、地质条件、土壤类型、地形地貌、降水量一级气候条件对南岛地区划分了水生态区。

　　水生态分区的体系已被广泛用于各研究领域，如设计流域水环境监测网点（Stoddard J，2003），需要优先监测、治理、保护和恢复的区域（Stoddard，2004；Snelder，2008），以及利用分区体系预估区域生态环境变化趋势，并指导规划生态监测网络、确定流域优先监测和保护区域、推断未监测区域生态环境状况等（孙小银等，2010）。我国水生态区划分的研究起步较晚，前期研究主要面向流域水生态系统的部分要素开展，如水文地质、水文水资源等（王家兵，1996；尹民等，2005；高永年等，2010；邢剑波等，2019），仍缺乏系统的水生态分区研究。随着研究的深入，近年来我国在流域水生态分区及划分方面的研究也取得了积极进展，如太湖、巢湖、洱海、海湖等流域，以及阿什河、海沟河等小流域均有成果发表，部分在地方管控中得到了实践和应用（表 9.1-2）。其中太湖流域提出了针对流域特征的水生态功能三级分区目的和划分原则，构建了太湖流域非太湖湖体区和太湖湖体区水生态功能三级分区指标体系，制作了基于水生态功能单元的各项指标的空间分布图（高永年等，2012），采用二阶聚类法并结合人工辅助的方法将太湖流域划分为 21 个水生态功能三级区。洱海流域基于 GIS 技术，用子流域作为分区基本单元，并用相关分析法，定量筛选一级、二级分区指标，通过指标图层的叠加和重分类，将洱海流域划分为 5 个一级区和 9 个二级区（杨顺益等，2012）。海河流域通过分析陆地和水生态系统特点，确定了一级、二级分区的指标体系，共划分了 6 个一级水生态功能区和16 个二级水生态功能区（孙然好等，2013）。巢湖流域进行了一级至四级水生态功能分区，并对分区结果进行验证（高俊峰等，2019）。安徽省从长江流域实际出发，以保护皖江干流、治理支流河湖为原则，划分了 41 个控制单元，并筛选出 13 个现状水质不达标的单元、含有国家或省级自然保护区和集中式饮用水水源地的单元、易发生突发环境事件的单元定为优先控制单元，对水质改善型优先单元、水质维护型优先单元、自然保护区和饮用水水源地等重要生态功能区的单元实施差异化的水污染防治策略，建立起了流域—水生态控制区—水环境控制单元三级分区管理体系，明确了流域层面以控制单元为载体、以优先控制单元为抓手，细化水环境问题清单、水污染防治目标清单和责任单，提出了网格化、精细化水污染防治策略（安宗胜等，2019）。

表 9.1-2　分级体系

层面	控制单元	边界描述	示例
国家层面	流域	涉及一条或者几条主要河流的排水区域	松花江流域
	控制区	组成或者等同于一级区的行政区域	黑龙江省控制区
	控制单元	组成二级区的涉及部分或者全部排水系统的行政区域	哈尔滨市控制单元
地方层面	小流域控制单元	包括部分或者全部一条小流域的排水区域	阿什河小流域
	子小流域控制单元	组成或者等同于小流域的排水区域	河沟河子小流域
	……	……	……

然而，由于流域内不同地区经济、社会、资源、环境条件差异显著，基于单一指标的控制单元划分难以实现流域管理与行政管理的协调统一。因此，随着流域分区分类管控研究的深入，许多学者都提出需要综合多种流域要素进行控制单元划分。王金南等（2013）结合水文分析和层次分析法综合评价区域内各级单元的排污去向，并以区县级行政单元为基础进行合并或划分，将松花江流域划分为 33 个控制单元。王俭等（2013）综合考虑污染源和控制断面分布情况，采用市级、县级行政边界对水文单元进行边界修正，在辽河流域划分了 3 级共计 245 个控制单元。控制单元的精细划分对于建立流域目标追溯机制和推进精准治水有着非常重要的导向作用，虽然我国已基本构建起比较完备的控

制单元划分流程（图9.1-1），但对比分析我国目前流域水污染现状及国际上流域水环境管理的先进理念和发展趋势，其控制单元分区体系仍然存在不足，仍还有一些问题有待研究，如单元划分仍不够精细，给流域水污染防治的目标落实和任务分解带来一定的困难，难以有效支撑实施环境网格化管理，如以行政区和流域边界作为基本单元无法有效解决跨界流域污染问题，跨界河、流域的控制单元精细划分势必成为研究的热点之一。同时，未来的控制单元划分依据的节点设置将更加全面和综合，目前控制单元划分过分依赖于现有国控断面的位置，一般将受同一个水质监测断面控制的一个或几个县级行政区划定为一个控制单元，当该断面的布设并不能适应当前水环境保护需求时，也将影响到该单元水环境问题的精准识别。此外，大部分控制单元划分主要考虑水环境质量，而忽视了流域生态背景和经济社会发展对水环境的影响。未来的控制单元将统筹"三水"，即水资源（强调水资源的合理配置和高效利用，通过合理开发、优化资源配置、全面节约水资源等手段，实现水资源利用效率和效益的提升）、水环境（强调控制水资源使用过程中的工业污染、城镇生活污染，防治农业面源污染，实现预防、控制和减少水环境污染和生态破坏）、水生态（强调为保障水生态系统健康及水资源安全而开展的防治水土流失、强化水源涵养、维护生物多样性、保护湿地、管制生态空间用途、管控水生态系统损害行为等），并有效衔接水资源分区、生态功能区、主体功能区划、水功能区划等已有相关规划与区划成果。

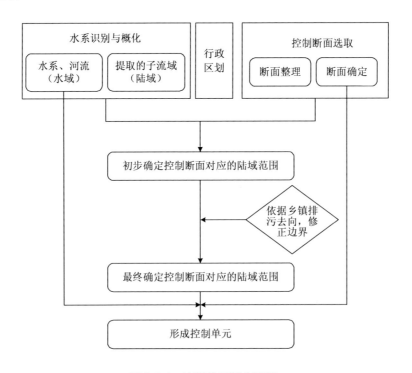

图 9.1-1　控制单元划分流程

9.2　河长制

2007 年，无锡市针对太湖蓝藻暴发问题，编制印发实施了《无锡市河（湖、库、荡、汊）断面水质控制目标及考核办法（试行）》，针对无锡市水污染严重、河道长时间没有清淤整治、企业违法排污、农业面源污染严重等问题，由无锡市党政主要负责人分别担任 64 条河流的河长（朱枚，2017），真正把各项治污措施落实到位，由此拉开我国推行河长制的序幕。2008 年，江苏省政府决定在太湖流域借鉴和推广河长制，全省 15 条主要入湖河流全面实行"双河长制"，每条河由省、市两级领导共同担任河长，"双河长"分工合作，协调解决太湖河道治理问题，一些地方还设立了市、县、镇、村的四级河长管理体系，自上而下的河长管理体系实现了对区域内河流管理责任的全面覆盖，河道水质达标的责任更为细化。淮河流域、滇池流域的一些省（市）也纷纷设立河长，由地方的各级党政主要负责人分别承包相应河道，督办截污治污。2016 年 12 月，中共中央办公厅、国务院办公厅印发《关于全面推行河长制的意见》，标志着河长制从最初作为各地方政府应对水环境危机的应急之策，进一步上升为国家意志（李美存等，2017）。2017 年 6 月，第十二届全国人大常委会第二十八次会议将河长制正式写入《中华人民共和国水污染防治法》，规定"省、市、县、乡建立河长制，分级分段组织领导本行政区域内江河、湖泊的水资源保护、水域岸线管理、水污染防治、水环境治理等工作"。由此，"河长制"这一流域水环境治理机制在政策和法律层面得到了双重确认。全面推行河长制，是以保护水资源、防治水污染、改善水环境、修复水生态为主要任务，全面建立省、市、县、乡四级河长体系，构建责任明确、协调有序、监管严格、保护有力的河湖管理保护机制，为维护河湖健康生命、实现河湖功能永续利用提供制度保障，是落实绿色发展理念、推进生态文明建设的内在要求，是解决中国复杂水问题、维护河湖健康生命的有效举措，是完善水治理体系、保障国家水安全的制度创新。

从河长制制度设计上看，其主要遵循四项原则（图 9.2-1）：①坚持生态优先、绿色发展。牢固树立尊重自然、顺应自然、保护自然的理念，处理好河湖管理保护与开发利用的关系，强化规划约束，促进河湖休养生息、维护河湖生态功能。②坚持党政领导、部门联动。建立健全以党政领导负责制为核心的责任体系，明确各级河长职责，强化工作措施，协调各方力量，形成一级抓一级、层层抓落实的工作格局。③坚持问题导向、因地制宜。立足不同地区不同河湖实际，统筹上下游、左右岸，实行一河一策、一湖一策，解决好河湖管理保护的突出问题。④坚持强化监督、严格考核。依法治水管水，建立健全河湖管理保护监督考核和责任追究制度，拓展公众参与渠道，营造全社会共同关心和保护河湖的良好氛围。

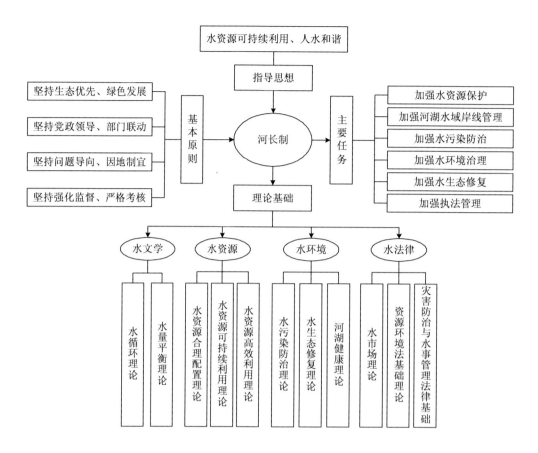

图 9.2-1 河长制主要任务及理论基础框架（左其亭等，2017）

　　从地方实施做法上来看，其基本做法主要包括（张嘉涛，2010）：①党委、政府作出决定，一般由省委省政府、市委市政府作出决定，为推行"河长制"提供依法行政的基础。②建立机构，加强领导，成立"河长制"管理工作领导小组，由党政"一把手"担任组长，下级行政区域各区（县）成立相应的"河长制"管理领导小组。③对所管辖范围内的河道逐一确定"河长"，实行"一河一长"，做到责任主体、整治任务、管理措施三到位，由各"河长"根据所负责河道的实际情况，组织开展综合整治，全面落实长效管理措施，并对河道的水质、水生态、水环境全面负责，确保河道水质、水环境得到明显改善和持续改善。④社会监督，形成合力，把加强社会监督作为一项重要措施来落实。⑤制定办法，组织考核。

　　"河长制"的逐步建立和推行，给河湖管理工作注入了新的活力，自全面实施以来，各地均取得了初步成效，对区域内河湖家底情况摸得更清楚，河湖综合整治力度得到进一步加大，建立起了长效管理的队伍和职责，形成了多部门的工作合力，对推动全国水环境质量实现明显改善起到了重要的积极作用。同时也存在不少问题，如社会公众参与积极性还未能充分调动、治理主体权责分配不均衡、协同合作机制仍不完善、治理信息呈现碎片化，随着河长制的进一步深入实施，河湖精细化管控机制仍将得到持续的完善和补充。①完善考核机制。考核项目应当精简整合，河长制考核应纳入对地方政府及其负责人落实环保目标责任制的整体考评制度中，从而减少重复考核带来的资源浪费，同时，根据不同经济社会发展定位、河湖面临的主要问题与基础治理水平实行差异化的考核标准（詹云燕，2019）。②推动公众参与。河长制实施的最终目的是为公众提供自然和谐的生活环境，政府在推行河长制的过程中应明确这一理念，借助媒体、舆论宣传，促进社会公众对河长制的认同，打破公众参与河长制的观念壁垒。同时开放社会公众参与路径，除了对河流治理效果进行考察监督以外，还应充分参与河长制决策的制定与执行、河长行为的考核，政府应提供多元化公众参与方式，在河长制考核中加入公众满意度指标，打破公众参与河长制的路径壁垒。③健全整合机制，对纵向管理层级和横向管理部门进行整合，完善机构设置和人员组成，合理配置治理资源（阚琳，2019）。④促进多元主体协同合作，进一步完善利益分享与补偿机制，根据实际情况完善流域财政转移支付，合理开展生态补偿，优化补偿机制。⑤建设河长制智慧管理平台（图 9.2-2），解决河长权责不明确、河长制组织工作不规范、管理效率低下等问题，为政府管理与保护河道提供信息支撑和科学的管理手段。

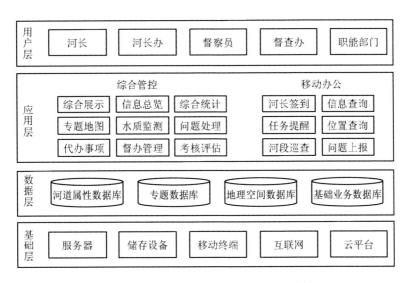

图 9.2-2　河长制智慧管理平台总体架构（方佳琳等，2021）

第 10 章　先进科学手段和技术的应用

随着我国对生态环境保护工作越来越重视，传统的监管手段已无法满足日益精细化的管理需求。近年来，先进的技术手段和综合管理决策平台在水生态环境管理领域逐步得到广泛应用，使流域治理和水生态环境建设脱离以原有经验加现场调研进行治理的方式，推动水环境监管朝精细化、科学化、信息化、现代化发展，无人机、无人船航测、"3R"技术、大数据平台等新型技术手段逐步得到广泛运用。

10.1　在线监测设备与技术

无人机、无人船可搭载各类成像载荷（可见光、热红外、多光谱等）、采样载荷、微型在线监测设备，为水环境监测，尤其是难以到达的小微水体水质监测提供有力的支持，因具有快速、灵活、清晰、直观等突出优势，成为一种新的环境监测监管平台。随着无人机遥感技术的逐渐成熟，无人机获取的遥感数据，给内陆水体的水环境监测提供了新的机遇，有了更广泛的应用。如 2012 年，华南理工大学按照中国海监广东省总队的要求研制的中国首架自主研发的海监无人直升机投入使用，主要搭载摄像头、照相机、微波等视频和图像采集传输设备，进行实时空中图像和数据传播，然后依靠数据来执行分析广东近海的海洋执法监察、环境监测、环境保护等任务（郑天虹，2012）；Susana 等（2014）利用反射率基法对多光谱相机进行辐射定标，并同步测量靶标的反射率及大气气溶胶参数，将测定的各个参数输入到"6S"模型中，经过计算得到理论上无人机航摄时的表观辐亮度。Guimaraes 等（2019）将神经网络应用于无人机图像预测水体悬浮物浓度的回归分析中，回归模型的质量得到了显著提升；刘彦君等（2019）通过使用无人机携带多光谱传感器（Mica Sense Red Edge）获取多光谱影像，分别构建东湖水域总磷、悬浮物（SS）、浊度（TUB）的反演模型并研究其浓度空间分布，为小微水域的污染防治提供技术支撑。江苏省根据无人机监测平台构建了执法-应急-监测的无人机监测监控技术体系，辅助执法人员对污染源和污染企业开展现场成像式监测，在突发环境事件处置中进行污染扩散范围研判和应急处置，加强水质环境质量现场监测、生态保护红线区监控技术手段（丁铭等，2019）；董月群等（2021）以广东省鹤山市沙坪河为研究区域，通过无人机高光谱成像遥感数据对城市河网的 Chla、COD、TN、TP、NH_4^+-N 等水质参数进行了定量反演研究，反演结果很好地呈现了河道水质空间分布。

无人船技术依托小型船体，利用 GPS 定位、自主导航和控制设备，根据监测工作的需要搭载多种水质监测传感器，对城市内河、近海岸、水库甚至海洋等各种类型水体中的多项水质参数开展同步监测，可实现流域监测全覆盖，提升了地表水环境监测的工作效率。国内外相关研发机构与企业，针对应用无人船技术开展海洋与江河湖泊水质测量、水文测量、水上气象探测、水下地形测量和地球物理要素测量等诸多测量任务，进行了大量的研发、测试与应用。我国无人船研究应用起步较晚，2008 年新光公司研发出"天象 1 号"无人船，此后云洲智能将无人船应用到水质监测等领域（张树凯等，2015）。作为一种新型水质监测平台，无人船已能自动化地完成指定区域的水质监测，罗刚等（2017）采用无人船监测技术对城市建成区水体中的氨氮（NH_3-N）、溶解氧（DO）、氧化还原电位（ORP）和浊度进行了原位监测，结果表明，通过合理选择搭载相应的测量电极，无人船能够满足地表水测量数据准确度的要求。对于应急性水质监测而言，可以迅速入水、快速获取水质数据，面临水污染突发事件时，通过监测绘制全面水质分布图，深入污染区采样取证，探测水下暗管图像等（普东东等，2021；吕扬民等，2019），可有效完成对突发污染的数据采集，为决策提供技术支持。

10.2 "3S"技术

"3S"技术提供了原始数据采集-处理-存储展示的完整链条，将遥感（RS）、GPS、地理信息系统（GIS）技术进行整合，通过遥感获取高分辨率的遥感影像，利用高精度的 GPS 系统对遥感图像进行精纠正，最后通过 GIS 将社会经济、人文等信息与反映地理位置的图形信息有机地结合起来（图 10.2-1），解决了海量数据的存储与管理等问题（刘凤芹等，2007）。其中卫星遥感（RS）技术主要是在远离目标、不与目标直接接触的情况下判定、测量并分析目标的性质，它获取信息的主要手段是电磁波，在环保领域的应用主要是利用多传感器、高分辨率、多时相等特点帮助获取自然环境的重要信息源和宏观监测手段，具有监测范围广、效率高、直观性强、成本低等特点，非常适用于对水体进行长期动态监测（潘应阳等，2017），可以弥补地面人工监测定时、定点监测的不足，便于发现污染物的时空分布特征和迁移规律，从而实现对水环境的长期动态监测，是地表水质监测的重要补充。利用卫星遥感技术进行水质监测的基本原理是：根据污染水体在特定波长范围对光吸收和反射特性的不同（胡红等，2017），通过遥感影像光谱特征识别污染物种类、范围和浓度。遥感监测水质的常用方法包括经验分析法、半经验分析法和分析模型法。经验分析法和半经验分析法是一种卫星遥感—地面站点协同的监测方法，主要根据遥感数据与地面实测数据建立统计回归模型，进而反演水体水质参数，根据实测光谱或水质参数和模拟数据直接求取表观光学量与水体成分浓度的经验关系式，是最常用的水质遥感反演算法。Park 等（2015）利用人工神经网络 ANN 和支持向量机（SVM）分别对 Juam 水库和 Yeongsan 水库中的叶绿素 a 进行浓度估测，结果表明两种方法都可以反演出叶绿素 a 浓度的时间变化规律，在估测精度方面 SVM 模型要明显优于 ANN 模型。邓孺孺等（2016）采用自主设计的水体透射光测量装置，利用 ASD 光谱仪测量相同厚度不同浓度铁离子溶液的透射光辐亮度，计算出水中 3 种铁化合物的消光系数和吸收系数，得到 3 种铁离子吸收系数光谱。

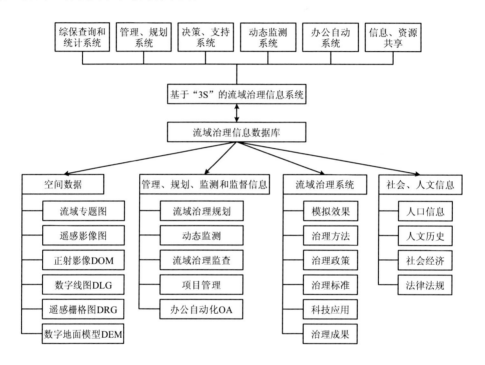

图 10.2-1 基于"3S"技术的流域治理信息系统体系结构（刘凤芹等，2007）

半经验法是将最佳波段或波段组合的光谱特征与实测水质参数建立统计关系，对水体水质进行监测。半经验法体现了电磁辐射在水体的传输过程，采用理论分析与经验统计相结合的方法来描述模型过程（周方方，2011）。安如等（2013）以太湖、巢湖为研究区，利用 Hyperion 和 HJ-1A 卫星高光谱数据，引入归一化叶绿素指数（NDCI），得到 NDCI 与叶绿素 a 浓度的回归关系。盛琳等（2017）基于 GOCI 多光谱影像通过 QAA 反演算法实现叶绿素 a 浓度的估算及精度验证，利用 QAA 算法反演的叶绿素 a 浓度精度优于传统的经验模型。

模型分析法基于水体的辐射传输模型，根据水中叶绿素、悬浮物、有机质的光谱特性，利用遥感影像与水中各组分的吸收系数和后向散射系数关系模型，来反演各组分含量。周亚东等（2018）利用 GF-1 多光谱数据和综合营养状态指数法，结合 82 个站点实测数据构建人工神经网络模型，对武汉市及其周边地区主要湖泊综合营养状态和水质进行了反演和动态监测。任岩等（2016）提取了遥感影像上艾比湖流域 6 种水体指数，利用 SPSS 软件对各种水体指数与多种水化学特征值的关系进行了相关性分析，构建了水体指数与水化学特征之间的关系模型。

全球定位系统（GPS）是美国自 20 世纪 60 年代开发，于 1994 年部署完成的卫星导航系统，以其全球、全天候、快速、准确的定位功能在环境领域得到广泛的应用。GPS 主要用于实时定位，为遥感实况数据提供空间坐标，建立实况环境数据库及同时对遥感环境数据发挥校正、检核的作用。地理信息系统（GIS）是指对具有空间内涵的地理信息进行输入、存贮、查询、运算、分析、表达的技术系统，GIS 技术的出现为环保信息化发展提供了技术支持，它在环境信息系统中的应用主要体现在制作环境专题图、建立环境地理信息系统、对环境监测过程进行数据存储处理分析、分析自然生态现状、环境应急预警预报、环境质量评价和环境影响评价、水环境信息管理等（尹红等，2014）。随着我国环境系列卫星、高分系列卫星等卫星星座的发射组网，以上手段和技术在开展水体长期动态监测中将得到更为广泛的研究和应用。

10.3　流域智慧管控

随着技术的发展，以流域水环境大数据平台为基础，流域水环境管理逐渐摆脱了水环境信息化建设与应用脱节的现状，朝着智能化、动态化可控、可管的方向发展。在流域水环境大数据平台的基础上，结合 5G、物联网、水环境耦合模型模拟等信息技术手段，以现有管理工作为基础，建设流域智慧管控平台（图 10.3-1），实现对流域水生态环境的日常监测、综合管理、统计分析、科学预测、智能预警、应急处置等，是未来流域管控的趋势和发展方向之一。

其中，发展生态环境大数据技术，有效集成多来源、多类型、多尺度的生态环境数据，并进行高效管理和综合利用，是为生态环境保护和发展提供新支撑的必要条件之一。传统的生态环境数据呈现无序性、孤立性和缺乏群体性，给生态环境监测评价及综合管理造成了一定困难（程春明等，2015），通过有别于传统数据的大数据，即具有海量规模（Volume）、实时产生（Velocity）、类型多样（Variety）的巨价值（Value）数据云（王永桂等，2017），发展环境遥感监测大数据云服务技术，针对传统环境遥感监测服务面窄、服务水平低的问题，构建基于环境遥感监测大数据云基础（硬件）、云计算（模型）、云工具（软件）的云服务平台，统筹环境遥感、地面监测、无线传感器、众包、互联网等各种数据源，支撑环境遥感监测大数据分析与生态环境监管协同联动，以实现环境遥感监测大数据产品的云生产、云发布和云共享，并提供基于环境遥感监测大数据的生态环境态势研判、生态环境问题诊断、生态环境风险预测预警、环境污染源感知与溯源、生态环境保护成效评估等新型环境遥感监测大数据产品和服务（王桥，2021）是必然趋势。通过新型技术手段的运用，结合大数据平台，对地面监测数据、卫星遥感监测数据、地理信息数据、社会统计数据等进行整合，建设流域水生态环境数据库，形成集数据存储、数据交换、数据共享、数据使用、数据开放于一体的枢纽中心。纵向打通省、市、区等管理边界，横向汇聚相关部门业务数据，实现各类水生态环境数据的互联互通。

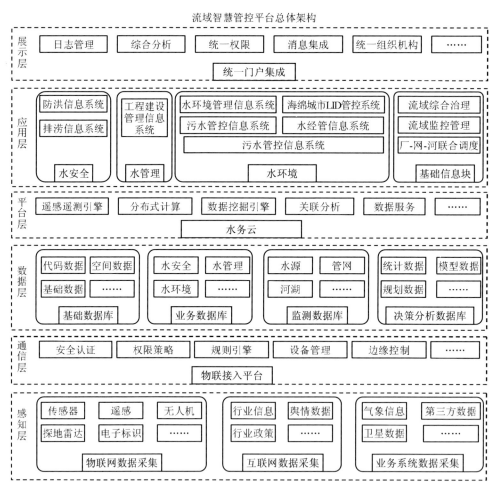

图 10.3-1　流域智慧管控平台总体架构（王璐璐等，2021）

随着第五代移动通信技术（5G）的性能不断提高，5G 的高速率、低延时、大容量可以实现环境现场的实时监控，并可以通过远程控制对设备进行检修和维护。邓萌等

（2019）利用 5G 低时延、高速率和大连接的特性，将 5G 与无人驾驶船相结合，实现水域监控管理和执法取证预警，解决河库管护"最后一千米"问题。随着传感技术和通信技术的不断进步，基于物联网的水生态环境智慧监测技术可实现全方位、实时、高效的水生态环境质量动态监测，为水生态环境监管提供新的技术方法。2013 年，国内成功研制了基于物联网技术的智能水质自动监测系统，实现了对温度、色度、浊度、pH、悬浮物、溶解氧、化学需氧量以及酚、氰、砷、铅、铬、镉、汞等 86 项参数的在线自动监测，标志着我国水质监测进入物联网时代。在太湖流域构建了包括水质固定自动站监测、水质浮标自动站监测、蓝藻视频监测和卫星遥感监测等多种监测手段的水环境自动监测体系，通过物联网技术实现了对太湖水生态环境的立体、实时监测和预警（朱晓荣等，2010）。项慧慧等（2022）针对城市内河流湖泊众多、环境复杂、管理困难等问题，基于"5G 物联网+水环境监测"技术，构建了基于物联网云平台的水环境监测及信息共享平台，实现了对水环境的无人、实时、准确、高效的监测及智慧管理。在环境领域可以通过智能监控大数据系统，形成涵盖多领域的水陆空一体智能环境监测网络和服务平台（马东平等，2020），实现信息共享、上下协同，建立环境污染物排放智能预测模型和规划预警方案，以及有效应对各种环境突发事件。以城市流域水环境治理为对象，打造防洪排涝、水环境管理、污水管控、海绵城市、水景观、黑臭水体、工程建设管理等核心业务在内的智慧流域一体化平台，形成基础数据库、监测数据库、业务数据库、智能决策分析数据库，建立灵活、易用的数据分析平台，实现各类数据的查询、统计与分析功能，从空间、时间、状态等多维度实现各类信息的关联分析，深度挖掘数据应用（王璐璐等，2021），支撑管理决策的流域智慧管控总体架构（图 10.3-1）设计已初具雏形。

目前，水环境智慧化管控的理念已得到广泛实践，截至 2018 年，我国有 15 个生态环境厅（局）已建或在建大数据决策支持应用服务中心，其中上海市生态环境局采用大数据技术收集环境执法、监督等数据，建立监察执法决策数据中心，并进行实时分析，促进环境监管的精细化和科学化（张毅等，2019）。各系统在构建的同时，能突出流域特征和管理专项需求，进行针对性的改善和调整。如山西省汾河河道综合治理构建了基于物联网的汾河流域智慧管控平台，以流域生态环境空间多源多尺度数据为基础，以流域风险预测精细化模型为指导核心，以全局统筹优化为调控策略，实现对汾河流域生态环境各类对象的在线监测、数据集成、挖掘与分析等，为汾河流域智慧管控提供水情信息，有效辅助了流域风险预判决策（刘晓东等，2020）。张万顺等（2021）立足于流域智慧化管理的多重需求，提出了云端、边缘端、终端及数据中心、模型中心、控制中心、客服中心的"云边终"协同系统架构，构建了三峡库区流域水环境水生态智慧化管理云平台，实现了流域水环境水生态智慧化管理高效互联，对三峡库区流域水环境水生态质量进行精准预报与调控，为大尺度流域全方位多层次智慧化管理提供了成功经验。

总体而言，水环境智慧管控的探索仍在起步阶段，大数据技术在数据采集、传递、接收、融合、转化等过程中易产生时滞和缺失，多途径的监测数据进行智能化预处理的技术有待进一步完善，这些将会影响水生态环境要素展示及模拟的及时性和准确性。现有的水环境模拟、预警及预报系统与管理决策的实时联动分析及平台化应用尚不完善，难以满足实际复杂情景的分析。此外，水生态环境各因素相互联系，数据规模大、动态变化过程复杂，监管难度大，流域智慧化管控的技术基础及实践效果仍有待进一步探索完善，也是未来流域管理的重要发展方向之一。

参考文献

安如，刘影影，曲春梅，等. 2013. NDCI法Ⅱ类水体叶绿素a浓度高光谱遥感数据估算[J]. 湖泊科学，25（3）：437-444.

安宗胜，郑西强，黄志，等. 2019. 流域水污染防治精细化管理策略研究——以皖江流域为[A]//2019中国环境科学学会科学技术年会论文集（第二卷）[C].

柴莹. 2009. 基于水代谢的城市水环境承载力研究——以北京市通州区为例[D]. 北京：北京师范大学.

柴增凯，张元波，肖伟华，等. 2011. 二元水循环模式下的水生态系统服务功能评价[J]. 长江流域资源与环境，20（11）：1373-1377.

陈丁江，吕军，金树权，等. 2007. 非点源污染河流的水环境容量估算和分配[J]. 环境科学，（7）：1416-1424.

程春明，李蔚，宋旭. 2015. 生态环境大数据建设的思考[J]. 中国环境管理，7（6）：9-13.

程国栋. 2002. 承载力概念的演变及西北水资源承载力的应用框架[J]. 冰川冻土，24（4）：361-367.

崔凤军. 1998. 城市水环境承载力及其实证研究[J]. 自然资源学报，13（1）：5.

崔文秀. 1989. 层次分析法在小流域规划中的应用[J]. 水土保持通报，9（5）：45-51.

褚俊英，王浩，周祖昊，等. 2020. 流域综合治理方案制定的基本理论基础技术框架[J]. 水资源保护，36（1）：18-24.

单保庆，王超，李叙勇，等. 2015. 基于水质目标管理的河流治理方案制定方法及其案例研究[J]. 环境科学学报，35（8）：2314-2323.

邓红兵，王庆礼，蔡庆华. 2002. 流域生态系统管理研究[J]. 中国人口·资源与环境，（6）：20-22.

邓萌，陈竹，宋莹艳，等. 2019. 基于5G无人驾驶船水域监控的应用[J]. 数字通信世界，（12）：28，44.

邓孺孺，梁业恒，高奕康，等. 2016. 水合铁离子及铁络合物吸收系数光谱（400～900 nm）测量[J]. 遥感学报，20（1）：35-44.

邓雪，李家铭，曾浩健，等. 2012. 层次分析法权重计算方法分析及其应用研究[J]. 数学的实践与认识，42（7）：93-100.

丁铭，李旭文，姜晟，等. 2019. 江苏生态环境无人机监测体系研究及初步应用[J]. 环境监控与预警，11（5）：96-102.

董飞，刘晓波，彭文启，等. 2014. 地表水水环境容量计算方法回顾与展望[J]. 水科学进展，25（3）：451-463.

董一博，张海行，李振伟. 2016. 基于线性规划法的太子河辽阳段水环境容量研究[J]. 水利科技与经济，

22（1）：12-14.

董月群，冒建华，梁丹，等. 2021. 城市河道无人机高光谱水质监测与应用[J]. 环境科学与技术，44（S1）：289-296.

董增川，卞戈亚，王船海，等. 2009. 基于数值模拟的区域水量水质联合调度研究[J]. 水科学进展，20（2）：184-189.

董欣，杜鹏飞，李志一，等. 2008. SWMM 模型在城市不透水区地表径流模拟中的参数识别与验证[J]. 环境科学，29（6）：1495-1501.

段学军，陈雯，朱红云，等. 2006. 长江岸线资源利用功能区划方法研究——以南通市域长江岸线为例[J]. 长江流域资源与环境，15（5）：621-626.

方佳琳，鲁翼，叶勇，等. 2021. 基于 GIS 的镇海区河长制智慧管理平台建设探究[J]. 测绘与空间地理信息，44（5）：139-140，145.

冯民权，郑邦民，周孝德. 2009. 水环境模拟与预测[M]. 北京：科学出版社.

高俊峰，高永年，张志明. 2019. 湖泊型流域水生态功能分区的理论与应用[J]. 地理科学进展，38（8）：1159-1170.

高永年，高俊峰. 2010. 太湖流域水生态功能分区[J]. 地理研究，29（1）：111-117.

高永年，高俊峰，陈坰烽，等. 2012. 太湖流域典型区污染控制单元划分及其水环境载荷评估[J]. 长江流域资源与环境，21（3）：335-340.

高永年，高俊峰，陈坰烽，等. 2012. 太湖流域水生态功能三级分区[J]. 地理研究，31（11）：1941-1951.

郭怀成，尚金城，张天柱. 2009. 环境规划学[M]. 北京：高等教育出版社.

郭良波. 2005. 渤海环境动力学数值模拟及环境容量研究[D]. 青岛：中国海洋大学.

贺瑞敏. 2007. 区域水环境承载能力理论及评价方法研究[D]. 南京：河海大学.

黄从红，杨军，张文娟. 2013. 生态系统服务功能评估模型研究进展[J]. 生态学杂志，32（12）：3360-3367.

黄桂林，赵峰侠，李仁强，等. 2012. 生态系统服务功能评估研究现状挑战和趋势[J]. 林业资源管理，（4）：17-23.

黄艺，蔡佳亮，郑维爽，等. 2009. 流域水生态功能分区以及区划方法的研究进展[J]. 生态学杂志，28（3）：542-548.

侯丽敏，岳强，王彤. 2015. 我国水环境承载力研究进展与展望[J]. 环境保护科学，41（4）：104-108.

环境保护部办公厅. 2016.关于印发《水体达标方案编制技术指南》的函（环办防污函〔2016〕563 号）.

胡炳清. 1992. 应用概率稀释模型计算允许纳污量[J]. 环境科学研究，（5）：21-25.

胡红，胡广鑫，李新辉. 2017. 水体水质遥感监测研究综述[J]. 环境与发展，29（8）：158，160.

胡开明，范恩卓. 2015. 西太湖区域水环境容量分配及水质可控目标研究[J]. 长江流域资源与环境，24（8）：1373-1380.

贾振邦. 1995. 本溪市水环境承载力及指标体系[J]. 环境保护科学，3（2）：8-12.

蒋洪强，吴文俊，姚艳玲，等. 2015. 耦合流域模型及在中国环境规划与管理中的应用进展[J]. 生态环境学报，24（3）：539-546.

蒋晓辉，黄强，惠泱河，等. 2001. 陕西关中地区水环境承载力研究[J]. 环境科学学报，21（3）：6.

金陶陶. 2011. 流域水污染防治控制单元划分研究[D]. 哈尔滨：哈尔滨工业大学.

江涛，朱淑兰，张强，等. 2011. 潮汐河网闸泵联合调度的水环境效应数值模拟[J]. 水利学报，42（4）：388-395.

荆海晓，李小宝，房怀阳，等. 2018. 基于线性规划模型的河流水环境容量分配研究[J]. 水资源与水工程学报，29（3）：34-38，44.

荆田芬，余艳红. 2016. 基于 InVest 模型的高原湖泊生态系统服务功能评估体系构建[J]. 生态经济（5）：180-185.

阚琳. 2019. 整体性治理视角下河长制创新研究——以江苏省为例[J]. 中国农村水利水电，（2）：39-43.

李国斌，刘卓，欧阳宪. 2002. 环境影响评价中费用效益分析的方法[J]. 环境科学与技术，（3）：32-34，37-51.

李红祥，王金南，葛察忠. 2013. 中国"十一五"期间污染减排费用-效益分析[J]. 环境科学学报，33（8）：2270-2276.

李红祥，徐鹤，董战峰，等. 2017. 环境政策实施的成本效益分析框架研究[J]. 环境保护，45（4）：54-58.

李美存，曹新富，毛春梅. 2017. 河长制长效治污路径研究——以江苏省为例[J]. 人民长江，48（19）：21-24.

李如忠，汪家权，钱家忠. 2004. 模糊物元模型在区域水环境承载力评价中的应用[J]. 环境科学与技术（5）：54-56，117.

李如忠，钱家忠，孙世群. 2005. 模糊随机优选模型在区域水环境承载力评价中的应用[J]. 中国农村水利水电，（1）：31-34.

李瑞成，邱宏俊. 2020. 大型流域综合治理方案研究——以观澜河流域为例[J]. 中国给水排水，36（18）：1-6.

李适宇，李耀初，陈炳禄，等. 1999. 分区达标控制法求解海域环境容量[J]. 环境科学，（4）：97-100.

李玉河. 2008. 水资源水质水量优化配置研究进展[J]. 灌溉排水学报，（3）：103-105，120.

梁云. 2013. 北京市南水北调应急供水水质水量联合调控方案研究[D]. 上海：东华大学.

林高松，李适宇，江峰. 2006. 基于公平区间的污染物允许排放量分配方法[J]. 水利学报，（1）：52-57.

刘凤芹，鲁绍伟，杨新兵，等. 2007. "3S"技术在小流域综合治理中的应用[J]. 水土保持研究，（3）：82-84.

刘贵利，郭健，江河. 2019. 国土空间规划体系中的生态环境保护规划研究[J]. 环境保护，47（10）：33-38.

刘晓东，王洁瑜，贾新会，等. 2020. 基于物联网的汾河流域智慧管控平台研究与应用[J]. 陕西水利，（10）：124-126.

刘彦君，夏凯，冯海林，等. 2019. 基于无人机多光谱影像的小微水域水质要素反演[J]. 环境科学学报，39（4）：1241-1249.

刘玉年，施勇，程绪水，等. 2009. 淮河中游水量水质联合调度模型研究[J]. 水科学进展，20（2）：177-183.

刘占良. 2009. 青岛市重点流域水环境承载力与污染防治对策研究[D]. 青岛：中国海洋大学.

罗刚，张然. 2017. 无人监测船在城市内河水质监测中的应用[J]. 环境监控与预警，9（1）：18-20，31.

楼少华，唐颖栋，陶明，等. 2020. 深圳市茅洲河流域水环境综合治理方法与实践[J]. 中国给水排水，36（10）：1-6.

吕扬民，陆康丽，王梓. 2019. 水质监测无人船路径规划方法研究[J]. 智能计算机与应用，9（1）：14-18，23.

马东平，王后明. 2020. 浅谈5G在水环境监控中的应用[J]. 治淮，（2）：29-30.

潘军峰. 2005. 流域水环境承载力理论及应用——以永定河上游为例[D]. 西安：西安理工大学.

潘应阳，国巧真，孙金华. 2017. 水体叶绿素a浓度遥感反演方法研究进展[J]. 测绘科学，42（1）：43-48.

逢勇，陆桂华. 2010. 水环境容量计算理论及应用[M]. 北京：科学出版社.

裴源生，许继军，肖伟华，等. 2020. 基于二元水循环的水量-水质-水效联合调控模型开发与应用[J]. 水利学报，51（12）：1473-1485.

彭盛华，袁弘任. 2001. 江河流域水环境管理原理探讨[J]. 人民长江，32（7）：10-12.

普东东，欧阳永忠，马晓宇. 2021. 无人船监测与测量技术进展[J]. 海洋测绘，41（1）：8-12，16.

任岩，张飞，周梅，等. 2016. 基于Landsat 8影像的水体指数与地表水化学特征关系——以艾比湖流域为例[J]. 中国沙漠，36（5）：1451-1462.

盛琳，陈静，刘锐，等. 2017. 一种水质分析方法：基于GOCI影像的东平湖叶绿素a浓度估算[J]. 环境保护，45（10）：60-63.

孙娟，吴悦颖，王东. 2013. 三级流域水环境管理分区体系初探[J]. 人民长江，44（7）：60-63.

孙然好，汲玉河，尚林源，等. 2013. 海河流域水生态功能一级二级分区[J]. 环境科学，34（2）：509-516.

孙小银，周启星，于宏兵，等. 2010. 中美生态分区及其分级体系比较研究[J]. 生态学报，30（11）：3010-3017.

史铁锤，王飞儿，方晓波. 2010. 基于WASP的湖州市环太湖河网区水质管理模式[J]. 环境科学学报，30（3）：631-640.

唐涛，渠晓东，蔡庆华，等. 2004. 河流生态系统管理研究——以香溪河为例[J]. 长江流域资源与环境，（6）：594-598.

王彩艳，彭虹，张万顺，等. 2009. TMDL技术在东湖水污染控制中的应用[J]. 武汉大学学报（工学版），42（5）：665-668.

王船海，李光炽. 2000. 实用河网水流计算[M]. 南京：河海大学出版社.

王浩，贾仰文. 2016. 变化中的流域"自然-社会"二元水循环理论与研究方法[J]. 水利学报，47（10）：1219-1226.

王浩，秦大庸，肖伟华，等. 2012. 汤逊湖流域纳污能力模拟与水污染控制关键技术研究[M]. 北京：科学出版社.

王浩，王建华，秦大庸. 2004. 流域水资源合理配置的研究进展与发展方向[J]. 水科学进展，（1）：123-128.

王浩，周祖昊，王建华，等. 2020. 流域综合治理理论、技术与应用[M]. 北京：科学出版社.

王家兵. 1996. 模糊综合评判方法在水文地质分区中的应用[J]. 煤田地质与勘探，4（24）：24-32.

王俭，韩婧男，王蕾，等. 2013. 基于水生态功能分区的辽河流域控制单元划分[J]. 气象与环境学报，29（3）：107-111.

王礼先，李中魁. 1993. 讨论小流域治理的系统观[J]. 水土保持通报，（3）：49-54.

王建华. 2005. 基于社会学的节水型社会建设理论纲要[A]. 中国水利学会2005学术年会论文集——节水型社会建设的理论与实践[C].

王金南，万军，王倩，等. 2018. 改革开放40年与中国生态环境规划发展[J]. 中国环境管理，10（6）：5-18.

王金南，吴文俊，蒋洪强，等. 2013. 中国流域水污染控制分区方法与应用[J]. 水科学进展，24（4）：459-468.

王璐璐，朱玉明，刘红义，等. 2021. 智慧流域一体化平台设计及实现[J]. 给水排水，57（S2）：456-460.

王桥，吴传庆. 2013. 水环境遥感应用原理与案例[M]. 北京：科学出版社.

王桥. 2021. 中国环境遥感监测技术进展及若干前沿问题[J]. 遥感学报，25（1）：25-36.

王伟，陆健健. 2005. 生态系统服务功能分类与价值评估探讨[J]. 生态学杂志，24（11）：64-66.

王卫平. 2007. 九龙江流域水环境容量变化模拟及污染物总量控制措施研究[D]. 厦门：厦门大学.

王永桂，夏晶晶，张万顺，等. 2017. 基于大数据的水环境风险业务化评估与预警研究[J]. 中国环境管理，9（2）：43-50.

温淑瑶，马占青，周之豪，等. 2000. 层次分析法在区域湖泊水资源可持续发展评价中的应用[J]. 长江流域资源与环境，（2）：196-201.

文宇立，谢阳村，徐敏，等. 2020. 构建适应新国土空间规划的流域空间管控体系[J]. 中国环境管理，12（5）：58-64.

吴健，王菲菲，胡蕾. 2021. 空间治理：生态环境规划如何有序衔接国土空间规划[J]. 环境保护，49（9）：35-39.

吴锦泽，张宏锋，叶晓颖. 2021. 广东省生态空间管控实践研究[J]. 环境生态学，3（10）：16-20.

吴盼，赵信文，顾涛，等. 2021. 粤港澳大湾区水资源现状及其与社会经济协同演化趋势——与国际湾区对比研究[J]. 中国地质，48（5）：1357-1367.

吴舜泽，王东，姚瑞华. 统筹推进长江水资源水环境水生态保护治理[J]. 环境保护，（15）：15-20.

夏军，王中根，严冬，等. 2006. 针对地表来用水状况的水量水质联合评价方法[J]. 自然资源学报，（1）：146-153.

夏星辉，张曦，杨志峰，等.2004. 从水质水量相结合的角度评价黄河的水资源[J]. 自然资源学报，（3）：293-299.

项慧慧，王吉祥，徐森，等.2022. 基于无人船的水环境监测物联网研究与设计[J]. 计算机技术与发展，32（1）：216-220.

邢剑波，张智渊.2019. 大同市水生态环境功能分区管理体系研究[J]. 环境与可持续发展，44（5）：92-95.

徐贵泉，宋德蕃，黄士力，等.1996. 感潮河网水量水质模型及其数值模拟[J]. 应用基础与工程科学学报，（1）：94-105.

徐敏，谢阳村，王东，等.2013. 流域水污染防治"十二五"规划分区方法与实践[J]. 环境科学与管理，38（12）：74-77.

徐祖信，卢士强，林卫青.2003. 潮汐河网水环境容量的计算分析[J]. 上海环境科学，22（4）：4.

许树柏.1986. 层次分析法原理[M]. 天津：天津大学出版社.

薛亦峰，王晓燕，王立峰，等.2009. 基于 HSPF 模型的大阁河流域径流量模拟[J]. 环境科学与技术，32（10）：103-107.

严军，许琳娟，白洪炉，等.2013. 水资源水质水量联合调控研究进展[J]. 水电能源科学，31（5）：27-30，12.

杨朝飞.1994. 环境保护与环境文化[M]. 北京：中国政法大学出版社.

杨顺益，唐涛，蔡庆华，等.2012. 洱海流域水生态分区[J]. 生态学杂志，31（7）：1798-1806.

杨桐，杨常亮，毛永杨.2011. 流域水污染物总量控制研究进展[J]. 环境科学导刊，30（4）：12-16.

杨维，刘萍，郭海霞.2008. 水环境承载力研究进展[J]. 中国农村水利水电，（12）：66-69.

尹红，王恒俭，刘术军，等.2014. "数字环保"系统综合技术应用与研究[J]. 中国人口·资源与环境，24（S3）：442-444.

尹民，杨志峰，崔保山.2005. 中国河流生态水文分区初探[J]. 环境科学学报，（4）：423-428.

游进军，薛小妮，牛存稳.2010. 水量水质联合调控思路与研究进展[J]. 水利水电技术，41（11）：7-9，18.

余新晓，周彬，吕锡芝，等.2012. 基于 InVEST 模型的北京山区森林水源涵养功能评估[J]. 林业科学，48（10）：1-5.

俞锦辰，李娜，张硕，等.2019. 海州湾海洋牧场水环境的承载力[J]. 水产学报，43（9）：1993-2003.

曾凡棠.2020. 广东治水的经验和挑战[J]. 小康，（35）：6.

曾维华，王华东.1992. 随机条件下的水环境总量控制研究[J]. 水科学进展，（2）：120-127.

詹云燕.2019. 河长制的得失、争议与完善[J]. 中国环境管理，11（4）：93-98.

张嘉涛.2010. 江苏"河长制"的实践与启示[J]. 中国水利，（12）：13-15.

张守平，魏传江，王浩，等.2014. 流域/区域水量水质联合配置研究Ⅰ：理论方法[J]. 水利学报，45（7）：757-766.

张树凯，刘正江，张显库，等.2015. 无人船艇的发展及展望[J]. 世界海运，38（9）：29-36.

张万顺，王浩.2021. 流域水环境水生态智慧化管理云平台及应用[J]. 水利学报，52（2）：142-149.

张旋. 2010. 天津市水环境承载力的研究[D]. 天津：南开大学.

张彦. 2019. 基于不同神经网络模型的水环境承载力评价[J]. 水科学与工程技术，（3）.

张毅，贺桂珍，吕永龙，等. 2019. 我国生态环境大数据建设方案实施及其公开效果评估[J]. 生态学报，39（4）：1290-1299.

张永良，刘培哲. 1991. 水环境容量综合手册[M]. 北京：清华大学出版社.

张永勇，夏军，陈军锋，等. 2010. 基于 SWAT 模型的闸坝水量水质优化调度模式研究[J]. 水力发电学报，29（5）：159-164，177.

张忠，程深. 1997. 试论可持续发展理论及其在流域管理中的应用[J]. 北京林业大学学报，19（S1）：142-146.

张雪刚，毛媛媛，董家瑞，等. 2010. SWAT 模型与 MODFLOW 模型的耦合计算及应用[J]. 水资源保护，26（3）：49-52.

赵璧奎. 2013. 城市原水系统水质水量联合调度优化方法及应用研究[D]. 北京：华北电力大学.

赵卫，刘景双，孔凡娥. 2008. 辽河流域水环境承载力的仿真模拟[J]. 中国科学院大学学报，25（6）：738-747.

赵越，王东，马乐宽，等. 2017. 实施以控制单元为空间基础的流域水污染防治[J]. 环境保护，45（24）：13-16.

郑天虹. 中国首架自主研发的海监无人直升机投入使用[EB/OL].（2012-01-06）[2013-02-04].http：//news.xinhuanet.com/2012-01106/c_111385708.htm.

郑孝宇，褚君达，朱维斌. 1997. 河网非稳态水环境容量研究[J]. 水科学进展，（1）：28-34.

周方方. 2011. 水库水体叶绿素 a 光学性质及浓度遥感反演模式研究[D]. 杭州：浙江大学.

周刚，雷坤，富国，等. 2014. 河流水环境容量计算方法研究[J]. 水利学报，45（2）：227-234，242.

周孝德，郭瑾珑，程文，等. 1999. 水环境容量计算方法研究[J]. 西安理工大学学报，（3）：1-6.

周亚东，何报寅，寇杰锋，等. 2018. 基于 GF-1 号遥感影像的武汉市及周边湖泊综合营养状态指数反演[J]. 长江流域资源与环境，27（6）：1307-1314.

周颖. 2004. 环境规划中的费用效益分析[D]. 北京：中国环境科学研究院.

朱晓荣，孙君，齐娜. 2010. 物联网[M]. 北京：北京邮电大学出版社.

左其亭，韩春华，韩春辉，等. 2017. 河长制理论基础及支撑体系研究[J]. 人民黄河，39（6）：1-6，15.

Brown L C，Barnwell T O. 1987. The enhanced stream water quality models QUAL2E and QUAL2E-UNCAS: documentation and usermanual[M].EPA Office of Research & Development Environmental Research Laboratory.

Crowly J M. 1967. Biogeography[J]. Canadian Geographer，11（4）：312-326.

De Groot W T. 1989. Environmental research in the environmental policy cycle[J]. Environmental Management，13（6）：659-662.

Duraiappah A K. 2002. Sectoral dynamics and natural resource managementl[J]. Journal of Economics Dynamics & Control，26（9-10），1481-1498.

Guimaraes T T，Veronez M R，Koste E C，et al. 2019. Evaluation of regression analysis and neural networks to predict total suspended solids in water bodies from unmanned aerial vehicle images[J].Sustainability，11（9）：2580.

Harding J S，Winterbourn M J. 1997. An ecoregion class ification of the South Island，New Zealand[J]. Journal of Environmental Management，51（3）：275-287.

Hayes D F，Labadie J W，Sanders T G，et al. 1998. Enhancing water quality in hydropower system operations[J]. Water Resources Research，34（3）：471-483.

Lacroix A，Bel F，Mollard A，et al. 2010. Interest of site-specific pollution control policies：the case of nitrate pollution from agriculture[J]. International Journal of Agricultural Resources Governance & Ecology，6（1）：45-59.

Leh M D，Matlock M D，Cummings E C，et al. 2013. Quantifying and mapping multiple ecosystem services change in west africa[J]. Agriculture Ecosystems & Environment，165（Complete）：6-18.

Lek S，Delacoste M，Baran P，et al. 1996. Application of neural networks to modelling nonlinear relationships in ecologyl[J]. Ecological Modelling，90（1）：36-52.

Liu X. Peng Z R，Zhang L Y. 2019. Real-time uav rerouting for traffic monitoring withdecomposition based multi-objective optimization[J]. Journal of Intelligent & RoboticSy stems，94（2）：491-501.

Maringanti C，Chaubey I，Arabi M，et al. 2011. Application of a multi-objective optimization method to provide least cost alternatives for NPS pollution control[J]. Environmental Management，48（3）：448-461.

Martin W H. 1987. Our common future：the report of the world commission on environment and development[J]. environmentalconservation，14（3）：282-282.

Mishra S K，Singh V P. 2002. SCS-CN Based hydrological simulation package. In：Mathematical models of small watershed hydrology applications[M]. Water Resources Publications，LLC，Colorado，USA，13：391-464.

Moffatt I，Nanley N. 2001. Modelling sustainable development：system dynamic and input -output approachesl[J]. Environmental Modelling & Software，16（6）：545-557.

Mohammad K，Reza K，Banafsheh Z. 2004. Monthly water resources and irrigation planning：Case study of conjunctive Use of surface and groundwater resources[J]. Journal of Irrigation and Drainage Engineering，130（5）：391-402.

Omernik J M，Griffith G E，Hughes R M，et al. 2017. How misapplication of the hydrologic unit framework diminishes the meaning of watersheds[J].Environmental Management，60（1）：1-11.

Omernik J M. 1987. Ecoregions of the conterminous united states[J].Annals of the Association of American

Geographers，77（1）：118-125.

Park Y，Chok H，Park J，et al. 2015. Development of early-warning protocol for predicting chlorophyl-a concentration using machine learning models in freshwater and estuarine reservoirs，Korea[J].Science of the Total Environment，502：31-41.

Ponce V M，Hawkins R H. 1996. Runoff curve number：has it reached maturity? [J]. Journal of Hydrologic Engineering，1（1）：11-19.

Saaty T. 1980. The analytic hierarchy process [M].McGraw-HillInc，NewYork.

Said A，Sehlkeb G，Stevens D K，et al. 2006. Exploring an innovative watershed management approach：from feasibility to sustainability[J]. Energy，31（13）：2373-2386.

Salla，Marcio Ricardo et al. 2014. Integrated modeling of water quantity and quality in the araguari river basin，Brazil/Modelación integrada de cantidad y calidad del agua en la cuenca del río Araguari，Brasil[J]. Latin American Journal of Aquatic Research，42（1）：224-244.

Sharon G. Campbell，et al. 2001. Modeling klamath river system operations for quantity and quality[J]. Journal of Water Resources Planning and Management，127（5）：284-294.

Singh K P，Malik A，Mohan D，et al. 2004. Multivariate statistical techniques for the evaluation of spatial and temporal variations in water quality of Gomti River（India）：a case studyl[J]. Water Research，38（18）：3980-3992.

Snelder T H，Pella H，Wasson J G，et al. 2008. Definition procedures have little effect on performance of environmental classifications of streamsandrivers[J]. Environmental Management，42（5）：771-788.

Stoddard J L. 2004. Use of ecological regions in aquatic assessments of ecological condition[J]. Environmental Management，34（S1）：S61-S70.

Stoddard J，Karl J，Deviney F A，et al. 2003. Response of surface water chemistry to the clean air act amendments of 1990[R]. EPA620/R-03/001. Corvallis，Oregon，USEPA：1-79.

Susana D P，Pablo R G，David H L，et al. 2014. Vicarious radiometric calibration of a multispectral camera on board an unmanned aerial system[J].Remote Sensing，6（3）：1918-1937.

Turner R K，Daily G C. 2008. The ecosystem services framework and natural capital conservation[J]. Environmental and Resource Economics，39（1）：25-35.

Unmack P J. 2001. Biogeography of australian freshwater fishes[J]. Journal ofBiogeography，28（9）：1053-1089.

USEPA. 2008. Handbook for developing watershed plans to restore and protect our waters[EB/OL]. http：//www. epa.gov/owow/nps/watershed_handboo.

USEPA. 1984. Technical guidance manual for performing wasteload allocations，book：Ⅶ：Permit averaging periods[R]. Washington DC：United States Environmental Protection Agency，Office of Water：1-4.

Vink S，Moran C J，Golding S D，et al. 2009. Understanding mine site water and salt dynamics to support integrated water qualityand quantity management[J]. Mining Technology，118（3-4）：185-192.

Willey R G，Smith D J，Duke J H. 1996. Modeling water-resources systems for water-quality management[J]. Journal of Water Resources Planning & Management，122（3）：171-179.

Wang X，Hao F，Cheng H. 2010. Estimating non-point source pollutant loads for the large-scale basin of the Yangtze River in China [J].Environmental Earth Science，63（5）：1079-1092.

Cai X M，Daene C M，Leon S L. 2003. Integrated Hydrologic-Agronomic-Economic model for river basin management[J]. Journal of Water Resources Planning and Management，129（1）：4-17.

Zhao Y，Cui F Y，Guo L，et al. 2008. CODmn forecast based on BP neural network at Yuqiao reservoir in Tianjinl[J]. Journal of Nanjing University of Science and Technology（Natural Science），32（3）：376-380.